高等学校计算机基础教育教材精选

大学计算机

——计算文化与计算思维基础

申艳光　王彬丽　宁振刚　主编

清华大学出版社
北　京

内 容 简 介

本教材的编写按照教育部高等学校大学计算机课程教学指导委员会 2016 年编制的《大学计算机基础课程教学基本要求》，特别关注学生信息素养和计算思维能力的培养，将课程内容中的相关知识进行提炼，建立从知识认识到计算思维意识构建的桥梁，既强调教材的基础性和系统性，又注重内容宽度和知识深度的结合，并通过把科学思维的要素、方法融入问题和案例，从问题分析着手，强调面向计算思维和信息素养的培养，从而提高学生主动使用计算机解决问题的意识和计算思维的能力。

本教材共 8 章，主要介绍计算文化与计算思维、0 和 1 的思维、系统思维、算法思维、程序思维、数据思维、网络化思维、伦理思维，围绕现代工程师应具备的素质要求，每章后还有基本知识练习和能力拓展与训练题，从多方位、多角度培养学生的工程能力。附录给出了《弟子规》原文，旨在使读者感悟中华传统文化的真谛。

此外，为便于读者学习，对于一些重点、难点和抽象的知识点，提供了动画短片，可以通过二维码进行在线学习；编写并出版了与本教材配套的教辅《大学计算机——计算文化与计算思维基础实验实训》；配备了相应的教学课件。而且，访问中国大学视频公开课官方网站"爱课程"网的河北工程大学"心连'芯'的思维之旅"课程，也可以在线学习本教材的相关视频。

本教材既可作为大中专院校和相关计算机技术培训的教材，也可作为办公自动化从业人员的参考用书。

图书在版编目(CIP)数据

大学计算机：计算文化与计算思维基础/申艳光，王彬丽，宁振刚主编．—北京：清华大学出版社，2017(2020.8 重印)

(高等学校计算机基础教育教材精选)

ISBN 978-7-302-47837-9

Ⅰ．①大…　Ⅱ．①申…　②王…　③宁…　Ⅲ．①电子计算机－高等学校－教材　Ⅳ．①TP3

中国版本图书馆 CIP 数据核字(2017)第 166164 号

责任编辑：龙启铭
封面设计：常雪影
责任校对：焦丽丽
责任印制：宋　林

出版发行：清华大学出版社
　　　　网　　　　址：http://www.tup.com.cn, http://www.wqbook.com
　　　　地　　　　址：北京清华大学学研大厦 A 座　　　　邮　　编：100084
　　　　社　总　机：010-62770175　　　　邮　　购：010-62786544
　　　　投稿与读者服务：010-62776969，c-service@tup.tsinghua.edu.cn
　　　　质 量 反 馈：010-62772015，zhiliang@tup.tsinghua.edu.cn
　　　　课 件 下 载：http://www.tup.com.cn,010-83470236
印 装 者：三河市龙大印装有限公司
经　　销：全国新华书店
开　　本：185mm×260mm　　　　印　　张：18.75　　　　字　　数：432 千字
版　　次：2017 年 10 月第 1 版　　　　印　　次：2020 年 8 月第 4 次印刷
定　　价：39.50 元

产品编号：074427-01

前言

近年来,以美国麻省理工学院为首的世界几十所大学展开了 CDIO(Conceiving, Design,Implement,Operate,构思-设计-实施-操作/运营)工程教育模式的改革。CDIO 大纲的第二部分为个人和职业技能和特质。该大纲指出,工程师应该具备的三种思维模式是工程思维、科学思维、系统思维。其中科学思维包括三种:以观察和归纳自然规律为特征的实证思维,以推理和演绎为特征的逻辑思维,以抽象化和自动化为特征的计算思维。因此,计算思维的培养将大大利于提高工程师的科学思维能力,符合 CDIO 理念的要求。

计算思维概念,最早是 2006 年 3 月由美国卡内基·梅隆大学周以真(Jeannette M. Wing)教授在 *Communication of the ACM* 上给出并定义的。她指出,计算思维是每个人的基本技能,不仅仅属于计算机科学家。我们应当使每个孩子在培养解析能力时不仅掌握阅读、写作和算术,还要学会计算思维。

以往的计算机文化基础课程采用以操作和技能讲解为主线的教学模式,淡化了计算机科学的精髓。信息素养的培养,要求学生能够对于获取的各种信息通过自己的思维进行深层次的加工和处理,从而产生新的信息。

无论是计算机教育工作者,还是计算机普通用户,在学习和使用计算机的过程中,应该着眼于"悟"和"融":感悟和提炼计算机科学思维模式,并将其融入可持续发展的计算机应用中,这是作为工程人才不可或缺的基于信息技术的行动能力。大学生学习计算机基础课程,不仅要了解计算机是什么、能够做什么、如何做,更重要的是要了解这个学科领域解决问题的基本方法与特点。因此,在非计算机专业第一门计算机课程中引入计算思维能力的培养,是提高大学生信息素养和工程能力的有效途径,是 CDIO 教学模式改革中极其重要的环节。

计算思维是计算机和软件工程学科的灵魂,作为第一门非计算机专业的大学计算机基础课程,应该把培养重点放在培养学生的计算思维与信息素养能力上,让学生了解和掌握如何充分利用计算机技术,对现实世界中的问题进行抽象和形式化,达到人类求解问题的目的,应注重可持续发展的计算机应用能力培养,强调在分析问题和解决问题当中终身学习的能力,从而提高学生的思维能力,扩展思维宽度,提高解决实际问题的能力。

本教材特色如下。

(1) 本教材的编写宗旨是建设符合我国实际的 DR-CDIO(Double Regression-CDIO,

回归人本,回归工程)人才培养模式的教材体系,有针对性地进行教学任务设计,特别是对于涉及计算思维运用的教学内容的设计。按照认知规律,采用由浅入深、由外入内的教学模式。教材内容不只是讲授计算机方面的知识,更注重展现计算机学科的思维方式以及读者思维能力和工程能力的训练。

(2)围绕现代工程师应具备的素质要求,多方位多角度培养学生工程能力。

教材中利用"思考与探索""角色模拟""分析与认证""能力拓展与训练"等栏目多方位、多角度培养学生工程能力,包括终身学习能力、团队工作和交流能力、社会及企业环境下建造产品的系统能力、可持续发展的计算机应用能力等。

"思考与探索"是面向计算思维的对于知识的一种解析,旨在培养学生的计算思维能力和善于观察、勤于思考、勤于探索的良好学习习惯和品质。

"角色模拟"主要是通过模拟工程师与真实世界之间的互动,通过项目分析、设计与实现,培养学生工程实践应用能力,培养学生在团队中有效合作、有效沟通、有效管理的能力,提高学生应用工程知识的能力和处理真实世界问题的能力。

"能力拓展与训练"包括一些思维密度较大、思维要求较高和需要自主学习的问题和要求,旨在培养学生的系统思维能力、发散思维能力、创新思维能力、沟通能力、适应变化的自信和能力以及团队协作创新的工作理念,激发学生自主探究的积极性,在拓展创作中实现自我价值,并培养主动学习、经验学习和终身学习的能力。

(3)强调教育的根本目标是人的完善。

目前的教育过于重视学科知识和智力培养,偏离了"人的完善"这一教育根本目标。本教材按照 DR-CDIO 人才培养模式,重视人的全面发展,在附录中附有《弟子规》原文,旨在传承中国传统文化之精华,充分发挥中国传统文化对校园和社会所产生的净化心灵、熏陶品质的作用,使读者感悟中华文化的真谛,提高内涵素养和外在修养,从而塑造正确的思想道德观念和人生价值观念,提升德行修养,塑造健全人格。

总之,本教材的编写,在涵盖适度的基础知识与理论体系基础上,突出回归人本和回归工程的教学方法论,既强调内容宽度和知识深度的结合,又通过把科学思维的要素、方法融入问题和案例,从问题分析着手,强调面向计算思维和信息素养的培养,力求达到"教师易教,学生乐学,技能实用"的目标。

本教材共 8 章,主要内容包括认识计算文化与计算思维,0 和 1 的思维——信息在计算机内的表示,系统思维——计算机系统基础,算法思维,程序思维——程序设计基础(Python),数据思维——数据的组织、管理与挖掘,网络化思维,伦理思维——信息安全与信息伦理。

本教材由申艳光、王彬丽、宁振刚主编,参与编写的还有方启泉、杨丽(大)、杨丽(小)、刘志敏、张艳丽、薛红梅、生龙、王瑞林 8 位老师。邯郸市丛台飞扬多媒体设计服务有限公司制作了动画短片,在此一并表示感谢!

由于作者的水平有限及时间仓促,书中难免存在不足之处,恳请读者批评和指正,以使其更臻完善!

本书配套出版了《大学计算机——计算文化与计算思维基础实验实训》(刘志敏主编,

清华大学出版社），同时提供电子课件和实验实训素材，可以登录出版社网站下载。本教材内容的相关视频，读者可以登录中国大学视频公开课官方网站——"爱课程"网（http：//www.icourses.cn），参考河北工程大学的"心连'芯'的思维之旅"课程。

申艳光

2017 年 9 月

目录

第 **1** 章 认识计算文化与计算思维

我们所使用的工具影响着我们的思维方式和思维习惯,从而也深刻地影响着我们的思维能力。

——Edsger Dijkstra,著名计算机科学家,1972 年图灵奖得主

1.1 计算与计算机科学

1.1.1 计算工具的发展史

最早的计算工具诞生在中国。中国古代最早采用的一种计算工具叫筹策,又被称为算筹。这种算筹多用竹子制成,也有用木头、兽骨充当材料的。约二百七十枚一束,放在布袋里可随身携带,如图 1.1 所示。直到今天仍在使用的珠算盘,是中国古代计算工具领域中的另一项发明,如图 1.2 所示。算盘的计算效率丝毫不亚于现在的电子计算机,1982 年,中国的人口普查还是使用算盘作为计算工具,可见,充满智慧的古代中国人是多么伟大。

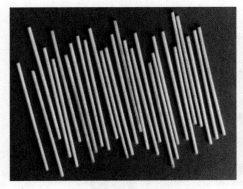

图 1.1　中国的算筹　　　　　　　　图 1.2　中国的算盘

后来,基于齿轮技术设计的计算设备,在西方国家逐渐发展成近代机械式计算机。这些机器在灵活性上得到进一步提高,执行算法的能力和效率也大大加强和提高。1642 年,年仅 19 岁的法国物理学家布莱斯·帕斯卡(Blaise Pascal,1623—1662)制造出第一台机械式计

算器 Pascaline。这台计算机器是手摇的,也称为"手摇计算器",只能够计算加法和减法,如图 1.3 所示。在他的计算器中有一些互连锁的齿轮,一个齿轮转过十位会使另一个齿轮转过一位,人们可以像拨电话号码盘那样,把数字拨进去,计算结果就会出现在另一个窗口中,但是只能做加减计算。1694 年,莱布尼兹在德国将其改进成可以进行乘除的计算。

图 1.3　法国的机械计算器

1946 年 2 月世界上第一台电子数字计算机"埃尼阿克"(ENIAC)在美国宾夕法尼亚大学诞生,全称是"电子数字积分器和计算器"(Electronic Numerical Integrator and Calculator),如图 1.4 所示,它与以前的计算工具相比,计算速度快、精度高,能按给定的程序自动进行计算。当时美国陆军为了计算兵器的弹道,由美国宾夕法尼亚大学摩尔电子工程学校的约翰·莫奇利(John Mauchly)和约翰·埃克特(J. Presper Eckert)等共同研制。设计这台计算机的总工程师埃克特当时年仅 24 岁。ENIAC 共用了 18 000 多只电子管,重量达 30 吨,占地 170 平方米,每小时耗电 150 千瓦,真可谓"庞然大物"。但它每秒钟只能做 5000 次加法运算;存储容量小,而且全部指令还没有存放在存储器中;操作复杂、稳定性差。尽管如此,它却标志着科学技术的发展进入了新的时代——电子计算机时代。

图 1.4　第一台电子计算机 ENAIC

大学计算机——计算文化与计算思维基础

1.1.2　计算文化和计算机科学

1. 计算文化

文化是一个非常广泛的概念,文化可以定义为人类在社会历史发展过程中所创造的物质财富和精神财富的总和,它是一个群体(可以是国家、民族、企业、家庭等)在一定时期内形成的思想、理念、行为、风俗、习惯、代表人物,以及由这个群体整体意识所辐射出来的一切活动。文化能够促进人类社会的发展和人体生物的进化。

人类在解决应用需求时认识到人脑能力的局限性,促成了计算机这种工具的诞生,人类社会的生存方式也因使用计算机而发生了根本性变化,从而产生了一种新的文化形态——计算文化(Computational Culture),它是计算思想、精神、方法、观点等形成和发展的演变史。

思维方式是由文化衍生的,不同的文化决定了不同的思维和行为模式。比如,计算机诞生于西方,它的文化带有西方文化的烙印;又如,计算机软件就是一种固化的人类思维,反映了人类的思维和智能。所以,软件也蕴涵着文化。

> **？ 思考与探索**
>
> 感悟计算文化的思想特点,在使用计算机的过程中注重捕捉其经验规律和应用模式,将大幅提高人类利用计算机进行问题求解的能力和效率。

2. 计算机科学

在计算机科学中,当一个问题的描述及其求解方法或求解过程可以用构造性数学来描述,而且该问题所涉及的论域为有穷或虽为无穷但存在有穷表示时,则该问题就一定能用计算机来求解,所以计算机科学研究和解决的是什么能计算且能被有效地自动计算的问题。

计算机科学是研究计算机以及它们能干什么的一门学科。它研究抽象计算机的能力与局限,真实计算机的构造与特征,以及用于求解问题的无数计算机应用。计算机科学既是构造计算机器的学科,也是基于自动计算进行问题求解的学科。

每个科学学科都有其所谓的"终极"问题。计算机科学的"终极"问题被认为是"什么可以被自动地计算?"

1.2　计 算 思 维

1.2.1　计算

在人们的生活中,计算无处不在。当今的每个学科都需要进行大量的计算。天文学研究组织需要计算机来分析星位移动;生物学家需要计算机发现基因组的奥秘;数学家需要计算圆周率的更精确值;经济学家利用计算机分析在众多因素作用下某个企业、城市、国家的发展方向从而进行宏观调控;工业界需要准确计算生产过程中的材料、能源、加工与时间配置的最佳方案。

计算是依据一定的法则对有关符号串的变换过程。

计算的可行性是计算机科学的理论基础。计算的可行性理论起源于对数学基础问题的研究。可计算性理论是计算机科学的理论基础之一。可计算性理论确定了哪些问题可能用计算机解决,哪些问题不可能用计算机解决。

计算可以分为硬计算和软计算两类。

1. 硬计算

硬计算(传统计算)这个术语首先由美国加州大学的 Zadeh 教授于 1996 年提出,长久以来它就被用以解决各种不同的问题。

让我们一起看看硬计算解决一个工程问题要遵循的步骤:

(1) 首先辨识与该问题相关的变量,继而分为两组,即输入或条件变量(也称为前件),以及输出或行动变量(也称为后件)。

(2) 用数学方程表示输入/输出关系。

(3) 用解析方法或数值方法求解方程。

(4) 基于数学方程的解,决定控制行动。

硬计算的主要特征是严格、确定和精确。但硬计算并不适合处理现实生活中的许多不确定性、不精确的问题。

2. 软计算

软计算通过对不确定、不精确及不完全真值的容错以取得低代价的解决方案和鲁棒性。它模拟自然界中智能系统的生化过程(人的感知、脑结构、进化和免疫等)来有效处理日常工作。软计算包括几种计算模式:模糊逻辑、人工神经网络、遗传算法和混沌理论。这些模式是互补及相互配合的,因此在许多应用系统中组合使用。

1.2.2　计算思维的概念

2006 年 3 月,美国卡内基·梅隆大学计算机系主任周以真(Jeannette M. Wing)教授在美国计算机权威杂志 *Communication of the ACM* 上给出并定义了计算思维(Computational Thinking)。她认为:计算思维是运用计算机科学的基础概念进行问题求解、系统设计以及人类行为理解等的涵盖计算机科学领域的一系列思维活动。她指出,计算思维是每个人的基本技能,不仅仅属于计算机科学家。我们应当使每个学生在培养解析能力时不仅掌握阅读、写作和算术(Reading, wRiting, and aRithmetic, 3R),还要学会计算思维。这种思维方式对于学生从事任何事业都是有益的。简单地说,计算思维就是用计算机科学解决问题的思维。

近年来,移动通信、普适计算、物联网、云计算、大数据这些新概念和新技术的出现,在社会经济、人文科学、自然科学的许多领域引发了一系列革命性的突破,极大改变了人们对于计算和计算机的认识。无处不在、无事不用的计算思维成为人们认识和解决问题的基本能力之一。

计算思维的特性如下。

（1）计算思维是人的思维，而非计算机或其他计算设备的思维。

思维是人所特有的一种属性，也是由疑问引发并以问题解决为终点的一种思想活动。计算思维是用人的思维驾驭以计算设备为核心的技术工具来解决问题的一种思维方式，它以人的思维为主要源泉，而计算设备仅仅是计算运行问题求解的一种必要的物质基础。所以，计算思维是人在解决问题的过程中所反映的思想、方法，并不是计算机或其他计算设备的思维。

（2）计算思维具有双向运动性。

计算思维属于思维的一种，具有归纳和演绎的双向运动性。但是，计算思维中的归纳和演绎更多地表现为"抽象"和"分解"："抽象"是将待解决的问题进行符号标识或系统建模的一种思维过程，算法便是抽象的典型代表；而"分解"是将复杂问题合理分解为若干待解决的小问题，予以逐个击破，进而解决整个问题的一种思维过程。

（3）计算思维具有可计算特性。

计算思维具有明显的计算机学科所独有的"可计算"特性。采用计算方法进行问题求解的计算思维要求问题求解步骤具备确定性、有效性、有限性、机械性等可计算特性。

计算思维中的"计算"并不仅限于信息加工处理，从计算过程的角度出发，计算是指依据一定法则对有关符号串进行变换的过程，即从已有的符号开始，一步一步地改变符号串，经过有限步骤，最终得到一个满足预定条件的符号串。基于此，可以说计算的本质就是递归。

计算思维的目的在于问题解决。2011年，美国计算机科学教师协会、国际教育技术协会共同提出了计算思维的操作性定义，明确指出计算思维是一种问题解决的过程，这一过程包括问题确定、数据分析、抽象表示、算法设计、方案评估、概括迁移等六个环节。

计算方法和模型给了人们勇气去处理那些原本无法由任何个人独自完成的问题求解和系统设计。计算思维直面机器智能的不解之谜。

"人类的特性恰恰就是自由的有意识的活动。"（马克思）自古至今，所有的教育都是为了人的发展。人的发展，首在思维，一个人的科学思维能力的养成，必然伴随着创新能力的提高。工程师应该具备的三种思维模式是工程思维、科学思维和系统思维。而其中科学思维可以分为三种：以观察和归纳自然（包括人类社会活动）规律为特征的实证思维；以推理和演绎为特征的逻辑思维；以抽象化和自动化为特征的计算思维。

计算思维综合了数学思维（求解问题的方法）、工程思维（设计、评价大型复杂系统）和科学思维（理解可计算性、智能、心理和人类行为）。

计算思维就是把一个看起来困难的问题重新阐述成一个我们知道怎样解的问题，如通过约简、嵌入、转化和仿真的方法。

计算思维是一种递归思维，它是并行处理，它是把代码译成数据又把数据译成代码。它评价一个程序时，不仅仅根据其准确性和效率，还有美学的考量，而对于系统的设计，还要考虑简洁和优雅。

计算思维采用了抽象和分解来迎战浩大复杂的任务。它是选择合适的方式去陈述一个问题,或者对一个问题的相关方面进行建模使其易于处理。

计算思维是通过冗余、堵错、纠错的方式,在最坏情况下进行预防、保护和恢复的一种思维。计算思维是利用启发式推理来寻求解答。它就是在不确定情况下的规划、学习和调度。它就是搜索、搜索、再搜索,最后得到的是一系列的网页、一个赢得游戏的策略,或者一个反例。计算思维是利用海量的数据来加快计算。它就是在时间和空间之间,在处理能力和存储容量之间的权衡。

考虑这些日常中的事例:当一位学生早晨去学校时,她把当天需要的东西放进书包,这就是预置和缓存。当一个孩子弄丢他的手套时,你建议他沿走过的路回寻,这就是回推。在什么时候你停止租用滑雪板而为自己买一对呢?这就是在线算法。在超市付账时你应当去排哪个队呢?这就是多服务器系统的性能模型。为什么停电时电话仍然可用?这就是失败的无关性和设计的冗余性。

我们已见证了计算思维在其他学科中的影响。例如,计算生物学正在改变着生物学家的思考方式。类似地,计算博弈理论正改变着经济学家的思考方式,纳米计算改变着化学家的思考方式,量子计算改变着物理学家的思考方式。这种思维将成为每一个人的技能。计算思维是人类除了理论思维、实验思维以外,应具备的第三种思维方式。

计算思维解决的最基本的问题是:什么是可计算的?即弄清楚哪些是人类比计算机做得好的,哪些是计算机比人类做得好的,即计算思维着重于解决人类与机器各自计算的优势以及问题的可计算性。人类的解决思维是用有限的步骤去解决问题,讲究优化与简洁;而计算机可以从事大量的重复的精确的运算,并乐此不疲。

可计算性的七大原则是:程序运行、传递、协调、记忆、自动化、评估与设计。

形式化后的问题有算法吗?如果对一个形式化后的问题找到了一个算法,就称这个问题是可计算的。在计算科学中,当一个问题的描述及其求解方法或求解过程可以用构造性数学来描述,而且该问题所涉及的论域为有穷,或虽为无穷但存在有穷表示时,那么,这个问题就一定能用计算机来求解。

【例 1-1】 四色问题的解决。

四色问题又称四色猜想,是世界近代三大数学难题之一。四色问题的表述是:"任何一张地图只用四种颜色就能使具有共同边界的国家着上不同的颜色。"用数学语言表示,即"将平面任意地细分为不相重叠的区域,每一个区域总可以用1、2、3、4这四个数字之一来标记,而不会使相邻的两个区域得到相同的数字。"这里所指的相邻区域,是指有一整段边界是公共的。如果两个区域只相遇于一点或有限多点,就不是相邻的,因为用相同的颜色给它们着色不会引起混淆。

四色猜想的提出来自英国。1852年,毕业于伦敦大学的弗南西斯·格思里来到一家科研单位搞地图着色工作时,发现了一种有趣的现象:"看来,每幅地图都可以用四种颜色着色,使得有共同边界的国家都着上不同的颜色。"这个现象能不能从数学上加以严格证明呢?他和在大学读书的弟弟格里斯决心试一试。兄弟二人为证明这一问题,使用的稿纸已经堆了一大沓,可是研究工作没有进展。

进入 20 世纪以来,科学家们对四色猜想的证明基本上是按照肯普的想法在进行。1913 年,美国著名数学家、哈佛大学的伯克霍夫利用肯普的想法,结合自己新的设想,证明了某些大的构形可约。后来美国数学家富兰克林于1939年证明了22国以内的地图都可以用四色着色。1950年,有人从22国推进到35国。1960年,有人又证明了39国以下的地图可以只用四种颜色着色;随后又推进到了50国。看来这种推进仍然十分缓慢。

高速数字计算机的发明,促使更多数学家对"四色问题"进行研究。从1936年就开始研究四色猜想的海克,公开宣称四色猜想可用寻找可约图形的不可避免组来证明。他的学生丢雷写了一个计算程序,海克不仅能用这程序产生的数据来证明构形可约,而且描绘可约构形的方法是从改造地图成为数学上称为"对偶"形着手。他把每个国家的首都标出来,然后把相邻国家的首都用一条越过边界的铁路连接起来,除首都(称为顶点)及铁路(称为弧或边)外,擦掉其他所有的线,剩下称为原图的对偶图。到了20世纪60年代后期,海克引进了一个类似于在电网络中移动电荷的方法来求构形的不可避免组。在海克的研究中第一次以颇不成熟的形式出现的"放电法",对以后关于不可避免组的研究是个关键,也是证明四色定理的中心要素。

电子计算机问世以后,由于演算速度迅速提高,加之人机对话的出现,大大加快了对四色猜想证明的进程。美国伊利诺伊大学哈肯在1970年着手改进"放电过程",后与阿佩尔合作编制一个很好的程序。就在1976年6月,他们在美国伊利诺伊大学的两台不同的电子计算机上,用了1200个小时,做了100亿次判断,终于完成了四色定理的证明,轰动了世界。这是一百多年来吸引许多数学家与数学爱好者的大事,当两位数学家将他们的研究成果发表的时候,当地的邮局在当天发出的所有邮件上都加盖了"四色足够"的特制邮戳,以庆祝这一难题获得解决。

四色问题的证明,不仅解决了一个历时一百多年的难题,而且成为数学史上一系列新思维的起点。在四色问题的研究过程中,不少新的数学理论随之产生,也发展了很多数学计算技巧,如将地图的着色问题化为图论问题,丰富了图论的内容。不仅如此,四色问题在有效地设计航空班机日程表、设计计算机的编码程序上都起到了推动作用。不过不少数学家并不满足于计算机取得的成就,他们认为应该有一种简捷明快的书面证明方法。直到现在,仍有不少数学家和数学爱好者在寻找更简洁的证明方法。

四色问题的解决,正是利用了计算机不畏重复、不惧枯燥、快速高效的优势。

1.2.3　计算思维中的思维方式

计算思维主要包括了数学思维、工程思维以及科学思维中的逻辑思维、算法思维、网络思维和系统思维方式,其中运用逻辑思维精准地描述计算过程,运用算法思维有效地构造计算过程,运用网络思维有效地组合多个计算过程。

1. 逻辑思维

逻辑思维是人类运用概念、判断、推理等思维类型反映事物本质与规律的认识过程。逻辑思维属于抽象思维,是思维的一种高级形式,其特点是以抽象的概念、判断和推理作为思维的基本形式,以分析、综合、比较、抽象、概括和具体化作为思维的基本过程,从而揭示事物的本质特征和规律性联系。

【例 1-2】 某团队旅游地点安排问题。

某个团队去西藏旅游,除拉萨市之外,还有 6 个城市或景区可供选择:E 市、F 市、G 湖、H 山、I 峰、J 湖。考虑时间、经费、高原环境、人员身体状况等因素,有以下要求:

(1) G 湖和 J 湖中至少要去一处。

(2) 如果不去 E 市或者不去 F 市,则不能去 G 湖游览。

(3) 如果不去 E 市,也就不能去 H 山游览。

(4) 只有越过 I 峰,才能到达 J 湖。

如果由于气候原因,这个团队不去 I 峰,以下哪项一定为真?

A. 该团去 E 市和 J 湖游览

B. 该团去 E 市而不去 F 市游览

C. 该团去 G 湖和 H 山游览

D. 该团去 F 市和 G 湖游览

答案:D。

逻辑分析:由条件(1)有 G 或 J;由条件(2)有非 E 或非 F→非 G,即 E 且 F←G;由条件(3)有非 E→非 H;由条件(4)有 I←J,即非 I→非 J。

已知:非 I,根据条件(4),非 J;再根据条件(1),非 J,则 G;根据条件(2),G 则:E 且 F;根据条件(3),H 不确定。所以:必去 E、F、G;必不去 I、J;H 不定。

生活中逻辑思维的例子很多,比如常见的"数独"游戏等。

2. 算法思维

算法思维具有非常鲜明的计算机科学特征。算法思维是思考使用算法来解决问题的方法。这是学习编写计算机程序时需要开发的核心技术。

2016 年 3 月,谷歌公司的围棋人工智能 AlphaGo 战胜李世石,总比分定格在 4∶1,标志着此次人机围棋大战,最终以机器的完胜结束。AlphaGo 的胜利,是深度学习的胜利,是算法的胜利。鼠标的每一次点击,在手机上完成的每一次购物,天上飞的卫星,水里游的潜艇,股票涨跌——我们这个世界,正是建立在算法之上。

电影《战国》中,孙膑带着齐国的军队打仗,半路上收留了几百个灾民。齐国的情报系统告诉孙膑,灾民之中有敌国奸细。仓促之间,如何判断谁才是敌人呢? 孙军师心生一计,嘱咐手下人煮粥,并在粥里加了很多辣椒。如此味道,一般人肯定是不肯喝的,但灾民就不一样了,都快饿死了,谁还敢挑食? 比如五把钥匙中,有一把是正确的,如果一把一把地依次试一下,最后总能开锁,这个例子体现了一种常用算法——枚举法。

3. 网络思维

网络思维有特定的所指,即强调网络构成的核心是对象之间的互动关系,可以包括基于机器的人机互动("人-机-人"关系),涉及以虚拟社区为基础的交往模式、传播模式、搜索模式、组织管理模式、科技创新模式等,如社交网络、自媒体、人肉搜索、专业发展共同体;也可以包括机器间的互联("机-人-机"关系),涉及因特网、物联网、云计算网络等的运作机制,如网络协议、大数据。

4. 系统思维

系统思维就是把认识对象作为系统,从系统与要素、要素与要素、系统与环境的相互联系、相互作用中综合地考察认识对象的一种思维方法。简单地说,就是对事情全面思考,不只就事论事,把想要达到的结果、实现该结果的过程、过程优化以及对未来的影响等一系列问题作为一个整体系统进行研究。

易经是最古老的系统思维方法,建立了最早的模型与演绎方法,成为中医学的整体观与器官机能整合的理论基础。在古代希腊则有非加和性整体概念,但西医以分解和还原论方法占主导地位,现代西方心身医学的"社会-心理-生物"综合医学模式兴起,开启了中西医学又一轮对话,并促进了系统医学与系统生物科学在世纪之交的发展。

1.2.4 计算思维的本质

计算思维的本质是抽象(Abstraction)和自动化(Automation)。抽象指的是将待解决的问题用特定的符号语言标识并使其形式化,从而达到机械执行的目的(即自动化)。算法就是抽象的具体体现。自动化就是自动执行的过程,它要求被自动执行的对象一定是抽象的、形式化的,只有抽象的、形式化的对象经过计算后才能被自动执行。由此可见,抽象与自动化是相互影响、彼此共生的。

日常生活中,我们经常要使用家用电器。以微波炉为例,使用微波炉的人恐怕没有几个深入了解过微波的加热原理、电路通断的控制、计时器的使用等等,但这不意味着他们不能加热食品。那些复杂难懂的理论及控制系统,由专家和技术人员负责处理。他们将电器元件封装起来,复杂的理论被简化成说明书上通俗易懂的操作步骤。是的,微波、控制电路是一般人无法解决的。然而,当那些电路的通断、产生的现象被抽象以后,就可以仅凭那些按钮去操作,并且可以预见它产生的结果。通过抽象,复杂的问题被转化为可解决的问题。所有可能用到的程序都被提前储存起来,操作者的指令通过按钮转化为信号,从而调用程序进行执行,自动地控制电路的开合、微波的发射,最后将信号转化为热量。

1. 抽象

在计算思维中,抽象思维最为重要的用途是产生各种各样的系统模型,以此作为解决问题的基础,因此建模是抽象思维更为深入的认识行为。抽象思维是对同类事物去除其现象的次要方面,抽取其共同的主要方面,从个别中把握一般,从现象中把握本质的认知过程和思维方法。在计算机科学中,抽象思维具有科学抽象的一般过程和方法:分离→提纯→区分→命名→约简。"分离"即暂时不考虑事物(研究对象)与其他事物的总体联系。任何一种对象总是处于与其他事物千丝万缕的联系之中,是复杂整体的一部分。但任何具体的科学研究不可能对事物间各种各样的关系都加以考察,必须将研究对象临时"隔离"出来。"提纯"就是观察分析隔离出来的现实事物,从"共性中寻找差异,差异中寻找共性",提取出淹没在各种现象和差异中的"共性"要素。"区分"即对研究对象各方面的要素进行分别,并考虑这种区分的必要性和可行性。"命名"即对每个需要区分的要素赋予恰当的命名,以反映"区分"的结果。命名体现了抽象化是

"现实事物的概念化",以概念的形式命名和区分所理解的要素。"约简"就是撇开非本质要素,以简略的形式(如模型)表达/表征前述"区分"和"命名"要素及其之间的关系,形成"抽象化"的最终结果。

2. 自动化

自动化可从自动执行和自动控制两方面来考察。

(1)自动执行。自动化首先体现为自动执行,即预先设计好的程序或系统可自动运行。这需要一组预定义的指令及预定义的执行顺序,一旦执行,这组指令就可根据安排自动完成某特定任务。这源自冯·诺依曼的预置程序的计算机思想,在电子计算机时代一直被延续。

(2)自动控制。自动执行体现了程序执行后的必然效果,但人机交互并非总是线性的,往往因时而变,程序应能随时响应用户的需要。比较直观的是面向对象程序设计,它提出了事件驱动机制,即"触发-响应"机制:程序通过事件接收用户发出的指令或响应系统环境的变化。例如,对屏幕元素"按钮"来说,"单击鼠标"是"按钮"的一个事件;对屏幕元素"文本框"来说,"敲键"是"文本框"对象的事件,"内容改变"也是一个事件。当然,触发事件不一定是行为,也可能是系统环境的变化(如时钟)。在程序中,每类对象对其可能发生的事件都有对应的事件处理程序,特定事件的发生将触发相应事件处理程序的执行,这个过程称为"事件驱动"。在现实生活中,由于人类意识和行为的复杂性,有"刺激"并不一定有外显的"反应"产生;在计算机中,"触发-响应"也不一定是纯机械的,自动控制及智能控制的发展使得系统的事件触发机制更加智能化、人性化。自动控制是能按规定程序对机器或装置进行自动操作或控制的过程,其基本思想源自控制论。具体而言,自动控制是在无人直接参与的情况下,利用外加设备装置(即控制装置或控制器),使机器设备(统称为被控对象)的某个工作状态或参数(即被控制量)自动按照预定规律运行。例如,一个装置能自动接收所测得的过程物理变量(如通过传感器获得外界的温度、湿度数据)而进行自动计算,对过程进行自动调节(如增温、除湿)。20 世纪 80 年代以来,随着人工智能技术的发展,自动控制开始走向智能控制。智能控制是指无须人的干预,能够独立驱动智能机器自主实现其目标的过程,即是智能化的自动控制。自动控制不仅仅体现在计算机程序中,在社会事物的处理方面也不鲜见。例如,广泛建立的应急预案就是针对特定事件的产生而"自动执行"的快速反应机制。毋庸置疑,自动化技术的发展有利于将人类从复杂、耗时、繁琐、机械、危险的劳动环境中解放出来,并大大提高工作效率,尤其在诸多智能产品走向日常生活的当下,自动化技术正改变人们的生产、生活和学习方式,也正改变着人们的思维方式。理解自动化的必要性、实现自动执行和自动控制的基本思想方法,能够辨识自动化的限度,理解人类在自动执行和控制系统中的功能和价值,将成为普通大众"祛魅"高科技产品的钥匙,也是人类在高科技面前保持人类自信本质的基石。这种思维能力必将成为新时代公民的重要素养之一。

计算思维的概念正在走出计算机科学乃至自然科学领域,向社会科学领域拓展,成为一种新的具有广泛意义的思想方法,预示着重要的社会价值。

符号化、计算化、自动化思维,以组合、抽象和递归为特征的程序及其构造思维是计算技术与计算系统的重要思维。计算思维能力训练不仅使我们理解计算机的实现机制和约束、建立计算意识、形成计算能力,有利于发明和创新,而且有利于提高信息素养,也就是处理计算机问题时应有的思维方法、表达形式和行为习惯,从而更有效地利用计算机。

1.3 计算模型与计算机

计算模型是刻画计算的抽象的形式系统或数学系统。在计算科学中,计算模型是指具有状态转换特征,能够对所处理对象的数据或信息进行表示、加工、变换和输出的数学机器。

1.3.1 图灵机

1936 年,年仅 24 岁的英国人艾伦·图灵(1912—1954,如图 1.5 所示)发表了著名的《论数字计算在决断难题中的应用》一文,提出了理想计算机的数学模型——图灵机(Turing Machine)。

图灵机是指一个抽象的机器,通过某种一般的机械步骤,原则上能一个接一个地解决所有的数学问题。

图灵把人在计算时所做的工作分解成简单的动作,把人的工作机械化,并用形式化方法成功地表述了计算这一过程的本质:所谓计算就是计算者(人或机器)对一条两端可无限延长的纸带上的一串 0 和 1 执行指令,一步一步地改变纸带上的 0 或 1,经过有限步骤,最后得到一个满足预先规定的符号串的变换过程。

图灵机模型是指给出固定的程式,模型能够按照程式和输入完全确定性地运行。

图 1.5 艾伦·图灵

图灵机反映的是一种具有可行性的用数学方法精确定义的计算模型,而现代计算机正是这种模型的具体实现。

【例 1-3】 计算机博弈传奇。

1997 年 5 月 11 日,人机世纪大战终于降下了帷幕,随着国际象棋世界冠军卡斯帕罗夫败给了 IBM 公司的一台机器"深蓝",全世界永远都不会忘记那震惊世界的 9 天的"搏杀",如图 1.6 所示。

棋盘一侧是卡斯帕罗夫,棋盘的另一侧是许峰雄博士。许峰雄通过一台带有液晶显

示屏的黑色计算机，负责操纵"深蓝"迎战人类世界冠军。许峰雄和另外四位计算机科学

家给计算机输入了近两百万局国际象棋程序，提高了它的运算速度，使它每秒能分析 2 亿步棋。由国际象棋特级大师本杰明为它当"陪练"，找出某些棋局的弱点，然后再修改程序。

　　5 月 3 日到 5 月 11 日，"深蓝"终以 3.5 比 2.5 的总比分获胜。"深蓝"战胜卡斯帕罗夫后，"深蓝队"获得奖金 70 万美元，卡斯帕罗夫获 40 万美元。

　　"深蓝"战胜人类最伟大的棋手卡斯帕罗夫后，在社会上引起了轩然大波。一些人认为，机器的智力已超越人类，甚至还有人认为计算机最终将控制人类。其实人的智力与机器的智力根本就

图 1.6　计算机博弈传奇

是两回事，因为，人们现在对人的精神和脑的结构的认识还相当缺乏，更不用说对它用严密的数学语言来进行描述了，而计算机是一种用严密的数学语言来描述的计算机器。

1.3.2　冯·诺依曼机

　　1946 年 2 月世界上第一台电子数字计算机"埃尼阿克"（ENIAC）在美国宾夕法尼亚大学诞生。

　　在图灵机的影响下，1946 年美籍匈牙利科学家冯·诺依曼（Von Neumann，如图 1.7 所示）提出了一个"存储程序"的计算机方案。这个方案包含了以下三个要点。

　　（1）采用二进制的形式表示数据和指令。

　　（2）将指令和数据存放在存储器中。

　　（3）由控制器、运算器、存储器、输入设备和输出设备五大部分组成计算机。

存储程序的计算机方案

冯·诺依曼机模型的工作原理的核心是"程序存储"和"程序控制"，即先将程序（一组指令）和数据存入计算机，启动程序就能按照程序指定的逻辑顺序把指令读取并逐条执行，自动完成指令规定的操作。

　　由于存储器与中央处理器之间的通路太狭窄，每次执行一条指令，所需的指令和数据都必须经过这条通路，因此单纯地扩大存储器容量和提高 CPU 速度，不能更加有效地提高计算机性能，这是冯·诺依曼机结构的局限性。

图 1.7　冯·诺依曼

　　思考与探索

　　冯·诺依曼计算机模型体现了存储程序与程序自动执行的基本思维，对于利用算法和程序手段解决现实问题有重要意义。现代几乎所有的电子计算机都是基于冯·诺依曼体系结构，计算模型都是基于图灵机模型。

1.3.3　计算机的发展

1. 计算机的发展史

从第一台电子计算机的诞生到现在,计算机的发展随着所采用的电子器件的变化,已经历了四代。

第一代(1946—1958 年)——电子管计算机时代

这一代计算机的主要特征是:以电子管为基本电子器件,使用机器语言和汇编语言,应用领域主要局限于科学计算,运算速度每秒只有几千次至几万次。由于体积大、功率大、价格昂贵且可靠性差,因此,很快被新一代计算机所替代。然而,第一代计算机奠定了计算机发展的科学基础。

第二代(1959—1964 年)——晶体管计算机时代

这一代计算机的主要特征是:晶体管取代了电子管,软件技术上出现了算法语言和编译系统,应用领域从科学计算扩展到数据处理,运算速度已达到每秒几万次至几十万次,此外,体积缩小,功耗降低,可靠性有所提高。

第三代(1965—1970 年)——中小规模集成电路时代

这一代计算机的主要特征是:普遍采用了集成电路,使体积、功耗均显著减少,可靠性大大提高,运算速度每秒几十万次至几百万次,在此期间,出现了向大型和小型化两级发展的趋势,计算机品种多样化和系列化,同时,操作系统的出现,使得软件技术与计算机外围设备发展迅速,应用领域不断扩大。

第四代(1971 年至今)——大规模和超大规模集成电路时代

这一代计算机的主要特征是:中、大及超大规模集成电路(VLSI)成为计算机的主要器件,运算速度已达每秒几十万亿次以上。大规模和超大规模集成电路技术的发展,进一步缩小了计算机的体积,降低了功耗,增强了计算机的性能,多机并行处理与网络化是第四代计算机的又一重要特征,大规模并行处理系统、分布式系统、计算机网络的研究和实施进展迅速,系统软件的发展不仅实现了计算机运行的自动化,而且正在向工程化和智能化迈进。

另外,智能化计算机也可以称为第五代计算机,其目标是使计算机像人类那样具有听、说、写、逻辑推理、判断和自我学习能力。

随着计算机的迅猛发展,也可以按时间将其重新分类:

(1) 大型主机阶段(20 世纪 40—50 年代):经历了电子管数字计算机、晶体管数字计算机、集成电路数字计算机和大规模集成电路数字计算机的发展历程,计算机技术逐渐走向成熟。

(2) 小型计算机阶段(20 世纪 60—70 年代):是对大型主机进行的第一次"缩小化",可以满足中小企业事业单位的信息处理要求,成本较低,价格可被接受。

(3) 微型计算机阶段(20 世纪 70—80 年代):是对大型主机进行的第二次"缩小化",1976 年美国苹果公司成立,1977 年就推出了 AppleⅡ计算机,大获成功。1981 年 IBM 推出 IBM-PC,此后它经历了若干代的演进,占领了个人计算机市场,使得个人计算机得到了很大的普及。

(4) 客户机/服务器阶段，即 C/S(Client/Server)阶段：随着 1964 年 IBM 与美国航空公司建立了第一个全球联机订票系统，把美国当时 2000 多个订票的终端用电话线连接在了一起，标志着计算机进入了客户机/服务器阶段，这种模式至今仍在大量使用。在客户机/服务器网络中，服务器是网络的核心，而客户机是网络的基础，客户机依靠服务器获得所需要的网络资源，而服务器为客户机提供网络必需的资源。C/S 结构的优点是能充分发挥客户端 PC 的处理能力，很多工作可以在客户端处理后再提交给服务器，大大减轻了服务器的压力。

(5) Internet 阶段(也称为互联网、因特网、网际网阶段)：广域网、局域网及单机按照一定的通信协议组成了国际计算机网络。

(6) 云计算时代：从 2008 年起，云计算(Cloud Computing)概念逐渐流行起来。云计算被视为"革命性的计算模型"，因为它使得超级计算能力通过互联网自由流通成为可能。

2. 我国计算机的发展情况

我国电子计算机的研究是从 1953 年开始的，1958 年中国科学院计算技术研究所研制出第一台计算机，即 103 型通用数字电子计算机，它属于第一代电子管计算机；20 世纪 60 年代初，我国开始研制和生产第二代计算机。1983 年国防科技大学研制成功每秒能进行 1 亿次运算的"银河Ⅰ"巨型机，这是我国高速计算机研制的一个重要里程碑；1992 年"银河Ⅱ"巨型机峰值速度达每秒 4 亿次浮点运算；1997 年"银河Ⅲ"巨型机每秒能进行 130 亿次运算。1995 年 5 月"曙光 1000"研制完成，这是我国独立研制的第一套大规模并行计算机系统。在 2013 年 6 月公布的全球超级计算机 TOP500 排行榜中，中国的"天河二号"成为全球最快超级计算机。在 2016 年 6 月公布的全球超级计算机 TOP500 排行榜中，使用中国自主芯片制造的"神威·太湖之光"超级计算机登上榜首，成为目前世界上速度最快的超级计算机，其浮点运算速度为每秒 12.5 亿亿次，比排名第二的"天河二号"快出近两倍，也是全球唯一一台计算速度超过 10 亿亿次的超算。值得一提的是，它的效率也比"天河二号"提高了 3 倍。

3. 计算机的发展趋势

随着大规模集成电路的迅速发展，各种类型的计算机都得到了迅速发展。当前，计算机主要朝着以下几个方向发展。

(1) 微型化。微型化是指追求体积的进一步缩小，运算速度的进一步提高，存储容量不断加大，功能更加完善可靠，应用灵活方便，价格更加便宜。微型化反映了计算机的应用程度。

(2) 巨型化。追求大容量、高速度，为尖端科学领域的数值分析与计算提供帮助，例如火箭、导弹、人造卫星、宇宙飞船的研制、气象预报的数值分析与计算等。巨型计算机目前速度可达每秒几十千万亿次浮点计算，它代表了计算机的发展水平。并行处理技术是巨型计算机发展的基础。

(3) 网络化。21 世纪人类步入了信息时代，从简单的远程终端联机到遍布全球的 Internet，信息的共享和通信已成为计算机应用的主流之一。

（4）智能化。智能化是指利用新技术、新材料研制的计算机与仿生学、控制论等边缘学科结合，把信息采集、存储、处理、通信同人工智能结合在一起，用计算机来模拟人类的高级思维活动。在这一领域最具代表性的是专家系统和机器人。

（5）多媒体技术。多媒体技术能将大量信息以数值、文字、声音、图形、图像、视频等形式进行表现，极大地改善、丰富了人机界面，能够充分运用人的听觉、视觉高效率地接收信息。

（6）绿色计算。随着计算机被广泛应用到人们的日常生活当中，在所难免地存在着能耗过大的情况。绿色计算指利用各种软件和硬件先进技术，将目前大量计算机系统的工作负载降低，提高其运算效率，减少计算机系统数量，进一步降低系统配套电源能耗，同时，改善计算机系统的设计，提高其资源利用率和回收率，降低二氧化碳等温室气体排放，从而达到节能、环保和节约的目的。

（7）非冯·诺依曼体系结构的计算机。非冯·诺依曼体系结构是提高现代计算机性能的另一个研究焦点。冯·诺依曼体系结构虽然为计算机的发展奠定了基础，但是它的"集中顺序控制方面"的串行机制，成为了进一步提高计算机性能的瓶颈，而提高计算机性能的方向之一是并行处理。因此出现了非冯·诺依曼体系结构的计算机理论。

（8）计算机技术与其他技术结合。目前，计算机微型处理器（CPU）以晶体管为基本元件，随着处理器的不断完善和更新换代的速度加快，计算机结构和元件也会发生很大的变化。随着光电技术、量子技术和生物技术的发展，对新型计算机的发展具有极大的推动作用。

- 光计算机。光计算机采用光代替电子或电流作为载体，利用纳米电子元件作为核心技术，对大容量信息进行处理。光计算机强大的运算能力和极高的数据处理速度还可以为计算机与其他学科的交叉提供依据。

- 量子计算机。量子计算机在"平行"运算处理方面具有较强的优越性。因此，在搜索地址、因特网系统等方面具有较大的优越性。作为计算机技术中重要的数据库搜索，特别对于因特网十分巨大的网址数据库，大批量计算机数据的处理任务来说，量子计算机快速的运算能力将更为显著。

- 化学计算机。20 世纪 80 年代由美国和欧洲等国联合开展的化学计算机研究，以碳基制品取代硅电子部件，以微观碳分子为信息载体实现计算机的传输和存储，化学计算机较传统的计算机相比拥有更快的运算能力和更小的体积，存储能力也将大大提高，信息传输速度将更快。

- 生物计算机。生物计算机体积小，功能全；具有永久性和很高的可靠性，特别是当计算机内部芯片出现问题时，具有自我修复能力；生物计算机的元件是由生物化学元件组成，电阻极少，需要的能量较少。

- 超导计算机。超导计算机是利用超导技术生产的计算机及其部件，其性能是目前电子计算机无法相比的。目前制成的超导开关器件的开关速度，已达到几微微秒的高水平，比集成电路要快几百倍。超导计算机运算速度比现在的电子计算机快100 倍，而电能消耗仅是电子计算机的千分之一。但是由于超导现象只有在超低温状态下才能发生，因此，在常温下获得超导效果，还有很多困难需要克服。

1.3.4　计算机的特点

1. 运算速度快

计算机运算速度从诞生时的几千次/秒发展到几十千万亿次/秒以上,使得过去繁琐的计算工作,现在可以在极短的时间内就能完成。

2. 计算精度高

计算机采用二进制进行运算,只要配置相关的硬件电路就可增加二进制数字的长度,从而提高计算精度。目前微型计算机的计算精度可以达到64位二进制数。

3. 具有"记忆"和逻辑判断功能

"记忆"功能是指计算机能存储大量信息,供用户随时检索和查询,既能记忆各类数据信息,又能记忆处理加工这些数据信息的程序。逻辑判断功能是指计算机除了能进行算术运算外,还能进行逻辑运算。

4. 能自动运行且支持人机交互

所谓自动运行,就是人们把需要计算机处理的问题编成程序,存入计算机中;当发出运行指令后,计算机便在该程序控制下依次逐条执行,不再需要人工干预。"人机交互"则是在人们想要干预计算机时,采用问答的形式,有针对性地解决问题。

1.3.5　计算机的分类

随着计算机的发展,分类方法也在不断变化,现在常用的分类方法有以下几种。

1. 按计算机处理的信号分类

(1)数字式计算机。数字式计算机处理的是脉冲变化的离散量,即以0、1组成的二进制数字。它的计算精度高,抗干扰能力强。日常使用的计算机就是数字式计算机。

(2)模拟式计算机。模拟式计算机处理的是连续变化的模拟量,例如电压、电流、温度等物理量的变化曲线。模拟式计算机解题速度快、精度低、通用性差,用于过程控制,已基本被数字式计算机所取代。

(3)数模混合计算机。数模混合计算机是数字式计算机和模拟式计算机的结合。

2. 按计算机的硬件组合及用途分类

(1)通用计算机。这类计算机硬件系统是标准的,并具有扩展性,装上不同的软件就可做不同的工作。它的通用性强,应用范围广。

(2)专用计算机。这类计算机是为特定的应用量身打造的计算机,其内部的程序一般不能被改动,常常被称为"嵌入式系统"。比如,控制智能家电的计算机,工业用计算机和机器人,汽车内部的数十个用于控制的计算机,所有船舰、飞机、航天上的控制计算机,安检侦测设备,智能卡,网络路由器,数码相机等等。

3. 按计算机的规模分类

计算机按其运算速度快慢、存储数据量的大小、功能的强弱,以及软硬件的配套规模等不同又分为巨型机、大中型机、小型机、微型机、工作站与服务器等。

（1）巨型机（Giant Computer）。巨型机又称超级计算机（Super Computer），通常是指最大、最快、最贵的计算机。其主存容量很大，处理能力很强。一般用在国防和尖端科技领域，生产这类计算机的能力可以反映一个国家的计算机科学水平。我国是世界上生产巨型计算机的少数国家之一，主要用于解决诸如气象、太空、能源、医药等尖端科学研究和战略武器研制中的复杂计算。

（2）大中型计算机（Large-scale Computer and Medium-scale Computer）。这种计算机也有很高的运算速度和很大的存储量，并允许相当多的用户同时使用。当然在量级上都不如巨型计算机，结构上也较巨型机简单些，价格相对巨型机来得便宜，因此使用的范围较巨型机普遍，是事务处理、商业处理、信息管理、大型数据库和数据通信的主要支柱。

（3）小型机（Minicomputer）。其规模和运算速度比大中型机要差一些，但仍能支持十几个用户同时使用。小型机具有体积小、价格低、性能价格比高等优点，适合中小企业、事业单位用于工业控制、数据采集、分析计算、企业管理以及科学计算等，也可做巨型机或大中型机的辅助机。

（4）微型计算机（Microcomputer）。微型计算机简称微机，是当今使用最普及、产量最大的一类计算机，体积小、功耗低、成本少、灵活性大，性能价格比明显地优于其他类型计算机，因而得到了广泛应用。微型计算机可以按结构和性能划分为单片机、单板机、个人计算机等几种类型。

- 单片机（Single Chip Computer）。单片机又称单片微控制器，它是把一个计算机系统（包括微处理器、一定容量的存储器以及输入/输出接口电路等）集成到一个芯片上，即一块芯片就成了一台计算机。越来越多的电器设备中都嵌入了单片机，能够自动、精确地控制设备的运转，如洗衣机、微波炉、电视机、汽车、DVD机等。可见单片机仅是一片特殊的、具有计算机功能的集成电路芯片。单片机体积小、功耗低、使用方便，但存储容量较小。

- 单板机（Single Board Computer）。把微处理器、存储器、输入/输出接口电路安装在一块印刷电路板上，就成为单板计算机。一般在这块板上还有简易键盘、液晶和数码管显示器以及外存储器接口等。单板机价格低廉且易于扩展，广泛用于工业控制、微型机教学和实验，或作为计算机控制网络的前端执行机。

- 个人计算机（Personal Computer，PC）。供单个用户使用的微型机一般称为个人计算机或PC，是目前用得最多的一种微型计算机。PC配置有一个紧凑的机箱、显示器、键盘、打印机以及各种接口，可分为台式微机和便携式微机。台式微机可以将全部设备放置在书桌上，因此又称为桌面型计算机。便携式微机包括笔记本计算机、袖珍计算机以及个人数字助理（Personal Digital Assistant，PDA）。

（5）工作站（Workstation）。工作站是介于PC和小型机之间的高档微型计算机，通常配备有大屏幕显示器和大容量存储器，具有较高的运算速度和较强的网络通信能力，有大型机或小型机的多任务和多用户功能，同时兼有微型计算机操作便利和人机界面友好的特点。工作站的独到之处是具有很强的图形交互能力，因此在工程设计领域得到广泛使用。

（6）服务器（Server）。随着计算机网络的普及和发展，一种可供网络用户共享的高性能计算机应运而生，这就是服务器。服务器是指一个管理资源并为用户提供服务的计算机，通常分为文件服务器、数据库服务器和应用程序服务器。运行以上软件的计算机或计算机系统也被称为服务器。

1.4　新的计算模式

随着计算机的迅猛发展，出现了一些新的计算模式。

1. 普适计算

普适计算（pervasive computing），又称普存计算、普及计算、遍布式计算，是一个强调与环境融为一体的计算概念，而计算机本身则从人们的视线里消失。在普适计算模式下，人们能够在任何时间、任何地点、以任何方式进行信息的获取与处理。普适计算的促进者希望嵌入到环境或日常工具中的计算，能够使人更自然地与计算机交互。普适计算的显著目标之一是，使得计算机设备可以感知周围的环境变化，从而根据环境的变化做出自动的、基于用户需要或设定的行为。比如手机感知，如果用户正在开会，自动切换为静音模式，并且自动答复来电者"主人正在开会"。这意味着普适计算不用为了使用计算机而去寻找一台计算机。无论走到哪里，无论什么时间，都可以根据需要获得计算能力。随着汽车、照相机、手表以及电视屏幕几乎都拥有计算能力，计算机将彻底退居到"幕后"，以至于用户感觉不到它们的存在。

总之，普适计算的核心思想是小型、便宜、网络化的处理设备广泛分布在日常生活的各个场所，计算设备将不只依赖命令行、图形界面进行人机交互，而更依赖"自然"的交互方式，计算设备的尺寸将缩小到毫米甚至纳米级。

普适计算是一个涉及研究范围很广的课题，包括分布式计算、移动计算、人机交互、人工智能、嵌入式系统、感知网络以及信息融合等多方面技术的融合。

2. 高性能计算

高性能计算（High Performance Computing，HPC）是计算机科学的一个分支，主要是指从体系结构、并行算法和软件开发等方面研究开发高性能计算机的技术。它是一个计算机集群系统，通过各种互联技术将多个计算机系统连接在一起，利用所有被连接系统的综合计算能力来处理大型计算问题，所以通常又称为高性能计算集群。

高性能计算机的发展趋势主要表现在网络化、体系结构主流化、开放和标准化、应用的多样化等方面。网络化的趋势将是高性能计算机最重要的趋势，高性能计算机的主要用途是网络计算环境中的主机。

3. 智能计算

智能计算（Intelligent Computing）是一种经验化的计算机思考性程序，是人工智能化体系的一个分支，它是辅助人类去处理各类问题的具有独立思考能力的系统。智能计算也称为计算智能，包括遗传算法、模拟退火算法、禁忌搜索算法、进化算法、启发式算法、蚁群算法、人工鱼群算法、粒子群算法、混合智能算法、免疫算法、人工智能、神经网络、机器学习、生物计算、DNA 计算、量子计算、智能计算与优化、模糊逻辑、模式识别、知识发现、数据挖掘等。

4. 云计算

云计算(Cloud Computing)是一种基于互联网的计算方式,通过这种方式,共享的软硬件资源和信息可以按需提供给计算机和其他设备。提供资源的网络称为"云"。"云"中的资源在使用者看来是可以无限扩展的,并且可以随时获取,按需使用,随时扩展,按使用付费。这种特性经常称为像水电一样使用 IT 基础设施。

云计算是分布式计算(Distributed Computing)、并行计算(Parallel Computing)、效用计算(Utility Computing)、网络存储(Network Storage Technologies)、虚拟化(Virtualization)、负载均衡(Load Balance)等传统计算机和网络技术发展融合的产物。

云计算特点主要有以下几点:

(1) 超大规模。"云"具有相当的规模,Google 云计算已经拥有 100 多万台服务器,Amazon、IBM、微软、Yahoo 等的"云"均拥有几十万台服务器。企业私有云一般拥有数百上千台服务器。"云"能赋予用户前所未有的计算能力。

(2) 虚拟化。云计算支持用户在任意位置使用各种终端获取应用服务。所请求的资源来自"云",而不是固定的有形的实体。应用在"云"中某处运行,但实际上用户无须了解,也不用担心应用运行的具体位置。只需要一台笔记本电脑或者一部手机,就可以通过网络服务来实现我们需要的一切,甚至包括超级计算这样的任务。

(3) 高可靠性。"云"使用了数据多副本容错、计算结点同构可互换等措施来保障服务的高可靠性,使用云计算比使用本地计算机可靠。

(4) 通用性。云计算不针对特定的应用,在"云"的支撑下可以构造出千变万化的应用,同一个"云"可以同时支撑不同的应用运行。

(5) 高可扩展性。"云"的规模可以动态伸缩,满足应用和用户规模增长的需要。

(6) 按需服务。"云"是一个庞大的资源池,可以按需购买;云可以像自来水、电、煤气那样计费。

(7) 极其廉价。由于可以采用极其廉价的结点来构成"云","云"的自动化集中式管理使大量企业无须负担日益高昂的数据中心管理成本,"云"的通用性使资源的利用率较之传统系统大幅提升,因此用户可以充分享受"云"的低成本优势,经常只要花费几百美元、几天时间就能完成以前需要数万美元、数月时间才能完成的任务。

(8) 潜在的危险性。云计算服务除了提供计算服务外,还必然提供了存储服务。但云计算服务当前垄断在私人机构(企业)手中,而它们仅仅能够提供商业信用。对于政府机构、商业机构(特别像银行这样持有敏感数据的商业机构)选择云计算服务应保持足够的警惕。一旦商业用户大规模使用私人机构提供的云计算服务,无论其技术优势有多强,都不可避免地让这些私人机构以"数据(信息)"的重要性挟制整个社会。对于信息社会而言,"信息"是至关重要的。另一方面,云计算中的数据对于数据所有者以外的其他云计算用户是保密的,但是对于提供云计算的商业机构而言却是毫无秘密可言。所有这些潜在的危险,是商业机构和政府机构选择云计算服务,特别是国外机构提供的云计算服务时,不得不考虑的一个重要的前提。

　　云计算体现的是按需索取、按需提供、按需使用的一种计算资源虚拟化和服务化的计算思维。

基础知识练习

　　（1）什么是计算？什么是计算机科学？

　　（2）简述计算思维的概念。

　　（3）四色问题又称为四色猜想，是世界近代三大数学难题之一。四色问题的解决利用了计算机的哪些优势？

　　（4）简述图灵机模型。

　　（5）冯·诺依曼提出的"程序存储"的计算机方案的要点是什么？

　　（6）计算机的发展经历了哪几代？

能力拓展与训练

　　（1）找出一些具体的案例，分析计算机的发展所带来的思维方式、思维习惯和思维能力的改变。

　　（2）尝试写一份关于"我国高性能计算机研究现状"的报告。报告内容应包括高性能计算机的应用、我国高性能计算机的研究成果及发展前景等。

　　（3）查阅资料，进一步了解并行计算与并行计算机。

　　（4）你对未来计算机有何设想？你设想的依据是什么？

　　（5）推荐观看以下视频课。

- 哈佛大学公开课：计算机科学导论

  http：//v. 163. com/special/lectureroncomputerscience/

- 麻省理工学院公开课：计算机科学及编程导论

  http：//v. 163. com/special/opencourse/bianchengdaolun. html

- 斯坦福大学公开课：人与计算机的互动

  http：//v. 163. com/special/opencourse/humancomputer. html

第  章 0 和 1 的思维——信息在计算机内的表示

上联：**111111111**

下联：**000000000**

横批：**Hello, World**

上面是一副能够突显 IT 行业特色的有趣对联，寓意有二：一是告诉我们计算机的基因就是 0 和 1，即计算机内部只能使用二进制数；二是告诉我们世界上的第一个程序就是 Hello World，是指在计算机屏幕上输出字符串"Hello World"的计算机程序，由 Brian Kernighan 创作。

本章将阐述在计算机中，所有的信息都是以二进制形式存储和表示，所有数据都是由 0 和 1 组成。计算机世界的加减乘除是由逻辑构成的，而逻辑是由基本的 0 和 1 的开关构成的，即所有计算是由神奇的 0 和 1 构成的。因此，0 和 1 的思维实质上就是符号化思维和逻辑思维。

2.1 信息与信息技术

2.1.1 信息的概念

作为一个科学概念，信息最早出现于通信领域。关于信息的概念，不同学科及其学者在自己学科领域内有不同的理解，主要有以下几种。

(1) 信息是不确定性内容的减少或消除。1948 年，信息论的创始人香农（Shannon）认为，信息是可以减少或消除不确定性的内容。当人们利用各种方法手段，对客观事物的认识从不清楚变得较清楚或完全清楚时，不确定性的内容就减少或消除了，这时就获得了关于这些事物的信息。

(2) 信息是控制系统进行调节活动时，与外界相互作用、相互交换的内容。1950 年，控制论的创始人维纳（N. Wiener）提出："信息就是我们对外界进行调节并使我们的调节为外界所了解时而与外界交换来的东西。"例如，人与人相互交换信息，人与计算机相互交换信息等。

(3) 信息是事物运动的状态和状态变化的形式。信息是关于事物状态以及客观事实

的可以通信的知识。信息来源于物质和物质的运动,反映了事物的状态特征及其变化,体现了人们对事物的认识和理解程度。我国信息专家钟义信教授曾提出:"事物的信息是该事物运动的状态和状态变化的方式,包括这些状态和方式的外在形式、内在含义和实际效用。"

(4) 信息是经过加工的、能够对接受者的行为和决策产生影响的数据。信息是一种经过处理加工后的数据,因而具有知识的含义,而且是可以保存和传递的。

总之,信息是人们对客观存在的一切事物的反映,是通过载体所发出的消息、情报、指令、数据、信号中所包含的一切可传递和交换的知识内容。人类生存的三大要素是物质、能量和信息。

2.1.2 信息技术

信息技术的概念,因使用的目的、范围、层次不同而有不同的表述。

广义而言,信息技术是指能充分利用与扩展人类信息器官功能的各种方法、工具与技能的总和。该定义强调的是从哲学上阐述信息技术与人的本质关系。

中义而言,信息技术是指对信息进行采集、传输、存储、加工、表达的各种技术之和。该定义强调的是人们对信息技术功能与过程的一般理解。

狭义而言,信息技术是指利用计算机、网络、广播电视等各种硬件设备、软件工具与科学方法,对文图声像各种信息进行获取、加工、存储、传输与使用的技术之和。该定义强调的是信息技术的现代化与高科技含量。

因而可以认为,信息技术的内涵包括两个方面:一方面是手段,即各种信息媒体,例如印刷媒体、电子媒体、计算机网络等,是一种物化形态的技术;另一方面是方法,即运用信息媒体对各种信息进行采集、加工、存储、交流、应用的方法,是一种智能形态的技术。信息技术就是由信息媒体和信息媒体应用的方法两个要素所组成的。

2.2 数值的表示

计算机内部为什么要用二进制表示信息呢? 原因有以下四点。

(1) 电路简单。计算机是由逻辑电路组成,逻辑电路通常只有两个状态。例如,电流的"通"和"断",电压电平的"高"和"低"等。这两种状态正好表示成二进制数的两个数码0和1。

(2) 工作可靠。两个状态代表的两个数码在数字传输和处理中不容易出错,因此电路更加可靠。

(3) 简化运算。二进制运算法则简单。

(4) 逻辑性强。计算机的工作是建立在逻辑运算基础上的,二进制数只有两个数码,正好代表逻辑代数中的"真"和"假"。

因此,数字式电子计算机内部处理数字、字符、声音、图像等信息时,是以0和1组成的二进制数的某种编码形式与之对应。

1. 数制的有关概念

数制是人们利用符号来记数的科学方法。数制可以有很多种,但在计算机的设计和使用中,通常引入二进制、八进制、十进制、十六进制。

进位计数制的有关概念如下。

(1)用不同的数字符号表示一种数制的数值,这些数字符号称为数码。

(2)数制中所使用的数码的个数称为基数,如十进制数的基数是 10。

(3)数制每一位所具有的值称为权,如十进制各位的权是以 10 为底的幂。例如,680 326 这个数,从右到左各位的权为个、十、百、千、万、十万,即以 10 为底的 0 次幂、1 次幂、2 次幂等。所以为了简便,也可以顺次称其各位为 0 权位、1 权位、2 权位等。

(4)用"逢基数进位"的原则进行计数,称为进位计数制。如十进制数的基数是 10,所以其计数原则是"逢十进一"。

(5)位权与基数的关系是:位权的值等于基数的若干次幂。

例如,十进制数 4567.123,可以展开成下面的多项式:

$$4567.123 = 4 \times 10^3 + 5 \times 10^2 + 6 \times 10^1 + 7 \times 10^0 + 1 \times 10^{-1} + 2 \times 10^{-2} + 3 \times 10^{-3}$$

式中:10^3、10^2、10^1、10^0、10^{-1}、10^{-2}、10^{-3} 为该位的位权,每一位上的数码与该位权的乘积,就是该位的数值。

(6)任何一种数制表示的数都可以写成按位权展开的多项式之和,其一般形式为:

$$N = d_{n-1}b^{n-1} + d_{n-2}b^{n-2} + d_{n-3}b^{n-3} + \cdots + d_1b^1 + d_0b^0 + d_{-1}b^{-1} + \cdots + d_{-m}b^{-m}$$

式中:

n 为整数部分的总位数。

m 为小数部分的总位数。

$d_{下标}$ 为该位的数码。

b 为基数。如二进制数 b=2;十进制数 b=10;十六进制数 b=16 等。

$b^{上标}$ 为位权。

2. 常用记数制的表示方法

(1)常用计数制。常用记数制见表 2.1。

表 2.1 常用记数制的比较

进 制	数 码	基数	位权	记数规则
二进制	0 1	2	2^i	逢二进一
八进制	0 1 2 3 4 5 6 7	8	8^i	逢八进一
十进制	0 1 2 3 4 5 6 7 8 9	10	10^i	逢十进一
十六进制	0 1 2 3 4 5 6 7 8 9 A B C D E F	16	16^i	逢十六进一

(2)常用记数制的对应关系。常用记数制的对应关系见表2.2。

(3)常用记数制的书写规则。在应用不同进制的数时,常采用以下两种方法进行标识。

• 采用字母后缀。

B(Binary)——表示二进制数。二进制数的 101 可写成 101B。

O(Octonary)——表示八进制数。八进制数的 101 可写成 101O。

D(Decimal)——表示十进制数。十进制数 101 可写成 101D;一般情况下,十进制数后的 D 可以省略,即无后缀的数字默认为十进制数。

H(Hexadecimal)——表示十六进制数。十六进制数 101 可写成 101H。

• 采用括号外面加下标。

举例如下:

$(1011)_2$——表示二进制数 1011。

$(1617)_8$——表示八进制数 1617。

$(9981)_{10}$——表示十进制数 9981。

$(A9E6)_{16}$——表示十六进制数 A9E6。

表 2.2　常用记数制的对应关系

十进制数	二进制数	八进制数	十六进制数
0	0000	0	0
1	0001	1	1
2	0010	2	2
3	0011	3	3
4	0100	4	4
5	0101	5	5
6	0110	6	6
7	0111	7	7
8	1000	10	8
9	1001	11	9
10	1010	12	A
11	1011	13	B
12	1100	14	C
13	1101	15	D
14	1110	16	E
15	1111	17	F

3. 不同进制数之间的转换

(1) r 进制数与十进制数之间的转换。

• 将 r 进制数转换为十进制数。

r 进制数转换为十进制数使用"位权展开式求和"的方法。

【例 2-1】 将二进制数 1101.011 分别转换为十进制数。

解：

$$1101.011B = 1 \times 2^3 + 1 \times 2^2 + 0 \times 2^1 + 1 \times 2^0 + 0 \times 2^{-1} + 1 \times 2^{-2} + 1 \times 2^{-3}$$
$$= 13.375D$$

• 将十进制数转换为 r 进制数。

十进制整数转换为 r 进制整数的方法如下：整数部分使用"除基数倒取除法"，即除以 r 取余，直到商为 0，然后余数从右向左排列（即先得到的余数为低位，后得的余数为高位）；小数部分使用"乘基数取整法"，即乘以 r 取整，然后所得的整数从左向右排列（即先得到的整数为高位，后得到的整数为低位），并取得有效精度。

【例 2-2】 将十进制数 13.25 转换为二进制数。

解：先将整数部分 13 转换：

$$
\begin{array}{rl}
2 \underline{\big|\,13} & \cdots\cdots\cdots 余数为 1，即 a_0 = 1 \\
2 \underline{\big|\,6} & \cdots\cdots\cdots 余数为 0，即 a_1 = 0 \\
2 \underline{\big|\,3} & \cdots\cdots\cdots 余数为 1，即 a_2 = 1 \\
2 \underline{\big|\,1} & \cdots\cdots\cdots 余数为 1，即 a_3 = 1 \\
0 &
\end{array}
$$

再将小数部分 0.25 转换：

$$
\begin{array}{r}
0.25 \\
\times)\ \underline{\quad 2\quad} \\
0.50
\end{array}
\quad \cdots\cdots\cdots 整数为 0，即 a_{-1} = 0
$$

$$
\begin{array}{r}
0.50 \\
\times)\ \underline{\quad 2\quad} \\
1.00
\end{array}
\quad \cdots\cdots\cdots 整数为 1，即 a_{-2} = 1
$$

所以最后转换结果：13.25D = 1101.01B。

（2）二进制数、八进制数、十六进制数之间的转换。

因为 $8 = 2^3, 16 = 2^4$，可以想象，一位八进制数相当于三位二进制数，一位十六进制数相当于四位二进制数，因此，转换方法分别为"三位合一或一分为三"和"四位合一或一分为四"。

• 二进制数转换为八进制数或十六进制数。

方法为：以小数点为界向左和向右划分，小数点左边（整数部分）每三位或每四位一组构成一位八进制数或十六进制数，位数不足三位或四位时最左边补 0；小数点右边（小数部分）每三位或每四位一组构成一位八进制数或十六进制数，位数不足三位或四位时最右边补 0。

【例 2-3】 将二进制数 10111011.0110001011 转换为八进制数。

解：

```
010   111   011.011   000   101   100
 ↓     ↓     ↓   ↓      ↓     ↓     ↓
 2     7     3 . 3      0     5     4
```

10111011.0110001011B = 273.3054O

• 八进制数或十六进制数转换为二进制数。

方法：只需把一位八进制数用三个二进制数表示，把一位十六进制数用四个二进制数表示。

【例 2-4】 将八进制数 135.361 转换为二进制数。

解：

1	3	5 .	3	6	1
↓	↓	↓	↓	↓	↓
001	011	101 .	011	110	001

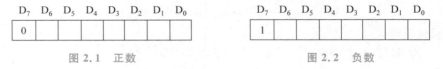

135.361O＝001011101.011110001B＝1011101.011110001B

4. 进制数在计算机中的表示

数以正负号数码化的方式存储在计算机中，称为机器数。机器数通常以二进制数码0、1形式保存在有记忆功能的电子器件——触发器中。每个触发器记忆一位二进制代码，所以n位二进制数将占用n个触发器，将这些触发器排列组合在一起，就成为寄存器。一台计算机的“字长”取决于寄存器的位数。目前常用的寄存器有8位、16位、32位、64位等。

要全面完整地表示一个机器数，应考虑三个因素：机器数的范围、机器数的符号和机器数中小数点的位置。

(1) 机器数的范围。机器数的范围由硬件决定。当使用16位寄存器时，字长为16位，所以一个无符号整数的最大值是：1111111111111111B＝($2^{16}-1$)D＝65 535D。

(2) 机器数的符号。二进制数与人们通常使用的十进制数一样也有正负之分，为了在计算机中正确表示有符号数，通常规定寄存器中最高位为符号位，并用0表示正，用1表示负，这时在一个8位字长的计算机中，正数和负数的格式如图2.1和图2.2表示。

D_7	D_6	D_5	D_4	D_3	D_2	D_1	D_0
0							

图 2.1 正数

D_7	D_6	D_5	D_4	D_3	D_2	D_1	D_0
1							

图 2.2 负数

最高位 D_7 为符号位，$D_6 \sim D_0$ 为数值位。这种把符号数字化，并与数值位一起编码的方法，很好地解决了带符号数的表示方法及其计算问题。常用的有原码、反码、补码三种编码方法。

• 原码。原码编码规则：符号位用0表示正，用1表示负，数值部分不变。

【例 2-5】 写出 $N_1=+1010110$、$N_2=-1010110$ 的原码。

解：

$$[N_1]_{原}=01010110 \qquad [N_2]_{原}=11010110$$

• 反码。反码编码规则：正数的反码与原码相同；负数的反码是将符号位用1表示，数值部分按位取反。

【例 2-6】 写出 $N_1=+1010110$、$N_2=-1010110$ 的反码。

解：

$$[N_1]_{反}=01010110 \qquad [N_2]_{反}=10101001$$

- 补码。编码规则：正数的补码与原码相同；负数的补码是将符号位用 1 表示，数值部分先按位取反，然后末位加 1。

【例 2-7】 写出 $N_1 = +1010110$、$N_2 = -1010110$ 的补码。

解：

$$[N_1]_{补} = 01010110 \qquad [N_2]_{补} = 10101010$$

（3）机器数中小数点的位置。计算机中的数据有定点数和浮点数两种表示方法。这是由于在计算机内部难以表示小数点。故小数点的位置是隐含的，隐含的小数点位置可以是固定的，也可以是浮动的，前者表示形式称为"定点数"，后者表示形式称为"浮点数"。

- 定点数。定点数是指小数点固定在某个位置上的数据，一般有小数和整数两种表现形式。定点整数是把小数点固定在数据数值部分的右边，如图 2.3 所示。定点小数是把小数点固定在数据数值部分的左边，符号位的右边，如图 2.4 所示。

图 2.3　机器内的定点整数

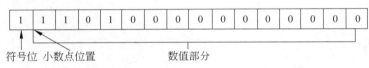

图 2.4　机器内的定点小数

【例 2-8】 设机器的定点数长度为两个字节，用定点整数表示 313D。

解：因为 313D＝100111001B，故机器内表示形式如图 2.3 所示。

【例 2-9】 用定点小数表示 －0.8125D。

解：因为 －0.8125D＝－0.110100000000000B，故机器内表示形式如图 2.4 所示。

- 浮点数。之所以称为浮点数，是因为按照科学计数法表示时，一个浮点数的小数点位置是可变的，比如，1.23×10^9 和 12.3×10^8 是相等的。浮点数可以用数学写法，如 1.23、3.14、-9.01，等等。但是对于很大或很小的浮点数，就必须用科学计数法表示，比如，将十进制数 68.38、－6.838、0.6838、－0.068 38 用指数形式表示，它们分别为 0.6838×10^2、-0.6838×10^1、0.6838×10^0、-0.6838×10^{-1}。

用一个纯小数（称为尾数，有正、负）与 10 的整数次幂（称为阶码，有正、负）的乘积形式来表示一个数，就是浮点数的表示法。同理，一个二进制数 N 也可以表示为：

$$N = \pm S \times 2 \pm P$$

式中的 N、P、S 均为二进制数。S 为 N 的尾数，即全部的有效数字（数字小于 1），S 前面的 ± 号是尾数的符号，简称数符；P 为 N 的阶码，P 前的 ± 为阶码的符号，简称阶符。

在计算机中一般浮点数的存放形式如图 2.5 所示。

阶符	阶码P	数符	尾数S

图 2.5　浮点数的存放方式

💡**注意**：在浮点表示法中，尾数的符号和阶码的符号各占一位；阶码是定点整数，阶码的位数决定了所表示的数的范围；尾数是定点小数，尾数的位数决定了数的精度。在不同字长的计算机中，浮点数所占的字节不同。

5. 二进制的四则运算

计算机中二进制数与十进制数加、减、乘、除四则运算法则相同。加法是基本运算，减法用负数的加法来完成，乘法用多个加法的累积来实现，除法用减法来实现。即在计算机中，只需要一种实现加法的硬件就能完成所有的四则运算。那么，加法又是如何在计算机的电子电路里实现的呢？

计算机里常见的电子元件有电阻、电容、电感和晶体管等，它们组成了逻辑电路，逻辑电路通常只有两个状态。例如，电流的"通"和"断"，电压电平的"高"和"低"等。这两种状态正好表示成二进制数的两个数码0和1。因此，计算机中的一切计算归根结底都是逻辑运算。逻辑运算是对逻辑变量（0与1，或者真与假）和逻辑运算符号的组合序列所做的逻辑推理。

计算机中基本逻辑运算有与（AND）、或（OR）、非（NOT）三种，计算机中用继电器开关来实现，如图2.6所示。

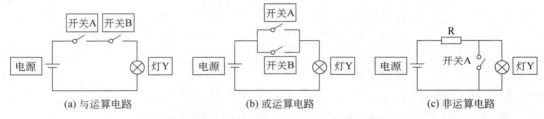

(a) 与运算电路　　　　　(b) 或运算电路　　　　　(c) 非运算电路

图 2.6　计算机中用继电器开关来实现基本逻辑运算

（1）逻辑与。当决定一个事件的结果的所有条件都具备时，结果才成立的逻辑关系。

（2）逻辑或。当决定一个事件的结果的条件中只要有任何一个满足要求，结果就成立的逻辑关系。

（3）逻辑非。运算结果是对条件的否定。

❓ **思考与探索**

计算机中的一切计算包含加、减、乘、除，所以可以说一切计算皆逻辑。

---

6. 十进制数的二进制编码

计算机中使用的是二进制数，人们习惯的是十进制数。因此，输入到计算机中的十进制数，需要转换成二进制数；数据输出时，又需将二进制数转换成十进制数。这个转换工作，是通过标准子程序实现的。两种进制数间的转换依据是数的编码。

用二进制数码来表示十进制数，称为"二-十进制编码"，简称 BCD（Binary-Coded Decimal）码。

因为十进制数有0～9这10个数码，显然需要4位二进制数码以不同的状态分别表示它们。而 4 位二进制数码可编码组合成 16 种不同的状态,因此,选择其中的 10 种状态作为 BCD 码的方案有许多种,这里只介绍常用的 8421 码,见表 2.3。

表 2.3　8421 编码表

十进制数	8421 编码	十进制数	8421 编码
0	0000	8	1000
1	0001	9	1001
2	0010	10	0001　0000
3	0011	11	0001　0001
4	0100	12	0001　0010
5	0101	13	0001　0011
6	0110	14	0001　0100
7	0111	15	0001　0101

从表中可以看到这种编码是有权码。若按权求和,和数就等于该代码所对应的十进制数。例如,0110＝2^2+2^1＝6。这就是说,编码中的每位仍然保留着一般二进制数所具有的位权,而且 4 位代码从左到右的位权依次是 8、4、2、1。8421 码就是因此而命名的。例如十进制数 63,用 8421 码表示为 0110 0011。

2.3　字符编码

现在国际上广泛采用美国标准信息交换码(American Standard Code for Information Interchange),简称 ASCII 码。它选用了常用的 128 个符号,其中包括 32 个控制字符、10 个十进制数(注意:这里是字符形态的数)、52 个英文大写和小写字母、34 个专用符号。128 个字符分别由 128 个二进制数码串表示。目前广泛采用键盘输入方式实现人与计算机间的通信。当键盘提供输入字符时,编码电路给出与字符相应的二进制数码串,然后送交计算机处理。计算机输出处理结果时,则把二进制数码串按同一标准转换成字符。

ASCII 码由 7 位二进制数对它们进行编码,即用 0000000～1111111 共 128 种不同的数码串分别表示 128 个字符,见表 2.4。因为计算机的基本存储单位是字节(B),一个字节含 8 个二进制位(b),所以 ASCII 码的机内码要在最高位补一个 0,以便用一个字节表示一个字符。

【例 2-10】　分别用二进制数和十六进制数写出"good!"的 ASCII 码。

解:

二进制数表示:01100111B　01101111B　01101111B　01100100B　00100001B

十六进制数表示:67H　6FH　6FH　64H　21H

表 2.4　ASCII 码编码标准

$b_4 b_3 b_2 b_1$	$b_7 b_6 b_5$							
	000	001	010	011	100	101	110	111
0000	空白(NUL)	转义(DLE)	SP	0	@	P	、	p
0001	序始(SOH)	机控 1(DC1)	!	1	A	Q	a	q
0010	文始(STX)	机控 2(DC2)	"	2	B	R	b	r
0011	文终(EXT)	机控 3(DC3)	#	3	C	S	c	s
0100	送毕(EOT)	机控 4(DC4)	$	4	D	T	d	t
0101	询问(ENQ)	否认(NAK)	%	5	E	U	e	u
0110	承认(ACK)	同步(SYN)	&	6	F	V	f	v
0111	告警(BEL)	阻终(ETB)	'	7	G	W	g	w
1000	退格(BS)	作废(CAN)	(	8	H	X	h	x
1001	横表(HT)	载终(EM)	)	9	I	Y	i	y
1010	换行(LF)	取代(SUB)	*	:	J	Z	j	z
1011	纵表(VT)	扩展(ESC)	+	;	K	[	k	{
1100	换页(FF)	卷隙(FS)	,	<?	L	\	l	|
1101	回车(CR)	群隙(GS)	-	=	M	]	m	}
1110	移出(SO)	录隙(RS)	.	>?	N	∧	n	~
1111	移入(SI)	元隙(US)	/	?	O	—	o	DEL

【例 2-11】　字符通过键盘输入和显示器输出的过程。

解：当键盘按下某键时，则会产生位置信号，根据位置来识别所按的字符，依据 ASCII 码编码标准，找出对应的 ASCII 码的存储，完成此功能的程序称为编码器。

解码器用来读取存储的 ASCII 码，找出其对应的字符，查找相应的字形信息，然后将其显示在显示器上。

思考与探索

　　编码器和解码器，体现了信息表示和处理的一般性思维，即对于任何信息，只要给出信息的编码标准或协议，就可以研发相应的编码器和解码器，从而将其表示成二进制，在计算机中进行处理。

2.4　汉字编码

计算机处理汉字信息的前提条件是对每个汉字进行编码，称为汉字编码。归纳起来可分为以下四类：汉字输入码、汉字交换码、汉字内码和汉字字形码。

四种编码之间的逻辑关系如图 2.7 所示,即通过汉字输入码将汉字信息输入到计算机内部,再用汉字交换码和汉字内码对汉字信息进行加工、转换、处理,最后使用汉字字形码将汉字通过显示器显示出来或打印机打印出来。

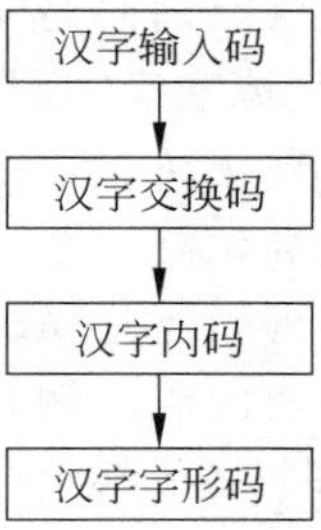

```
┌──────────┐
│ 汉字输入码 │
└────┬─────┘
     ↓
┌──────────┐
│ 汉字交换码 │
└────┬─────┘
     ↓
┌──────────┐
│ 汉字内码 │
└────┬─────┘
     ↓
┌──────────┐
│ 汉字字形码 │
└──────────┘
```

图 2.7　汉字编码间的逻辑关系

1. 汉字输入码

汉字输入码是为从计算机外部输入汉字而编制的汉字编码,也称汉字外部码,简称外码。到目前为止,国内外提出的编码方法有百种之多,每种方法都有自己的特点,可归并为下列几种。

(1) 顺序码。这是一种使用历史较长的编码方法,是用 4 位十六进制数或 4 位十进制数编成一组代码,每组代码表示一个汉字。编码可以按照汉字出现的概率大小顺序进行编码,也可根据汉字的读音顺序进行编码。这种代码不易记忆,不易操作。例如区位码、邮电码等。

(2) 音码。这种编码方法根据汉字的读音进行编码。输入时可在通用键盘上像输入西文一样进行,但同音异字、发音不准或不知道发音的字难以处理。例如微软拼音输入法、搜狗拼音输入法、智能 ABC 输入法等。

(3) 形码。这种编码方法是根据汉字的字形进行编码,将汉字分解成若干基本元素(即字元),然后给每个字元确定一个代码,并按字元位置(左右、上下、内外)顺序将其代码排列,就可以构成汉字的代码。例如五笔字型、表形码、郑码等。

(4) 音形码。这种编码方法是综合了字形和字音两方面的信息而设计的。例如全息码、五十字元等。

为提高输入速度,输入方法逐步智能化是目前发展趋势。例如,基于模式识别的语音识别输入、手写板输入或扫描输入等。

2. 汉字交换码

汉字交换码是指在不同汉字信息系统之间进行汉字交换时所使用的编码。我国1981 年制定的"中华人民共和国国家标准信息交换汉字编码"(代号 GB 2312-80)中规定的汉字交换码为标准汉字编码,简称 GB 2312-80 编码或国标码。

国标码中共收录了 7445 个汉字和字符符号。其中一级常用汉字 3755 个,二级非常用汉字和偏旁部首 3008 个,字符符号 682 个。在这个汉字字符集中,汉字是按使用频度进行选择的,其中包含的 6763 个汉字使用覆盖率达到了 99%。

一个国标码由两个七位二进制编码表示,占两个字节,每个字节最高位补 0。例如,汉字"大"的国标码为 3473H,即 00110100　01110011。

为了编码,将国标码中的汉字和字符符号分成 94 个区,每个区又分成 94 个位,这样汉字和字符符号就排列在这 94×94 个编码位置组成的代码表中。每个字符用两个字节表示,第一个字节代表区码,第二个字节代表位码,由区码和位码构成了区位码。因此,国标码和区位码是一一对应的:区位码是十进制表示的国标码,国标码是十六进制表示的区位码。

我国台湾地区汉字编码字符集代号为 BIG5,通常称为大五码。主要用于繁体汉字的处理,它包含了 420 个图形符号和 13 070 个汉字(不包含简化汉字)。

3. 汉字内码

汉字内码是汉字在信息处理系统内部最基本的表现形式,是信息处理系统内部存储、处理、传输汉字而使用的编码,简称内码。

前面讲过,一个国标码占两个字节,每个字节最高位补 0,而 ASCII 码的机内码也是在最高位补一个 0,以便用一个字节表示一个字符。所以为了在计算机内部能够区分是汉字编码还是 ASCII 码,将国标码的每个字节的最高位由 0 变为"1",变换后的国标码称汉字机内码。例如,汉字"大"的机内码为 10110100 11110011。也由此可知汉字机内码的每个字节都大于 128,而每个西文字符的 ASCII 码值均小于 128。

4. 汉字字形码

汉字字形码是表示汉字字形信息的编码,在显示或打印时使用。目前汉字字形码通常有点阵方式和矢量表示方式两种表示方式。

(1)点阵方式。此方式是将汉字字形码用汉字字形点阵的代码表示,所有汉字字形码的集合就构成了汉字库。经常使用的汉字库有 16×16 点阵、24×24 点阵、32×32 点阵和 48×48 点阵,一般 16×16 点阵汉字库用于显示,而其他点阵汉字库则多在打印输出时使用。如图 2.8 所示的点阵及代码是以"大"字为例,点阵中的每一个点都由 0 或 1 组成,一般 1 代表"黑色",0 代表"白色"。

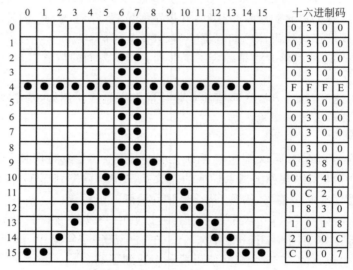

图 2.8　字形点阵及代码

在汉字库中,每个汉字所占用的存储空间与汉字书写简单复杂无关,每个点阵块分割的粗细决定了每个汉字占用空间的大小。点阵越大,占用的磁盘空间就越大,输出的字形越清晰美观,如 16×16 点阵的一个汉字约占 32B。对于不同的字体应使用不同的字库。

(2)矢量方式。矢量字库保存的是每一个汉字的描述信息,比如一个笔划的起始、终止坐标,半径、弧度等等,即每一个字形是通过数学曲线来描述的,它包含了字形边界上的关键点,连线的导数信息等,字体的渲染引擎通过读取这些数学矢量,然后进行一定的数学运算来进行渲染。这类字体的优点是字体实际尺寸可以任意缩放而不变形、变色。Windows 中使用的 TrueType 就是汉字矢量方式。Windows 使用的字库在 FONTS 目录下,字体文件扩展名为 FON 的表示是点阵字库,扩展名为 TTF 是矢量字库。

点阵和矢量方式的区别是:前者编码和存储方式简单,无需计算直接输出,显示速度快,后者正好相反,字形放大时效果也很好,且同一字体不同的点阵不需要不同的字库。

2.5　多媒体信息的表示

2.5.1　多媒体技术的基本概念

1. 多媒体的概念

多媒体是一种以交互方式将文字、声音、图形、视频等多种媒体信息和计算机技术集成到一个数字环境中,并能扩展利用这种组合技术的新应用。多媒体技术就是对多种媒体上的信息进行处理和加工的技术。

2. 多媒体的信息

多媒体的信息主要包括以下几种。

(1) 文本(Text):包括数字、字母、符号、汉字。

(2) 声音(Audio):包括语音、歌曲、音乐和各种发声。

(3) 图形(Graphics):由点、线、面、体组合而成的几何图形。

(4) 图像(Image):主要指静态图像,例如照片、画片等。

(5) 视频(Video):指录像、电视、视频光盘(VCD)播放的连续动态图像。

(6) 动画(Animation):由多幅静态画片组合而成,它们在形体动作方面有连续性,从而产生动态效果,包括二维动画(2D、平面效果)、三维动画(3D、立体效果)。

3. 多媒体技术的主要特征

多媒体具有如下的主要特征。

(1) 多样性。多媒体技术把声音、动画、图形、图像等多种多样的表示形式引入计算机中,使人们可以通过多种方式与计算机交流。

(2) 数字化。多媒体技术是“全数字”技术,各种信息媒体都是以数字形式生成、存储、处理和传送。

(3) 集成性。集成性是将多种媒体有机地组织在一起,共同表达一个完整的事物,做到图、文、声、像一体化。

(4) 交互性。交互性是指人机交互,它除了制作播放之外,还可通过与计算机的“对话”进行人工干预。例如在播放多媒体节目时,随时可以进行调整和改变。

(5) 实时性。对于需要实时处理的信息,多媒体计算机能及时处理。例如新闻报道、视频会议等,可通过多媒体计算机网络及时采集、处理和传送。

2.5.2　多媒体处理的关键技术

多媒体技术就是对多种载体(媒介)上的信息和多种存储体(媒质)上的信息进行处理的技术,包括多媒体的录入、压缩、存储、变换、传送、播放等。多媒体技术的核心则是“视频、音频的数字化"和"数据的压缩与解压缩"。

1. 视频、音频的数字化

原始的视频、音频的模拟信号经过采样、量化和编码后,就可以转换为便于计算机进行处理的数字符号,然后再与文字等其他媒体信息进行叠加,构成多种媒体信息的组合。

2. 数据的压缩与解压缩

(1) 数据压缩的目的。数字化后的视频、音频信号的数据量非常大,不进行合理压缩根本就无法传输和存储。例如,一帧中等分辨率的彩色数字视频图像的数据量约 7.37MB,100MB 的硬盘空间只能存储 100 帧,若按 25 帧/秒的标准(PAL 制式)传送,则要求 184 MB/s 的传送速率。对于音频信号,若取采样频率 44.1kHz,采样数字数据为 16 位,双通道立体声,此时 100MB 的硬盘空间仅能存储 10 分钟的录音。

因此,视频、音频信息数字化后,必须再进行压缩才有可能存储和传送。播放时则需解压缩以实现还原。

数据压缩的目的就是用最少的代码表示源信息,减少所占存储空间,并利于传输。

(2) 数据压缩的思路。数据压缩的思路是将图像中的信息按某种关联方式进行规范化并用这些规范化的数据描述图像,以大量减少数据量。例如,某个三角形为蓝色,这时只要保存三个顶点的坐标和蓝颜色代码就成了。如此规范化之后,就不必存储每个像素的信息了。

(3) 数据压缩的分类。按照压缩后丢失信息的多少分为无损压缩和有损压缩两种。

无损压缩也称冗余压缩法。它去掉数据中的冗余部分,在以后还原时可以重新插入,即信息不丢失。因此,这种压缩是可逆的,但压缩比很小。

有损压缩是在采样过程中设置一个门限值,只取超过门限的数据,即以丢失部分信息达到压缩目的。例如,把某一颜色设定为门限值后,则与其十分相近的颜色便被视为相同,而实际存在的细微差异都被忽略了。由于丢失的信息不能再恢复,所以这种压缩是不可逆的,图像质量较差,但压缩比很大。

对数据进行压缩时应综合考虑,尽量做到压缩比要大、压缩算法要简单、还原效果要好。

(4) 常用的多媒体压缩算法标准。目前应用于计算机的多媒体压缩算法标准有压缩静态图像的 JPEG 标准\压缩运动图像的 MPEG 标准和 GIF 标准。

- JPEG(Join Photographic Expert Group)是由国际标准化组织(ISO)和国际电报电话咨询委员会(CCITT)联合组织专家组制定的"静态图像压缩标准",于 1992 年经 ISO 批准。这一标准适用于黑白和彩色的照片、传真及印刷图片,可以支持很高的图像分辨率和量化精度。

- MPEG(Moving Pictures Experts Group)是动态图像专家组的英文缩写,这个专家组始建于 1988 年,专门负责为 CD 建立视频和音频标准,其成员均为视频、音频及系统领域的技术专家。由于 ISO/IEC1172 压缩编码标准是由此小组提出并制定 MPEG 由此扬名世界。所谓 MPEG-X 版本是指一组由 ITU(International Telecommunications Union)和 ISO 制定发布的视频、音频、数据的压缩标准。

- GIF(Graphic Interchange Format)的原义是"图像互换格式",是 CompuServe 公司在 1987 年开发的图像文件格式。GIF 分为静态 GIF 和动画 GIF 两种,支持透明背景图像,适用于多种操作系统,体型很小,网上很多小动画都是 GIF 格式。GIF 文件的数据,是一种连续色调的无损压缩格式。其压缩率一般在 50% 左右,它不属于任何应用程序。目前几乎所有相关软件都支持它,公共领域有大量的软件在使用 GIF 图像文件。

3. 高速运算

进行多媒体信息的数字化处理,需要进行大量的计算且实时完成。目前一般采用高速 CPU 或利用先进的大规模集成电路技术生产多媒体专用芯片(如音频/视频数据压缩和解压缩芯片、图像处理芯片、音频处理芯片等)等技术来实现。

4. 虚拟现实技术

虚拟现实(Virtual Reality,VR)集成了计算机多媒体技术、计算机仿真技术、人工智能、传感技术、显示技术、网络并行处理等技术的最新发展成果,是一种由计算机生成的高技术模拟系统,它最早源于美国军方的作战模拟系统,20 世纪 90 年代初逐渐为各界所关注并且在商业领域得到了进一步的发展。这种技术的特点在于计算机产生一种人为虚拟的环境,这种虚拟的环境是通过计算机图形构成的三维数字模型,并编制到计算机中去生成一个以视觉感受为主,也包括听觉、触觉的综合可感知的人工环境,从而使得在视觉上产生一种沉浸于这个环境的感觉,可以直接观察、操作、触摸、检测周围环境及事物的内在变化,并能与之发生"交互"作用,使人能够"身临其境",并能通过语言、手势等自然的方式与之进行实时交互,创建了一种多维信息空间。比如,汽车驾驶室、作战模拟系统等。

2.5.3 多媒体应用中的媒体元素

多媒体应用的根本目的是以自然习惯的方式,有效地接受计算机世界的信息,信息通过媒体展现。媒体元素一般包括文本、图形、图像、声音、动画和视频图像等。

2.5.3.1 文本

在人机交互中,文本主要有非格式化文本和格式化文本两种形式。

1. 非格式化文本

非格式化文本是指文本中字符的大小是固定的,仅能按一种形式和类型使用,不具备排版功能。

2. 格式化文本

格式化文本是指可对文本进行编排,包括各种字体、尺寸、格式及色彩等。可以进行字处理(编辑格式化文本)的软件很多,像 Word、WPS 等,这些软件也称为文本编辑软件。其编辑的文本文件大都可在多媒体应用程序中使用,此外,一般的图形、图像处理及多媒体编辑软件都带有一定的文字处理能力。

2.5.3.2 图形与图像

图形和图像是多媒体应用中最活跃的媒体元素。

1. 分类

（1）按媒体信息生成方式分类如下：

- 主观图形。主观图形指使用各种绘制软件制作的图片，包括点、线、面、体构成的图形（Graphic）和二维、三维动画（Animation）。
- 客观图像。客观图像由光电转换设备（摄像机、扫描仪、数码相机、帧捕捉设备等）生成的具有自然明暗、颜色层次的图片，包括图像（Image）和视频（Video）。

（2）按媒体信息存储方式分类如下：

- 矢量（Vector）图形。矢量图形文件中存放的是描述图形的指令，用"数学表达式"对图形中的实体进行抽象描述（即矢量化），然后存储这些抽象化的特征，适用于图形和动画。
- 位图（Bitmap）图像。位图图像是指按"像素"逐点存储全部信息，一幅图像就是由若干行和若干列的像素点组成的阵列，每个像素点用若干个二进制进行编码，这就是图像的数字化，适用于各类视觉媒体信息。这种存储方式占用存储空间很大。

（3）按图像的视觉效果分类如下：

- 静态图像。静态图像只有一幅图片，包括图形和图像。
- 动态图像。任何动态图像都是由多幅连续的、顺序的图像序列构成，序列中的每幅图像称为一"帧"。如果每一帧图像是由人工或通过一些工具软件（如 3D Studio Max、Flash 等）对图像素材进行编辑制作而成时，该动态图像就称为动画；若每帧图像为计算机产生的具有真实感的图像，则称为三维真实感动画，两者统称动画；而当每一帧图像是对视频信号源（如电视机、摄像机等）经过采样和数字化后得到的，即是实时获取的自然景物图像时，就称为动态影像视频，简称动态视频或视频（Video）。动画的每一幅画面是用人工合成的方法对真实世界的模拟；视频影像是对真实世界的记录。

（4）按图像的颜色模式分类。颜色模式是指将某种颜色表现为数字形式的模型，或者说是一种记录图像颜色的方式，分为 RGB 模式、CMYK 模式、HSB 模式、Lab 颜色模式、位图模式、灰度模式、索引颜色模式、双色调模式和多通道模式。

由上述各种分类可以看出：图形和图像之间，图像和视频之间，视频和动画之间，既有联系，又有区别。

2. 图像的形成

（1）图像采集。使用光电转换设备从第一行左端的第一个像素点开始，每行自左向右（对应行频）、各行间自上向下（对应帧频）进行水平扫描和垂直扫描，然后依次将全部像素点转换成有序的 RGB 电信号，便采集到一帧图像。这一过程由扫描电路和其他辅助电路自动完成。

（2）光电转换。通过光敏器件 CCD（电荷耦合器件）可以把一个像素点的颜色转换成包含有 R、G、B 三种信息成分的电信号。

（3）图像显示。通过与图像采集完全相同的扫描过程控制显像管的电子枪依次有序的击打屏幕上的像素点；同时按该像素点的 RGB 数值控制电子束的强度；当把屏幕上的像素点全部扫描一遍之后，便可看到复原的一帧图像。

（4）图像的稳定。保持一定的水平和垂直扫描速度，使显示的图像一帧一帧地不断刷新，利用人眼的"视觉暂留"现象，便看到了稳定的图像。如果每次刷新的各帧图像完全相同就成为"静态图像"，否则就是"动态图像"。

3. 影响图像处理的因素

（1）分辨率。分辨率影响图像质量，包括屏幕分辨率（计算机显示屏幕图像的显示区）、图像分辨率（数字化图像的大小）和像素分辨率（像素的高宽比，一般为 1∶1）三个方面。

（2）图像灰度。可以把图像进行二维空间（行、列）分割，每个行、列的交点就称为"像素点"(Pixel)。位图中的每个像素点是基本数据单位（可用一定位数的二进制表示，二进制位数也称为图像深度），用来定义每个像素点的颜色和亮度。典型的图像深度包含 1、2、3、4、8、12、16 或 24 位。对于黑白线条图（例如传真）常用 1 位值表示，1 位值有 2 个等级，故称之为二值图像；灰度图像常用 4 位（16 种灰度）或 8 位（256 种灰度等级）表示该点的亮度；对于彩色图像则有多种描述方式，常用 RGB 方式，即根据三基色原理，将红（Red）、绿（Green）、蓝（Blue）三种基本颜色进行不同比例的组合，从而组合出丰富多彩的所有颜色。

（3）图像存储容量。由上可知，一幅图像分割得越细或表示每个像素点的位数越多，则图像质量越好，越接近自然状况，但需存储的数据量越大。例如，一幅 640×480 个像素点的图像，若每个像素点用 4 位表示，则其数据量为：640×480×4/8＝150(KB)。

运动图像每秒钟的数据量是帧速乘以单帧数据量。若一幅图像的数据量为 1MB，帧速为 25 帧/秒，则 1 秒钟的数据量为 25MB。可知存放运动图像（特别是视频）的数据量是很大的，必须进行压缩。

（4）图像文件的存储格式。图形图像文件主要有如下几种格式。

- BMP(Bitmap)格式是 Microsoft 公司专门为 Windows 制定的位图文件格式，也就是以前 Windows 版本的 DIB(Device Independent Bitmap)格式。
- JPEG 格式、GIF 格式和 MPEG 格式前面已经介绍过。
- WMF(Windows Meta File)格式是 Microsoft 公司制定的图元存储格式。文件使用矢量图形描述语言，占用存储空间要比位图存储方式小很多，显示时利用编译程序将文件内容转换成可见的图形，故又称矢量格式转换文件。
- PSD(Photoshop Document)格式是 Adobe 公司的图像处理软件 Photoshop 的专用格式。
- TIF(Tag Image File Format)格式是 Aldus 和 Microsoft 公司为扫描仪和计算机的"出版软件"而制定的。
- DXF(Drawing Exchange File)格式是 Autodesk 公司为计算机辅助设计（CAD）制定的一种数据交换格式。
- AVI(Audio Video Interleaved，声音/影像交错)是 Windows 所使用的动态图像格式，不需特殊的设备就可以将声音和影像同步播出，这种格式的数据量较大。
- ASF(Advanced Stream Format)是 Microsoft 公司采用的流式媒体播放的格式，比较适合在网络上进行连续的视像播放。
- PNG(Portable Network Graphics)是一种新兴的网络图像格式，是目前保证最不失真的格式，它汲取了 GIF 和 JPG 二者的优点，存储形式丰富，兼有 GIF 和 JPG 的色彩模式；能把图像文件压缩到极限以利于网络传输，但又能保留所有与图像品质有关的信息;显示速度很快;PNG 同样支持透明图像的制作;缺点是不支持动画应用效果。

4. 常用的视频信号

(1) RGB 信号。RGB 信号是根据三基色原理由光电转换器件直接生成的电信号。

(2) YUV 信号。YUV 信号是采用一个亮度信号(Y)和两个色差信号(U、V)描述像素,通过降低色差信号采样频率达到频带宽度变小的目的。

(3) Y/C 信号。Y/C 信号是将 U、V 两个色差信号合成为一个色度信号 C,在视频设备上使用的 S-Video 接口就是这种信号,它的图像质量不如 YUV 信号。

(4) 复合视频信号。复合视频信号也称彩色全电视信号,是将 Y、C 信号再进行合成得到的,易产生串扰,图像质量最差。

5. 视频信号的制式

(1) PAL 制式。PAL 制式是我国和一些欧洲国家采用的电视标准,帧速是 25 帧/秒,每帧画面 625 行,以分辨率表示的图像大小为 768×576。

(2) NTSC 制式。NTSC 制式是美国和日本等国采用的电视标准,帧速是 30 帧/秒,每帧画面 525 行,以分辨率表示的图像大小为 720×486。

6. 常用视频文件的格式

(1) DV-AVI 格式。DV 的英文全称是 Digital Video Format,是由索尼、松下、JVC 等多家厂商联合提出的一种家用数字视频格式。目前数码摄像机就是使用这种格式记录视频数据的。这种视频格式的文件扩展名一般是 .AVI,所以也叫 DV-AVI 格式。

(2) MPEG 格式。MPEG 格式前面已介绍过。

(3) DivX 格式。DivX 格式是由 MPEG-4 衍生出的另一种视频编码(压缩)标准,也即通常所说的 DVDrip 格式,它使用 DivX 压缩技术对 DVD 盘片的视频图像进行高质量压缩,同时用 MP3 或 AC3 对音频进行压缩,然后再将视频与音频合成并加上相应的外挂字幕文件而形成的视频格式。其画质直逼 DVD 但体积只有 DVD 的数分之一。

(4) MOV 格式。MOV 即 QuickTime 影片格式,它是 Apple 公司开发的一种音频、视频文件格式,用于存储常用数字媒体类型。

(5) WMV 格式。WMV 是微软推出的一种流媒体格式,在同等视频质量下,WMV 格式的体积非常小,因此很适合在网上播放和传输。

(6) RMVB 格式。RMVB 是一种视频文件格式,RMVB 中的 VB 指 VBR,Variable Bit Rate(可改变之比特率),较上一代 RM 格式画面清晰了很多,可以用 RealPlayer、暴风影音、QQ 影音等播放软件来播放。

(7) FLV 格式。FLV 是当前视频文件的主流格式,目前各在线视频网站均采用 FLV 视频格式。

7. 视频信息采集设备

视频采集设备就是将摄像机(摄像头)、录像机、光碟机、电视机等输出的视频数据或者视音频的混合数据输入电脑,并转换成电脑可辨别的数字数据,存储在电脑硬盘中,也称为可编辑处理的视频数据文件的设备。常见的视频采集设备有视频采集/编辑卡、多功能电视卡、USB 电视盒、视频压缩卡、IEEE 1394 卡、VCD 压缩卡、MPEG 实时压缩卡、非线性编辑卡、广播级实时非线性编辑卡等。

2.5.3.3 音频

音频(Audio)有时也泛称声音,除语音、音乐外,还包括各种音响效果。数字化后,计算机中保存声音文件的格式有多种。

1. 影响数字声音波形质量的技术参数

(1)采样频率(Sampling Rate)。即每秒钟内对声波模拟信号采样的次数。采样频率越高,声音保真度越好,产生的数据量也就越大,占用存储空间也越多。为此按照对声音的不同要求,设置了三个标准,分别为语音效果、音乐效果、高保真效果。

(2)采样数据位数(Sampling Data)。也称采样点精度,是指每一个采样点振幅值的二进制位数,有 8、12、16 之分,此位数对声音的音质有重大影响,位数越多,还原的音质越细腻,占用存储空间越大。例如,16 位采样点精度有 2^{16} 个等级。

(3)声道数(Channels)。声道数是指声音通道的个数,有单声道、双声道(立体声)和多声道。声道越多,数据量越大,空间感越强。

计算每秒钟存储声音数据量(存储容量)的公式为

$$存储容量(字节/秒)=采样频率\times采样数据位数\times声道数/8$$

2. 常见的音频文件格式

(1)WAV 格式。波形声音(WAVE)是来自自然界的真实声音。若要通过计算机处理或回放这些波形声音的模拟信号,必须先用模数转换器(ADC)把它们转换成数字信号,然后才可以进行处理或者储存;回放时,则需用数模转换器(DAC)把数字信号还原成波形声音的模拟信号,然后放大后输出。这个过程就是声音的数字化技术,也是声卡的工作原理。波形声音的模拟信号经 ADC 数字化后,可将数据存储在扩展名为 wav 的波形音频文件中。该文件直接记录了真实声音的二进制采样数据,一般没有经过压缩处理,所以占用存储空间较大。

(2)MIDI 格式。数字音乐是乐器数字接口(Musical Instrument Digital Interface,MIDI),是为了把电子乐器与计算机相连而制定的一个规范,是数字音乐的一个国际标准。和图形文件格式相类似,数字音乐是以一系列指令来表示声音的,可看成是声音的符号表示,是将数据存储在扩展名为 mid 的数字音频文件中。

MIDI 文件与 WAVE 文件的相比有以下几个特点。

- MIDI 文件占用空间小。
- MIDI 文件可以灵活处理。MIDI 文件在音序器的帮助下,用户可以任意改变音调、音色等属性,产生特殊配乐效果;两个 WAVE 文件不能同时播放。当播放 WAVE 文件时,可同时播放 MIDI 音乐,从而产生配乐效果。
- MIDI 文件无法得到自然界中的所有声音。WAVE 文件可以从任何声源录制生成,而且在各种计算机上的播放效果基本一致;MIDI 文件则无法得到自然界中的所有声音,而且播放效果还与合成器的质量有关,不同档次的声卡差异较大。

(3)MP3 格式。MP3(Moving Picture Experts Group Audio Layer Ⅲ)是指动态影像专家压缩标准音频层面 3,是当今较流行的一种数字音频编码和有损压缩格式,将音乐以 1:10 甚至 1:12 的压缩率,压缩成容量较小的文件。

（4）CD-DA 格式。1979 年，飞利浦和索尼公司结盟联合开发 CD-DA（Compact Disc-Digital Audio，精密光盘数字音频）标准。CD 唱片对声音的生成、处理、还原方法与 WAV 文件基本相同，也是通过数字采样技术制作的，但不生成 WAV 文件，而是把采样数据直接写在光盘上。它的规范是：采样频率 44.1kHz、采样数据 16 位、立体声。因此能完全重现原来声音的效果。

（5）"Real"格式。RA（Real Audio）是一种可以在网络上实时传送和播放的音乐文件的音频格式的流媒体技术。此类文件格式有以下几个主要形式：RA（Real Audio）、RM（Real Media，Real Audio G2）、RMX（RealAudio Secured）。这些格式统称为"Real"。RA 采用的是有损压缩技术，由于它的压缩比相当高，因此音质相对较差。此外 RA 可以随网络带宽的不同而改变声音质量，以使用户在得到流畅声音的前提下，尽可能地提高声音质量。由于 RA 格式的这些特点，因此特别适合在网络传输速度较低的互联网上使用。

（6）WMA 格式。WMA（Windows Media Audio）是微软公司力推的一种音频格式。WMA 格式是以减少数据流量但保持音质的方法来达到更高的压缩率目的，其压缩率一般可以达到 1∶18，生成的文件大小只有相应 MP3 文件的一半。此外，WMA 还可以通过 DRM（Digital Rights Management）方案加入防止拷贝，或者加入限制播放时间和播放次数，甚至是播放机器的限制，可有力地防止盗版。

2.5.3.4 流媒体

流媒体是指以流的方式在网络中传输音频、视频和多媒体文件的形式。流媒体是应用流技术在网络上传输的多媒体文件，它将连续的图像和声音信息经过压缩后存放在网站服务器，让用户一边下载一边观看、收听，不需要等整个压缩文件下载到用户计算机后才可以观看。

自 1995 年第一个流媒体播放器问世以来，流媒体技术在世界范围内得到广泛的应用，目前已有许多广播电台和电视台实现了网上流媒体点播。在许多大学中流媒体技术被广泛应用于远程教学、监控、直播等方面。

目前流媒体的主要文件格式有声音流、视频流、文本流、图像流、动画流等。比如，SWF、AVI、WMA、MPEG、MPG、DAT 等。

2.5.4 多媒体计算机的组成与应用

在多媒体系统中，发展最快和最普及的系统平台是以 PC 机为基础的集成环境，这种系统称多媒体个人计算机，简称 MPC（Multimedia Personal Computer）。多媒体计算机系统是由多媒体计算机硬件系统和多媒体计算机软件系统组成的。

1. 多媒体计算机硬件系统

由于多媒体计算机需要综合声音、动画等信息大的多种媒体，所以多媒体计算机除了具备一般 PC 的硬件配置外，还要求中央处理器、输入/输出接口及系统总线的速度尽可能快、存储器的容量尽可能大。一台 MPC 的硬件系统主要包括以下几部分。

（1）多媒体主机。多媒体主机必须有支持多媒体指令的 CPU，可以使用高档微型计算机或者工作站。

（2）多媒体输入设备。多媒体输入设备包括摄像机、话筒、录像机、录音机、扫描仪、DVD-ROM 等。

（3）多媒体输出设备。多媒体输出设备包括显示器、电视机、打印机、绘图仪以及各种音响设备等。

（4）外存储器。外存储器包括磁盘、光盘、录音录像带等。

（5）操纵控制设备。操纵控制设备包括键盘、鼠标、操纵杆、触摸屏以及遥控器等。

（6）多媒体接口卡，包括：

- 声卡。又称为声效卡或声霸卡，是 MPC 必不可少的组成部分。一般插入主机板上的 PCI 插槽中。它是 MPC 接收、处理、播放各类音频信息的重要部件。声卡具有录音、放音、MIDI 音乐功能、混合输出功能及语音压缩、解压缩功能等。在声卡上设有多个插口，用于连接话筒、CD 唱机、MIDI 控制器、DVD-ROM 驱动器、游戏机、音频播放机以及喇叭等输入/输出设备，在其软件的支持下实现语音的输入/输出和乐曲的播放。

- 视卡及其类型。视卡又称视频卡，是 MPC 的重要部件，用来连接视频设备的电路板，实现视频信号与数字信号之间的转换，可接收来自摄像机、录像机、电视机和各种激光视盘的视频信号。视频卡根据其功能不同，有多种产品和名称。比如，视频采集压缩卡用于将摄像机、录像机、影碟机或光盘上的图像信号进行采样、量化，然后将数据压缩后存储到存储设备中。通常为电子出版物和制作电视节目所使用。电视接收卡（TV 卡）具有电视信号的采集、存储及某些特技处理的功能。

2. 多媒体计算机软件系统

多媒体计算机软件系统包括多媒体操作系统、媒体处理系统工具和用户应用软件。多媒体系统软件包括：

（1）多媒体操作系统。也称多媒体核心系统（Multimedia Kernel System），具有实时任务调度、多媒体数据转换和同步控制对多媒体设备的驱动和控制，以及图形用户界面管理等。

（2）媒体处理系统工具。或称多媒体系统开发工具软件，是多媒体系统重要组成部分。多媒体开发工具大致分为多媒体素材制作工具，多媒体创作工具，多媒体编程语言和设备驱动软件、接口程序等 4 类。

- 多媒体素材制作工具是为多媒体应用软件进行数据准备的软件，其中包括文字特效制作软件 Word（艺术字）、COOL 3D，图形图像编辑与制作软件 CorelDRAW、Photoshop，二维和三维动画制作软件 Animator Studio、3D Studio MAX，音频编辑与制作软件 Wave Studio、Cakewalk，以及视频编辑软件 Adobe Premiere 等。

- 多媒体创作工具是利用编程语言调用多媒体硬件开发工具或函数库来实现的，并能被用户方便地编制程序，组合各种媒体，最终生成多媒体应用程序的工具软件。常用的多媒体创作工具有 PowerPoint、Authorware、ToolBook、Flash 等。

- 多媒体编程语言用来直接开发多媒体应用软件，不过对开发人员的编程能力要求较高。常用的多媒体编程语言有 Visual Basic、Visual C++ 、Delphi 等。

- 设备驱动软件、接口程序是高层软件与驱动程序之间的接口软件,为高层软件建立虚拟设备。

多媒体应用软件又称多媒体应用系统或多媒体产品,它是由各种应用领域的专家或开发人员利用多媒体编程语言或多媒体创作工具编制的最终多媒体产品,是直接面向用户的。

2.5.5　移动多媒体终端

随着通信技术和网络技术的发展,移动多媒体终端走进了人类的生活,它是一种同时具备移动性、便携性、实时性、交互性、计算机处理能力、网络通信功能于一体的高端电子产品。它能够随时随地地接入互联网络,使用丰富的网络资源,是"三网融合"业务内容呈现的载体。目前常用的移动多媒体终端有平板电脑、智能手机、便携的网络型笔记本(上网本)等。

思考与探索

关于 0 和 1 的思维:现实世界的各种信息都可以被转换成 0 和 1,在计算机中处理,也可以将 0 和 1 转换成各种满足人们现实世界需要的信息。即任何事物只要表示成信息,就能够被表示成 0 和 1,就能够被计算机处理。

通过转换成 0 和 1,各种运算就转换成了逻辑运算,逻辑运算可以方便地使用计算机中的晶体管等器件来实现,即 0 和 1 是计算机软件和硬件的纽带。

0 和 1 的思维体现了语义符号化、符号 0/1 化、0 和 1 计算机化、计算自动化的思维,是最重要的计算思维之一。

基础知识练习

(1) 什么是信息和信息技术? 各自的主要特征有哪些?

(2) 进行以下数制转换:

213 D=(　　　　)B=(　　　　)H=(　　　　)O

3E1 H=(　　　　)B=(　　　　)D=(　　　　)O

10110101101011 B=(　　　　)H=(　　　　)O=(　　　　)D

(3) 某台计算机的机器数占 8 位,写出十进制数 −57 的原码、反码和补码。

(4) 什么是 ASCII 码和 BCD 码? 它们各自的作用及其编码方法是什么?

(5) 汉字编码有哪几类? 各有什么作用?

(6) 对于 16×16 的汉字点阵,一个汉字的存储需要多少字节?

(7) 多媒体的概念及其特征是什么? 常用的媒体元素有哪些?

(8) MPC 机的主要硬件有哪些? 简述这些硬件的作用。

（9）举例说明模拟视频与数字视频的特点，并加以比较。

（10）常用视频处理工具有很多，比如 Edius、Premiere、绘声绘影等，比较它们各自的特点。

（11）多媒体的压缩标准有哪些？

（12）简述对于 0 和 1 的思维的理解。

能力拓展与训练

1. 实践与探索

（1）如果你想开发一种新的汉字输入法，应该如何完成？写出你的实现思路。

（2）启动"录音机"程序，录制一段最想给父母说的话。

（3）尝试利用一种音频软件将一个 WAVE 文件转换成 MP3 格式的文件。

（4）写一份关于流媒体技术的报告，内容包括流媒体的概念、基本原理和最新发展情况。

（5）了解常用图形图像处理工具（Photoshop、CorelDraw、AutoCAD 等）和常用动画制作工具（Flash、3dx Max、Maya 等），试分析比较各自的特点。

（6）查阅资料，思维和解析各类行业标准和技术、行业的关系，写一份相关研究报告。

（7）结合所学的计算思维和相关知识，写一份关于移动多媒体终端的研究报告。

2. 拓展阅读

[1] 崔林，吴鹤龄. IEEE 计算机先驱奖：计算机科学与技术中的发明史（1980—2006）[M]. 北京：高等教育出版社，2018.

[2] 李忠. 穿越计算机的迷雾[M]. 北京：电子工业出版社，2011.

[3] 沙行勉著. 计算机科学导论——以 Python 为舟（第 2 版）[M]. 北京：清华大学出版社，2016.

第 3 章 系统思维——计算机系统基础

谚语："Pull oneself up by one's bootstraps."

字面意思是"拽着鞋带把自己拉起来"，这当然是不可能的事情。

最早的时候，工程师们用它来比喻计算机启动这个过程：必须先运行程序，然后计算机才能启动，但是计算机不启动就无法运行程序！

早期真的是这样，必须想尽各种办法，把一小段程序装进内存，然后计算机才能正常运行。所以，工程师们把这个过程称为"拉鞋带"，人们用 bootstrap（鞋带）来表达启动，久而久之就简称为 boot 了。

3.1 计算机系统

计算机是如何启动的？计算机的启动是一个非常复杂的过程。它涉及硬件系统和软件系统。本章主要讲述计算机的硬件系统、软件系统知识，以及关于计算机件系统思维的解析。

一台完整的计算机应包括硬件部分和软件部分。硬件的功能是接收计算机程序，并在程序控制下完成数据输入、数据处理和输出等任务；软件是保证硬件的功能得以充分发挥，并为用户提供良好的工作环境。

冯·诺依曼型计算机系统由硬件系统和软件系统两大部分组成，如图 3.1 所示。

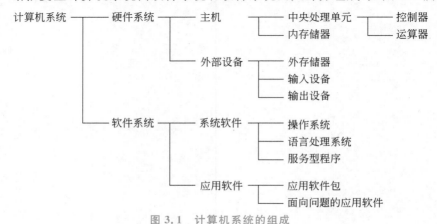

图 3.1　计算机系统的组成

硬件系统是指由电子部件和机电装置组成的计算机实体。如用集成电路芯片、印刷线路板、接插件、电子元件和导线等装配成中央处理器、存储器及外部设备等。

软件系统是指为运行、管理和维护计算机而编制的各种程序、数据和文档的总称。程序是完成某一任务的指令或语句的有序集合；数据是程序处理的对象和处理的结果；文档是描述程序操作及使用的相关资料。计算机的软件是计算机硬件与用户之间的一座桥梁。

软件按其功能分有应用软件和系统软件两大类。系统软件面向计算机硬件系统本身，解决普遍性问题；应用软件面向特定问题处理，解决特殊性问题。用户与计算机系统各层次之间的关系，如图 3.2 所示。

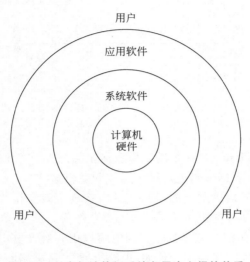

图 3.2　用户与计算机系统各层次之间的关系

3.1.1　计算机硬件系统

计算机的规模不同，机种和型号不同，它们在硬件配置上差别很大。但是，绝大多数都是根据冯·诺依曼计算机体系结构的思想来设计的，故具有共同的基本配置，即五大部件：控制器、运算器、存储器、输入设备和输出设备。运算器和控制器合称为中央处理单元，即 CPU(Central Processing Unit)，它是计算机的核心。

计算机硬件系统中五大部件的相互关系，如图 3.3 所示，其中空心箭头线代表数据流，实心箭头线代表控制流。

1. 控制器

控制器(Control Unit)是计算机的指挥中心，它使计算机各部件自动协调地工作。控制器每次从存储器中读取一条指令，经过分析译码，产生一串操作命令，发向各个部件，控制各部件动作，使整个机器连续地、有条不紊地运行。控制器一般是由程序计数器 PC(Program Counter)、指令寄存器 IR(Instruction Register)、指令译码器 ID(Instruction Decoder)和操作控制器 OC(Operation Controller)等组成。程序计数器 PC 用来存放下一条指令的地址,具有自动加 1 的功能。指令寄存器 IR 用来存放当前要执行的指令代码。指令译码器 ID 用来识别 IR 中所存放要执行指令的性质。操作控制器 OC 根据指令译码器对要执行指令的译码,产生实现该指令的全部动作的控制信号。

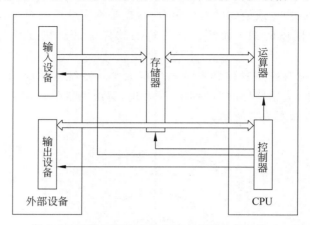

图 3.3　计算机硬件系统中五大部件的相互关系

2. 运算器

运算器(Arithmetic Unit)是一个用于信息加工的部件。算术逻辑运算单元是运算器的主要部件,其功能是对数据编码进行算术运算和逻辑运算。

算术运算是按照算术规则进行的运算。逻辑运算一般泛指非算术性运算。例如,比较、移位、逻辑加、逻辑乘、逻辑取反及"异或"操作等。运算器通常由运算逻辑部件(ALU)和一系列寄存器组成。基本的逻辑运算可以由开关及其电路连接来实现,也可以由电子元器件及其电路连接来实现。比如,电路接通为 1,电路断开为 0。高电平为 1,低电平为 0。

3. 存储器

存储器(Memory)的主要功能是存放程序和数据。不管是程序还是数据,在存储器中都是用二进制的形式表示,统称为信息。

(1) 存储器的分类。存储器分为内存储器(主存储器)和外存储器(辅助存储器)两类。

内存储器简称内存,是计算机各部件信息交流的中心,用来存放现行程序的指令和数据。用户通过输入设备输入的程序和数据先送入内存,控制器执行的指令和运算器处理的数据取自内存,运算的中间结果和最终结果保存在内存中,输出设备输出的信息来自内存,内存中的信息如果要长期保存应送到外存中。总之,内存要与计算机的各个部件打交道,所以内存的存取速度直接影响计算机的运算速度。

目前大多数内存由半导体器件构成,内存储器由许多存储单元组成,每个存储单元存放一个数据或一条指令,且有自己的地址,根据地址就可找到所需的数据和程序。内存具有容量小、存取速度快、停电后数据丢失的特点。

外存储器简称外存,用来存储大量暂时不参与运算的数据和程序以及运算结果。通常外存不和计算机的其他部件直接交换数据,而是成批地与内存交换信息。外存储器具有容量大、存取速度慢、停电后数据不丢失的特点。常见的外存设备有软盘、硬盘、闪盘、光盘和磁带等。

（2）存储器有关术语如下。

- 地址。整个内存被分成若干存储单元，每个存储单元都可以存放程序或数据。用于标识每个存储单元的唯一的编号称为地址。
- 位。一个二进制数（0 或 1）称为位（Bit，比特），是数据的最小单位。
- 字节。每八个二进制位称为一个字节。为了衡量存储器的容量，统一以字节（Byte，简写为 B）为基本单位。存储器的容量一般使用 KB、MB、GB、TB 表示，它们之间的关系是 1KB=1024B，1MB=1024KB，1GB=1024MB，1TB=1024GB，1PB=1024TB，1EB=1024PB，其中 $1024=2^{10}$。再往上还有 ZB、YB、BB、NB、DB 等。
- 字和字长。在计算机中，作为一个整体被存取或运算的最小信息单位称为单元或字，每个字中存放的二进制数的长度称为字长。计算机字长，一般指参加运算的寄存器所能表示的二进制数的位数。字长通常为字节的整数倍。计算机的字长越长，运行速度也就越快，其结构也就越复杂。计算机的字长可以是 32 位、64 位等。

4. 输入设备

输入设备用来接受用户输入的原始数据和程序，并将它们变换为计算机能识别的形式，存放到内存中。常用的输入设备有键盘、鼠标、扫描仪、触摸屏和语音识别系统等。输入设备和主机之间通过接口连接。

5. 输出设备

输出设备用于将存放在内存中由计算机处理的结果转变为人们所能接受的形式。常用的输出设备有显示器、打印机、绘图仪和音响等。外存储器是计算机中重要的外部设备，它既可以作为输入设备，也可以作为输出设备。

总之，计算机硬件系统是运行程序的基本组成部分，人们通过输入设备将程序和数据存入存储器，运行时，控制器从存储器中逐条取出指令，将其解释成控制命令，去控制各部件的动作。数据在运算器中被加工处理，处理后的结果通过输出设备输出。

思考与探索

硬件系统是用正确的、低复杂度的芯片电路组合成高复杂度的芯片，逐渐组合，功能越来越强，这种层次化构造化的思维是计算及自动化的基本思维之一。

3.1.2 问题求解与计算机软件系统

通过了解计算机学科独特的思维方式，能够为我们将来创新性地解决生活工作中的问题奠定基础，能够为我们提供可持续发展的应用计算机技术的能力。

人类社会中一般问题的求解，可以归纳为 4 个主要步骤：分析和确定问题、制定计划与方案、执行计划与方案、评估与反思。

计算机软件系统可以固化人类的行为和思维特征，可以演绎人类解决各类问题的思想和方法，从而完成各种各样的功能。

人类使用计算机进行问题求解的方式主要有交互方式和程序方式两类。交互方式是直接使用计算机，是一种最基本的方法，也称为人机对话式；程序方式是通过程序间接使用计算机，是人类使用计算机的高级方式。

有些问题我们可以通过简单的人机交互或称人机对话来完成，比如，通过选择一个菜单项或单击一个命令按钮进行命令式人机交互。有些问题必须首先把问题求解的过程用"程序化"的方式表示出来，建立模型、设计算法，然后用计算机语言编程实现。两种方式很类似于人类社会中的讲话和写作。人与人之间的交流用简单的语言就可以完成，而在写作中，必须要求文章语法规范、语义清晰。

前面讲过，软件系统是指为运行、管理和维护计算机而编制的各种程序、数据和文档的总称。软件按其功能分为应用软件和系统软件两大类。系统软件面向计算机硬件系统本身，解决普遍性问题；应用软件面向特定问题处理，解决特殊性问题。

1. 系统软件

系统软件是指控制计算机的运行，管理计算机的各种资源，并为应用软件提供支持和服务的一类软件，其功能是方便用户，提高计算机使用效率，扩充系统的功能。系统软件具有两大特点：一是通用性，其算法和功能不依赖特定的用户，无论哪个应用领域都可以使用；二是基础性，其他软件都是在系统软件的支持下开发和运行的。系统软件是构成计算机系统必备的软件。例如，操作系统、数据库管理系统等。

2. 应用软件

应用软件是用户利用计算机硬件和系统软件，为解决各种实际问题而设计的软件。它包括应用软件包和面向问题的应用软件。某些应用软件经过标准化、模块化，逐步形成了解决某些典型问题的应用程序的组合，称为软件包（Package）。例如 AutoCAD 绘图软件包、通用财务管理软件包、Office 软件包等。目前，软件市场上能提供数以千计的软件包供用户选择。面向问题的应用软件是指计算机用户利用计算机的软、硬件资源为某一专门的目的而开发的软件。例如：科学计算、工程设计、数据处理、事务管理等方面的程序。随着计算机的广泛应用，应用软件的种类及数量将越来越多、越来越庞大。根据软件的功能大致可分为：字处理、电子表格、辅助设计、网络应用软件、实时控制、工具软件等。例如，文字处理软件、CAD 软件、城市交通监管系统、生产设备的自动控制系统软件等。

3.1.3 计算机的基本工作原理

计算机的基本工作原理包括存储程序和程序控制。计算机工作时先要把程序和所需数据送入计算机内存，然后存储起来，这就是"存储程序"的原理。运行时，计算机根据事先存储的程序指令，在程序的控制下由控制器周而复始地取出指令，分析指令，执行指令，直至完成全部操作，这就是"程序控制"的原理。

1. 指令和指令系统

指令是指示计算机执行某种操作的命令,它由一串二进制数码组成。一条指令通常由两个部分组成:操作码+地址码。

(1) 操作码。操作码规定计算机完成什么样的操作,如算术运算、逻辑运算或输出数据等操作。

(2) 地址码。地址码是指明操作对象的内容或所在的存储单元地址,即指明操作对象是谁等信息。

一台计算机所能识别和执行的全部指令的集合称为这台计算机的指令系统。

指令按其完成的操作类型可分为数据传送指令(主机↔内存)、数据处理指令(算术和逻辑运算)、程序控制指令(顺序和跳转)、输入/输出指令(主机↔I/O设备)和其他指令。

程序是由指令组成的有序集合。对一个计算机系统进行总体设计时,设计师必须根据要完成的总体功能设计一个指令系统。指令系统中包含许多指令。为了区别这些指令,每条指令用唯一的代码来表示其操作性质,这就是指令操作码。操作数表示指令所需要的数值或数值在内存中所存放的单元地址。

2. 计算机的工作过程

计算机的工作过程,是计算机依次执行程序的指令的过程。一条指令执行完毕后,控制器再取下一条指令执行,如此下去,直到程序执行完毕。计算机完成一条指令操作分为取指令、分析指令和执行指令三个阶段。

(1) 取指令。控制器根据程序计数器的内容(存放指令的内存单元地址)从内存中取出指令送到指令寄存器,同时修改程序计数器的值,使其指向下一条要执行的指令。

(2) 分析指令。对指令寄存器中的指令进行分析和译码。

(3) 执行指令。根据分析和译码实现本指令的操作功能。

? 思考与探索

计算机或计算系统可以被认为是由基本动作以及基本动作的各种组合所构成的。对这些基本动作的控制就是指令。指令的各种组合和数据组成了程序。指令和程序的思维是一种重要的计算思维。

3.2　微型计算机的硬件系统

微型计算机是大规模集成电路技术发展的产物,又称为个人计算机(或 PC),本节就微型计算机系统的基本组成即硬件系统和软件系统分别进行阐述。

微型计算机的硬件系统根据冯·诺依曼体系结构配置,由运算器、控制器、存储器、输入设备和输出设备组成。

3.2.1 总线

1. 系统总线的概念

主板上配有连接插槽,这些插槽又称"总线接插口"。计算机的外设通过接口电路板连接到主板上的总线接插口,与系统总线相连接。系统总线(Bus)是 CPU 与其他部件之间传送数据、地址和控制信号的公用通道。如果说主板是一座城市,那么总线就像是城市里的公共汽车(bus),能按照固定行车路线传输信号,总线上传输的信号就像公共汽车上的人或物。

总线是由导线组成的传输线束,主机的各个部件通过总线相连接,外部设备通过相应的接口电路再与总线相连接,从而形成了计算机硬件系统。

从物理上讲,系统总线是计算机硬件系统中各部分互相连接的方式;从逻辑上讲,系统总线是一种通信标准,是关于扩展卡能在 PC 中工作的协议。采用总线结构便于部件或设备的扩充,使用统一的总线标准,不同设备间互连将更容易实现。

2. 总线的分类

按照计算机所传输的信息种类,计算机的总线主要分为数据总线、地址总线和控制总线三种,分别用来传输数据、数据地址和控制信号。

(1)数据总线(Data Bus)。数据总线用于实现数据的输入和输出,数据总线的宽度等于计算机的字长。因此数据总线的宽度是决定计算机性能的主要指标。

(2)地址总线(Address Bus)。地址总线用于 CPU 访问内存和外部设备时传送相关地址。实现信息传送的设备的选择。例如,CPU 与主存传送数据或指令时,必须将主存单元的地址送到地址总线上。地址总线通常是单向线,地址信息由源部件发送到目的部件。地址总线的宽度决定 CPU 的寻址能力。若某计算机的地址总线为 n 位,则此计算机的寻址范围为 $0\sim2^n-1$。

(3)控制总线(Control Bus)。控制总线用于 CPU 访问内存和外部设备时传送控制信号,从而控制对数据总线和地址总线的访问和使用。

3. 常用总线标准

在计算机系统中通常采用标准总线。标准总线不仅具体规定了线数及每根线的功能,而且还规定了统一的电气特性。主板上主要有 FSB、MB、PCI、PCI-E、USB、LPC、IHA 等 7 大总线,总线标准有 CA、EISA、VESA、PCI、AGP 等。现在,主板上配备较多的是 PCI 和 AGP 总线。PCI(Peripheral Component Internet)是一种局部总线标准,它能够一次处理 32 位数据,用于声卡、内置调制解调器的连接。AGP(Accelerated Graphics Port)加速图形端口,是显卡的专用扩展插槽。它是在 PCI 图形接口的基础上发展而来的。AGP 直接把显卡与主板控制芯片连接在一起,从而很好地解决了低带宽 PCI 接口造成的系统瓶颈问题。

PCI-E(PCI Express)是目前流行的一种高速串行总线。PCI-E 2.0 标准制定于 2007 年,PCI-E 3.0 标准在 2010 年进入市场,PCI-E 3.0 的信号频率从 2.0 的 5GT/s 提高到 8GT/s。

4. 系统总线的性能指标

（1）总线的带宽。总线的带宽是指单位时间内总线上可传送的数据量，即每秒钟传送的字节数，它与总线的位宽和总线的工作频率有关。

（2）总线的位宽。总线的位宽是指总线能同时传送的数据位数，即数据总线的位数。

（3）总线的工作频率。总线的工作频率也称为总线的时钟频率，以 MHz 为单位，总线带宽越宽，总线工作速度越快。

3.2.2 中央处理器（CPU）

1. CPU 的功能

在微机中，CPU 是由大规模和超大规模集成电路组成的模块，又被称为微处理器（Micro Processing Unit，MPU）。它由运算器、控制器和寄存器组成，是微机硬件中的核心部件。晶体管是制造所有微芯片的基础。晶体管只能生成二进制的信息：如果电流流过就是 1，而没有电流就是 0。根据这些被称为位（bit）的 1 和 0，只要计算机拥有足够的晶体管以容纳所有的 1 和 0，那么它就能生成任何数字。随着大规模集成电路的出现，微处理器的所有部分都集成在一块半导体芯片上。

CPU 有 Intel 8080、80286、80386、80486、80586、Pentium 系列等，从单一核心发展到多核心，CPU 生产厂家主要有 Intel 公司、AMD 公司和 VIA 公司等。16 核的 CPU 于 2012 年由我国首先发布，目前用于超级计算机中。

现在主流计算机都配置一个或多个 CPU，每个 CPU 中又有多个核，以提高任务处理的效率。

2. CPU 的主要性能指标

（1）字与字长。前面讲过，计算机内部作为一个整体参与运算、处理和传送的一串二进制数，称为一个字。在计算机中，许多数据是以字为单位进行处理的，是数据处理的基本单位。字长越长，运算能力就越强，计算精度就越高。

（2）主频。CPU 有主频、倍频、外频三个重要参数，它们的关系是：主频＝外频×倍频，主频是 CPU 内部的工作频率，即 CPU 的时钟频率（CPU Clock Speed）。外频是系统总线的工作频率，倍频是它们相差的倍数。CPU 的运行速度通常用主频表示，以 Hz 作为计量单位。主频越高，CPU 的运算速度越快。

（3）时钟频率。即 CPU 的外部时钟频率（即外频），它由电脑主板提供，直接影响 CPU 与内存之间的数据交换速度。

（4）地址总线宽度。地址总线宽度决定了 CPU 可以访问的物理地址空间，即 CPU 能够使用多大容量的内存。假设 CPU 有 n 条地址线，则其可以访问的物理地址为 2^n 个。

（5）数据总线宽度。数据总线宽度决定了整个系统的数据流量的大小，数据总线宽度决定了 CPU 与二级高速缓存、内存以及输入/输出设备之间一次数据传输的信息量。

3.2.3　内存储器

内存储器是计算机中最主要的部件之一,用来存储计算机运行期间所需要的大量程序和数据。微机中的内存都采用内存条的形式直接插在主板的内存条插槽上。

1. 内存储器的分类

内存储器按功能分为随机存储器(Random Access Memory,RAM)、只读存储器(Read Only Memory,ROM)、高速缓冲存储器(Cache)。

(1) RAM。RAM 的作用是临时存放正在运行用户程序和数据及临时(从磁盘)调用的系统程序。其特点是 RAM 中的数据可以随机读出或者写入。关机或者停电时,其中的数据丢失。

RAM 又可分为以下两种。

- 静态存储器(Static RAM,SRAM)。"静态"是指数据被写入后,除非重新写入新数据或关机,否则写入的数据保持不变。
- 动态存储器(Dynamic RAM,DRAM)。人们平常所说的内存就是 DRAM,它是用 MOS 型晶体管中的栅极电容存储数据信息,需要定时(一般为 2ms)充电,补充丢失的电荷,因此称为动态存储器,充电的过程称为刷新。

SRAM 要比 DRAM 速度更快,常用来做计算机的 Cache。

(2) ROM。ROM 的作用是存放一些需要长期保留的程序和数据,如系统程序、控制时存放的控制程序等。其特点是只能读,一般不能改写,能长期保留其上的数据,即使断电也不会破坏。一般在系统主板上装有 ROM-BIOS,它是固化在 ROM 芯片中的系统引导程序,完成系统加电自检、引导和设置输入/输出接口的任务。

ROM 主要分为以下几种。

- 固定只读存储器(ROM):其内容是厂家生产时写入,用户不能改写。
- 可编程只读存储器(PROM):其内容由用户事先写入,写入后不能再改写。
- 可改写可编程只读存储器(EPROM):其内容可用紫外线照射擦除,然后重新写入。
- 电擦除只读存储器(E2PROM):其内容可用电擦除,然后重新写入。

(3) Cache。因为现在的 CPU 的速度越来越快,动态随机存取存储器的速度受到制造技术的限制,无法与 CPU 的速度同步,因而经常导致 CPU 不得不降低自己的速度来适应 DRAM 的速度,Cache 的作用是缓解高速度的 CPU 和低速度的 DRAM 之间的矛盾,以提高整机的工作效率。其实现方法是将当前要执行的程序段和要处理的数据复制到 Cache,CPU 读写时,首先访问 Cache。当 Cache 中有 CPU 所需的数据时,直接从 Cache 中读取,如果没有就从内存中读取,并把与该数据相关的部分内容复制到 Cache,为下一次访问做好准备。

Cache 一般分为两种:一是 CPU 内部 Cache,也称一级 Cache,内置在 CPU 内部,容量较小;二是 CPU 外部 Cache,也称二级 Cache,容量比一级 Cache 大一个数量级,价格也便宜。目前一级 Cache 和二级 Cache 通常集成到 CPU 芯片中。为了进一步提高性能,还可以把 Cache 设置成三级。

2. 内存的性能指标

（1）存储容量。通常以 RAM 的存储容量来表示微型计算机的内存容量。常用单位有 KB、MB、GB 等。

（2）存取周期。内存的存取周期是指存储器进行两次连续、独立的操作（存数的写操作和取数的读操作）之间所需要的最短时间，以 ns（纳秒）为单位，该值越小速度越快。常见的有 7ns、10ns、60ns 等。存储器的存取周期是衡量主存储器工作速度的重要指标。

（3）功耗。它能反映存储器耗电量的大小，也反映了发热程度。功耗小，对存储器的工作稳定有利。

3.2.4 系统主板

系统主板（System Board）又称主板或母板，用于连接计算机的多个部件，它安装在主机箱内，是微机的最基本最重要的部件之一。在微机系统中，CPU、RAM、存储设备和显示卡等所有部件都是通过主板相结合，主板性能和质量的好坏将直接影响整个系统的性能。

1. 主要部件

集成在主机板上的主要部件有：芯片组、扩展槽（总线）、BIOS 芯片、CMOS 芯片、电池、CPU 插座、内存槽、Cache 芯片、DIP 开关、键盘插座及小线接脚等。其结构如图 3.4 所示。

图 3.4 主板的结构

主板结构是根据主板上各元器件的布局排列方式、尺寸大小、形状、所使用的电源规格等制定出的通用标准，所有主板厂商都必须遵循。比如 ATX、BTX 等。

主板采用了开放式结构。主板上大都有 6～15 个扩展插槽，供 PC 机外围设备的控制卡（适配器）插接。通过更换这些插卡，可以对微机的相应子系统进行局部升级，使厂家和用户在配置机型方面有更大的灵活性。

（1）芯片组。芯片组（Chipset）是主板的核心组成部分，几乎决定了这块主板的功能，进而影响到整个电脑系统性能的发挥。按照在主板上的排列位置的不同，通常分为北桥芯片和南桥芯片。北桥芯片提供对 CPU 的类型和主频、内存的类型和最大容量、ISA/PCI/AGP 插槽、ECC 纠错等支持。南桥芯片则提供对键盘控制器、实时时钟控制器、

USB 等的支持。其中北桥芯片起着主导性的作用,也称为主桥(Host Bridge)。

(2) CPU 插座与插槽。不同主板支持不同的 CPU,其上的 CPU 插座(或插槽)也各不相同。

(3) 内存插槽与内存条。在主板上,有专门用来安插内存条的插槽,称为"系统内存插槽"。根据内存条的线数,可以把内存分为 72 线、168 线、184 线、240 线等;根据内存条的容量,可以分为 512MB、1GB、2GB 等。用户可以根据自己主板上的内存插槽类型和个数酌情增插内存条扩充计算机内存。

(4) 扩展槽与扩展总线。扩展插槽是主板上用于固定扩展卡并将其连接到系统总线上的插槽,也叫扩展槽、扩充插槽,又称"总线接插口",计算机的外设通过接口电路板连接到主板上的总线接插口,与系统总线相连接。可以连接声卡、显卡等设备。扩展槽总线是主板与插到它上面的板卡的数据流通的通道。扩展槽口中的金属线就是扩展总线。扩展槽有 ISA、EISA、VESA、PCI、AGP 等多种类型,相应的扩展总线也分为 ISA、EISA、VESA、PCI、AGP、PCI-Express(简称 PCI-E)等多种类型。扩展槽是一种添加或增强电脑特性及功能的方法。扩展插槽的种类和数量的多少是决定一块主板好坏的重要指标。

(5) 基本输入/输出系统。基本输入/输出系统(Basic Input/Output System,BIOS)是高层软件(如操作系统)与硬件之间的接口。BIOS 主要实现系统启动、系统自检、基本外部设备输入/输出驱动和系统配置分析等功能。BIOS 一旦损坏,机器将不能工作。有一些病毒(如 CIH 等)专门破坏 BIOS,使计算机无法正常开机工作,以致系统瘫痪,造成严重后果。

(6) CMOS 芯片。CMOS 是一块小型的 RAM,具有工作电压低、耗电量少的特点。在 CMOS 中保存有存储器和外部设备的种类、规格及当前日期、时间等系统硬件配置和一些用户设定的参数,为系统的正常运行提供所需数据。若 CMOS 上记载的数据出错或数据丢失,则系统无法正常工作。恢复 CMOS 参数的方法是:系统启动时,按设置键(通常是 Delete 键)进入 BIOS 设置窗口在窗口内进行 CMOS 的设置。CMOS 开机时由系统电源供电,关机时靠主板上的电池供电,即使关机,信息也不会丢失,但应注意更换电池。

2. 工作原理

当主机加电时,电流会在瞬间通过 CPU、南北桥芯片、内存插槽、AGP 插槽、PCI 插槽、IDE 接口以及主板边缘的串口、并口、PS/2 接口等。随后,主板会根据 BIOS(基本输入/输出系统)来识别硬件,并进入操作系统发挥出支撑系统平台工作的功能。

3.2.5 外存储器

外存储器又称为辅助存储器,用来长期保存数据、信息。

1. 硬盘存储器

硬盘是电脑主要的存储媒介之一,由一个或者多个铝制或者玻璃制的碟片组成。碟片外覆盖有铁磁性材料。

硬盘主要有固态硬盘、机械硬盘、混合硬盘三类。

(1) 固态硬盘。固态硬盘(Solid State Disk、Solid State Drive,SSD)是用固态电子存

储芯片阵列而制成的硬盘,固态硬盘用来在笔记本电脑中代替常规硬盘。固态硬盘中已经没有可以旋转的盘状结构。

基于闪存的固态硬盘是固态硬盘的主要类别,其内部构造十分简单,固态硬盘内主体其实就是一块印刷电路板,而这块板上最基本的配件就是控制芯片,缓存芯片(部分低端硬盘无缓存芯片)和用于存储数据的闪存芯片。

固态硬盘的主要特点如下:

* 读写速度快。采用闪存作为存储介质,读取速度相对机械硬盘更快。固态硬盘不用磁头,寻道时间几乎为 0。
* 低功耗、无噪音、抗震动、低热量、体积小、重量轻、工作温度范围大。

(2) 机械硬盘。机械硬盘(Hard Disk Drive,HDD)即是传统普通硬盘,主要由盘片、磁头、盘片转轴及控制电机、磁头控制器、数据转换器、接口、缓存等几个部分组成。

机械硬盘中所有的盘片都装在一个旋转轴上,每张盘片之间是平行的,在每个盘片的存储面上有一个磁头,磁头与盘片之间的距离比头发丝的直径还小,所有的磁头联在一个磁头控制器上,由磁头控制器负责各个磁头的运动。磁头可沿盘片的半径方向运动,加上盘片每分钟几千转的高速旋转,磁头就可以定位在盘片的指定位置上进行数据的读写操作。

(3) 混合硬盘。混合硬盘(Hybrid Hard Disk,HHD)是把磁性硬盘和闪存集成到一起的一种硬盘。

2. 光盘存储器

(1) 光盘及其分类。光盘又称 CD(Compact Disc,压缩盘),由于其存储容量大、存储成本低、易保存,因此在微机中得到了广泛的应用。光盘存储器由光盘驱动器和盘片组成,其盘片(亦称为母盘)上敷以光敏材料,激光照射时,分子排列发生变化,形成小坑点(亦称为光点),以此记录二进制信息。常见的光盘驱动器有以下几种。

* CD-ROM 光驱。它可以读取 CD 盘和 CD-ROM(只读型光盘)中的信息,其工作原理是利用激光束扫描光盘盘片,把盘片上的光电信息转换成数字信息并传给计算机。
* DVD-ROM 光驱。DVD(Digital Versatile Disc)又称数字化视频光盘,是 CD-ROM 的后继产品。
* 刻录机。它能够对一次写入型光盘(包括 CD-R 和 DVD±R)和可擦写型盘片(包括 CD-RW 和 DVD±RW)一次性或重复地写入数据。其工作原理是用强激光束对光介质进行烧孔或起泡,从而产生凹凸不平的表面。而且它可当 CD-ROM 光驱和 DVD-ROM 光驱使用。

(2) 使用光盘的注意如下事项:

* 保持盘面清洁,要小心轻放,以免盘面划伤。
* 光盘在高速旋转状态中,不能按"弹出"按钮,以免损伤盘面。

3. 移动存储器

目前常见的移动存储设备主要是闪盘和移动硬盘。

(1) 闪盘。闪盘具有 USB 接头,只要插入任何个人计算机 USB 插槽,计算机即会检测到并把它视为另一个硬盘,又称优盘或闪存。目前常见的闪盘存储容量有 32GB、64GB、128GB、256GB 等,资料储存期限可达 10 年以上。按功能可分为无驱型、固化型、加密型、启动型和红外型等。

(2) 移动硬盘。移动硬盘是以硬盘为存储介质,以"盘片"存储文件,容量较大,数据的读写模式与标准 IDE 硬盘是相同的。移动硬盘多采用 USB、IEEE 1394 等传输速度较快的接口。移动硬盘的容量有 500GB、1TB、5TB 等。盘片的直径常见有 2.5 英寸和 3.5 英寸两种。

4. 云存储

云存储是与云计算同时发展的一个概念。云存储是通过网络提供可配置的虚拟的存储及相关数据的服务,即将存储作为一种服务,通过网络提供给用户。用户可以通过若干种方式使用云存储。用户可直接使用与云存储相关的在线服务,如网络硬盘、在线存储、在线备份或在线归档等服务。目前,提供云存储服务的有 Google drive、iCloud、华为网盘、everbox、Windows Live Mesh 和 360 云盘等。

3.2.6 输入设备

常用的输入设备有键盘、鼠标、扫描仪、数码相机、数字化仪、磁记录设备等。

1. 键盘

(1) 键盘的组成。键盘由触位开关、检测电路与编码电路三部分组成。每个键对应一个触位开关。当用户按下某一个键时,检测电路发现开关闭合,编码电路根据开关的物理位置将其转换成相应的二进制码,再通过键盘接口传送给计算机。

(2) 键盘的分类如下。

- 按接触方式可以分为:机械式和电容式键盘。机械式键盘结构简单,成本低,但寿命短。电容式键盘是一种无触点开关,内部由固定电极和活动电极组成电容器。目前常用的键盘是电容式键盘。
- 按照键的多少可分为 83 键、101 键、102 键和 104 键等。目前常用的键盘是 104 键和 105 键。除此之外,还有一些其他类型的键盘,例如无线键盘、多媒体键盘等。
- 按照键的接口可分为:AT 接口(大口插头)键盘和 PS/2 接口(6 针小口插头)键盘。

2. 鼠标

鼠标又称"鼠标器",它是一种屏幕标定装置。鼠标的鼻祖于 1968 年出现,美国科学家道格拉斯•恩格尔巴特(Douglas Englebart)在加利福尼亚制作了第一只鼠标。

鼠标分有线和无线两种。

鼠标按接口类型可分为串行鼠标、PS/2 鼠标、总线鼠标、USB 鼠标(多为光电鼠标)四种。

鼠标按键数分为两键鼠标、三键鼠标、五键鼠标和新型的多键鼠标。

鼠标按其工作原理及其内部结构的不同主要有机械式、光机式和光学式三类。

3. 扫描仪

扫描仪(Scanner)是一种输入图形和图像的设备,由电荷耦合器件组成。按其工作原理可分为线阵列和面阵列两种,普遍使用的是线阵列电子扫描仪。按其扫描方式可分为平面式和手持式两种。按其灰度和色彩可分为二值化扫描仪、灰度扫描仪和彩色扫描仪。

4. 手写板

它不仅可以通过手写输入中文,还可以代替鼠标进行操作。

5. 摄像头

它属于多媒体输入设备,可以把各种影像输入到计算机中进行处理和保存。

3.2.7 输出设备

常用的输出设备有显示器、打印机、绘图仪、影像输出系统、语音输出系统等。

1. 显示器

(1) 显示器主要技术参数如下。

- 屏幕尺寸。指矩形屏幕的对角线长度,以英寸为单位,反映显示屏幕的大小。
- 显示分辨率。指屏幕像素的点阵。像素是指屏幕上能被独立控制其颜色和亮度的最小区域,即荧光点。显示分辨率通常写成(水平点数)×(垂直点数)的形式。例如:800×600、1024×768等许多规格,它取决于垂直方向和水平方向扫描线的线数。
- 点距。指一种给定颜色的一个发光点与离它最近的相邻同色发光点之间的距离。在任何相同分辨率下,点距越小,图像就越清晰,14英寸显示器常见的点距有0.31和0.28mm。
- 扫描频率。指显示器每秒钟扫描的行数,单位为千赫(kHz)。它决定着最大逐行扫描清晰度和刷新速度。水平扫描频率、垂直扫描频率、分辨率这三者是密切相关的,每种分辨率都有其对应的最基本的扫描速度,比如:分辨率为1024×768的水平扫描速率为64kHz。
- 刷新速度。指每秒钟出现新图像的数量,单位为Hz(赫兹)。刷新率越高,图像的质量就越好,闪烁越不明显,人的感觉就越舒适。

(2) 显示卡也称为显示适配器,显示卡是连接CPU与显示器的接口电路,负责把需要显示的图像数据转换成视频信号,控制显示器的显示。显示卡由寄存器、显示存储器和控制电路三部分组成。显示存储器用来暂存显示卡芯片所处理的数据。

(3) LCD彩色显示器的工作原理是:通过电场控制液晶分子的排列,使得通电时液晶排列有序,光线易通过;不通电时液晶分子排列混乱,阻止光线通过,从而将二进制信息转换成由亮点和暗点组成的可视信号。通过不同电压的控制,来控制点的亮度;通过光过滤器将白光分解成红、绿、蓝三基色,并通过它们的线性组合形成各种颜色。对于多个点的控制,可以组合成点阵,从而在屏幕上显示出一幅图像。

2. 打印机

衡量打印机好坏的指标有三项：打印分辨率，打印速度和噪声。按打印元件对纸是否有击打动作，分击打式打印机与非击打式打印机。按打印字符结构，分全形字打印机和点阵字符打印机。按一行字在纸上形成的方式，分串式打印机与行式打印机。按所采用的技术，分柱形、球形、喷墨式、热敏式、激光式、静电式、磁式、发光二极管式等打印机。

（1）激光印字机。激光印字机是一种非击打式打印机。其基本原理是：激光源发出的激光束经由字符点阵信息控制的声光偏转器调制后，进入光学系统，通过多面棱镜对旋转的感光鼓进行横向扫描，于是在感光鼓上的光导薄膜层上形成字符或图像的静电潜像，再经过显影、转印和定影，便在纸上得到所需的字符或图像。主要优点是打印速度高，印字的质量高，噪声小。

（2）喷墨印字机。喷墨印字机基本原理是带电的喷墨雾点经过电极偏转后，直接在纸上形成所需字形。它印字速度较快，分辨率较高，无击打噪声。

3. 绘图仪

绘图仪主要用于绘制各种管理图表和统计图、大地测量图、建筑设计图、电路布线图、各种机械图与计算机辅助设计图等。

3.2.8 微型计算机的主要性能指标和分类

1. 微型计算机的主要性能指标

（1）字长。字长是 CPU 的主要参数，字长越长，可以表示的有效位数就越多，运算精度越高，能支持功能的指令更强，计算机的处理能力更强，计算机的数据处理速度也越快。微机的字长一般为 32 位和 64 位。

（2）运算速度。计算机的运算速度指每秒所能执行的指令数。由于不同类型的指令所需时间不同，因此，运算速度也有不同的计算方法。现在多用各种指令的平均执行时间及相应指令的运行比例来综合计算运算速度，即用加权平均法求出等效速度。其单位为 MIPS（百万条指令/秒）。

（3）主频和外频。主频越高，CPU 的运算速度越快。外频由电脑主板提供，直接影响 CPU 与内存之间的数据交换速度。人们通常把微机的类型与主频标注在一起，例如，P4/2.4G，表示 CPU 芯片的类型为 P4，主频为 2.4GHz。

（4）内存容量。内存容量是指随机存储器 RAM 存储容量的大小，它决定了可运行程序的大小和程序运行的效率。内存越大，主机外设交换数据所需要的时间越少，因而运行速度越快。

（5）硬盘容量。硬盘容量反映了微机存取数据的能力。

除了以上主要指标外，还可用存取周期、系统的兼容性、可靠性、可维护性、可用性、性能价格比等方面衡量计算机的性能。

2. 微型计算机的分类

（1）按字长分：微型计算机按不同的字长可以分为 8 位机、16 位机、32 位机和 64

位机。

(2) 按结构分：按结构分类分为以下三种。

- 单片机。单片机是把微机处理器、存储器、输入/输出接口都集成在一块集成电路芯片上。
- 单板机。单板机是将计算机的各个部分都组装在一块印制电路板上。
- 多板机。多板机是由多个功能不同的电路板组成的计算机，目前的微机都属于多板机。单片机和单板机主要用于设备和仪器仪表的控制部件或用于生产过程控制。

3.3 计算机的启动过程

计算机是如何启动的？计算机的启动从打开电源到开始操作，我们看见屏幕快速滚动，并出现各种提示。计算机的启动是一个非常复杂的过程。

计算机的整个启动过程分成四个阶段。

1. 第一阶段：BIOS

20 世纪 70 年代初，只读内存(ROM)发明，开机程序被刷入 ROM 芯片中，计算机通电后，第一件事就是读取它。

(1) 硬件自检。基本输入/输出系统(BIOS)程序首先检查，计算机硬件能否满足运行的基本条件，这称为"硬件自检"(Power-On Self-Test，POST)。如果硬件出现问题，主板会发出不同含义的蜂鸣，启动中止。如果没有问题，屏幕就会显示出 CPU、内存、硬盘等信息。

(2) 启动顺序。硬件自检完成后，BIOS 把控制权转交给下一阶段的启动程序。

这时，BIOS 需要知道下一阶段的启动程序具体存放在哪一个设备。也就是说，BIOS 需要有一个外部储存设备的排序，排在前面的设备就是优先转交控制权的设备。这种排序称为启动顺序(Boot Sequence)。打开 BIOS 的操作界面，里面有一项就是"设定启动顺序"。

2. 第二阶段：主引导记录

BIOS 按照启动顺序，把控制权转交给排在第一位的储存设备。这时，计算机读取该设备的第一个扇区，也就是读取最前面的 512 字节。如果这 512 字节的最后两个字节是 0x55 和 0xAA，表明这个设备可以用于启动；如果不是，表明设备不能用于启动，控制权于是被转交给启动顺序中的下一个设备。

这最前面的 512 个字节，就称为"主引导记录"(Master boot record，MBR)。

(1) 主引导记录的结构。主引导记录只有 512 个字节，主要作用是，告诉计算机到硬盘的哪一个位置去找操作系统。

主引导记录由 3 个部分组成：第 1~446 字节为调用操作系统的机器码；第 447~510 字节为分区表(Partition table)，它的作用是将硬盘分成若干个区；第 511~512 字节为主引导记录签名(0x55 和 0xAA)。

（2）分区表。硬盘分区有很多好处。考虑到每个区可以安装不同的操作系统，主引导记录必须知道将控制权转交给哪个区。分区表的长度只有 64 个字节，里面又分成四项，每项 16 字节。所以，一个硬盘最多只能分四个一级分区，又称为主分区。

每个主分区的 16 字节，由 6 个部分组成：第 1 字节：如果为 0x80，就表示该主分区是激活分区，控制权要转交给这个分区。四个主分区里面只能有一个是激活的；第 2~4 字节是主分区第一个扇区的物理位置（柱面、磁头、扇区号等等）；第 5 个字节是主分区类型；第 6~8 字节是主分区最后一个扇区的物理位置；第 9~12 字节是该主分区第一个扇区的逻辑地址；第 13~16 字节是主分区的扇区总数，决定了这个主分区的长度。也就是说，一个主分区的扇区总数最多不超过 2^{32}。

如果每个扇区为 512 个字节，就意味着单个分区最大不超过 2TB。再考虑到扇区的逻辑地址也是 32 位，所以单个硬盘可利用的空间最大也不超过 2TB。如果想使用更大的硬盘，只有 2 个方法：一是提高每个扇区的字节数，二是增加扇区总数。

3. 第三阶段：硬盘启动

这时，计算机的控制权就要转交给硬盘的某个分区了，这里又分成三种情况。

（1）情况 1：卷引导记录。上一节提到，四个主分区里面，只有一个是激活的。计算机会读取激活分区的第一个扇区，称为卷引导记录（Volume Boot Record，VBR）。卷引导记录的主要作用是，告诉计算机，操作系统在这个分区里的位置。然后，计算机就会加载操作系统了。

（2）情况 2：扩展分区和逻辑分区。随着硬盘越来越大，四个主分区已经不够了，需要更多的分区。但是，分区表只有四项，因此规定有且仅有一个区可以被定义成扩展分区（Extended partition）。所谓“扩展分区”，就是指这个区里面又分成多个。这种分区里面的分区，就称为逻辑分区（logical partition）。计算机先读取扩展分区的第一个扇区，称为“扩展引导记录”（Extended Boot Record，EBR）。它里面也包含一张 64 字节的分区表，但是最多只有两项（也就是两个逻辑分区）。计算机接着读取第二个逻辑分区的第一个扇区，再从里面的分区表中找到第三个逻辑分区的位置，以此类推，直到某个逻辑分区的分区表只包含它自身为止（即只有一个分区项）。因此，扩展分区可以包含无数个逻辑分区。但是，似乎很少通过这种方式启动操作系统。如果操作系统确实安装在扩展分区，一般采用下一种方式启动。

（3）情况 3：启动管理器。在这种情况下，计算机读取主引导记录前面 446 字节的机器码之后，不再把控制权转交给某一个分区，而是运行事先安装的启动管理器（boot loader），由用户选择启动哪一个操作系统。Linux 环境中，目前最流行的启动管理器是 Grub。

4. 第四阶段：操作系统

控制权转交给操作系统后，操作系统的内核首先被载入内存，然后是载入和初始化硬件驱动、启动服务等，从而启动整个操作系统。

至此，全部启动过程完成。

大学计算机——计算文化与计算思维基础

3.4 操作系统

3.4.1 操作系统概述

操作系统(Operating System,OS)是最基本的系统软件,是计算机硬件与其他软件的接口,也是用户和计算机的接口。操作系统是管理计算机各种资源、自动调度用户各种作业程序、处理各种中断的软件。它是计算机硬件的第一级扩充,是用户与计算机之间的桥梁,是软件中最基础和最核心的部分。它的作用是管理计算机中的硬件、软件和数据信息,支持其他软件的开发和运行,使计算机能够自动、协调、高效地工作。

操作系统根据不同的侧重分类如下。

1. 按用户界面分类

(1) 命令行界面操作系统。在这类操作系统中,用户通过输入命令操作计算机,如 MS-DOS、Novell 等。

(2) 图形界面操作系统。在这类操作系统中,用户可以使用鼠标对图标、菜单或按钮等图形元素进行操作,如 Windows、Android、iOS 等。

2. 按支持的用户数分类

(1) 单用户操作系统。这类操作系统中,系统资源由一个用户独占,同一时间只能完成用户提交的一个任务,如 MS-DOS、早期的 Windows 系列等。

(2) 多用户操作系统。这类操作系统中,系统资源同时为多个用户共享,如 UNIX、Linux 以及 Windows 7 以上版本等。

3. 按运行的任务分类

(1) 单任务操作系统。这类操作系统中,用户一次只能提交一个任务,如 DOS 等。

(2) 多任务操作系统。这类操作系统中,用户一次可以提交多个任务,系统可以同时接受并且处理,如 Windows 系列、UNIX、Linux 等。Windows 多任务处理采用的是称为虚拟机(Virtual Machine)的技术。

4. 按系统的功能分类

(1) 批处理操作系统。这类操作系统允许用户将由程序、数据及相关文档组成的作业成批地提交给系统。

(2) 分时操作系统。这类操作系统是将 CPU 的时间划分成时间片,轮流接收和处理各个用户从终端输入的命令,使每个终端不易感觉到其他终端也在使用这台计算机。例如操作系统等。

(3) 实时操作系统。这类操作系统是指计算机对输入信息要以足够快的速度进行处理,并在确定的时间内做出反应。具体应用的领域有:导弹发射实时控制系统、飞机自动导航系统、机票订购实时信息处理系统等。

(4) 网络操作系统。这类操作系统能够管理网络通信和网络上的资源共享,协调各个主机上任务的运行,并向用户提供统一、高效和方便易用的网络接口。常用的有

Windows NT、UNIX、Linux 等。

3.4.2 常用的操作系统

常用的操作系统有以下几种。

（1）MS-DOS。MS-DOS 是微软公司推出的配置在 16 位字长 PC 上命令行界面的单用户单任务的操作系统，它对硬件要求低，现已逐渐被 Windows 替代。

（2）Windows。Windows 是微软公司推出的基于图形界面的单用户多任务的操作系统，是 20 世纪 90 年代以后使用率最高的一种操作系统。Windows 采用了图形化模式 GUI，比起从前的 DOS 需要键入指令使用的方式更为人性化。

（3）UNIX。UNIX 是一种运用较早、使用率较高的网络操作系统之一，是通用、交互式、多用户、多任务的操作系统，是在科学领域和高端工作站上应用最广泛的操作系统。它采用 C 语言编写，可移植性强，由于 UNIX 强大的功能和优良的性能，使之成为被业界公认的工业化标准的操作系统。

（4）Linux。Linux 是 20 世纪 90 年代由芬兰赫尔辛基大学的学生 Linus Torvalds 创建并由众多软件爱好者共同开发的操作系统。它是由 UNIX 衍生出来的，性能与 UNIX 接近，最大特点是它的所有源代码都开放，用户可以免费获取 Linux 及其生成工具的源代码，并可以进行修改，建立自己的 Linux 开发平台，开发 Linux 软件。Linux 与 UNIX 兼容，能支持多任务、多进程、多 CPU 和多种网络协议，是一个性能稳定的多用户网络操作系统。

（5）移动设备的操作系统。智能手机、平板电脑和掌上电脑（Personal Digital Assistant，PDA），我们都称之为"移动设备"。移动设备里的操作系统自然也称之为"移动设备操作系统"，它在传统 PC 操作系统的基础上又加入了触摸屏、移动电话、蓝牙、Wi-Fi、GPS、近场通信等功能模块，以满足移动设备所特有的需求。

主流的移动设备的操作系统有 Android、苹果的 iOS 和塞班等。Android 是一种基于 Linux 的自由及开放源代码的操作系统，主要使用于移动设备，如智能手机和平板电脑，由 Google 公司和开放手机联盟领导及开发。2005 年 8 月由 Google 收购注资。2007 年 11 月，Google 与 84 家硬件制造商、软件开发商及电信营运商组建开放手机联盟共同研发改良 Android 系统。第一部 Android 智能手机发布于 2008 年 10 月。Android 逐渐扩展到平板电脑及其他领域上，如电视、数码相机、游戏机等。

（6）实时嵌入式操作系统。单片机的操作系统软件叫嵌入式系统。嵌入式系统是用于控制、监视或者辅助操作机器和设备的装置。

嵌入式系统几乎都是实时操作系统。实时系统比普通操作系统的响应速度更快。系统收到信息后，没有丝毫延迟，马上就能做出反应，因此才称为"实时"。实时系统被广泛用于对时间精度要求非常苛刻的领域，例如，工业控制系统、数字机床、电网设备监测、交通管理中的 GPS（global Positioning System，全球定位系统）、科学实验的精准控制、医疗图像系统、飞机和导弹中的导航系统、商业自动化设备（如自动售货机、收银机等）、家用电器设备（如微波炉、洗衣机、电视机、空调等）、通信设备（如手机、网络设备等）等等，都需要用到实时嵌入式系统。

（7）分布式操作系统。随着网络技术的出现与发展,大量联网的计算机可以通过网络通信,相互协调一致,共同组成一个大的运算系统——分布式计算系统,系统中的每台计算机都有独立的运算能力,各个计算机内运行的分布式程序之间相互传递信息,彼此协调,共同完成特定的运算任务,称为分布式操作系统。分布式系统具有可靠性高和扩展性好的优点。系统中任何一台(或多台)机器发生故障,都不会影响到整个系统的正常运转。同时,整个系统的结构是可以动态变化的,也就是说,随时可以有新的计算机加入系统中来,也随时可以有机器从系统中被移除。而且,系统中的计算机可以是多种多样的,网络连接形式也可以是多种多样的。

> **思考与探索**
>
> 递归思想：操作系统作为最基本的系统软件,是计算机硬件系统和软件系统(包括系统软件和应用软件)的组织者和管理者,因此,操作系统作为软件也要受到其自身的管理和控制。这是不是和"老和尚给小和尚讲故事"很相似？"从前有座山,山里有个庙,庙里有个老和尚,给小和尚讲故事。故事讲的是：从前有座山,山里有个庙,庙里有个老和尚,给小和尚讲故事……"这就是著名的递归思维,即整体由局部组成,整体又可以作为局部。在日常生活中,递归一词较常用于描述以自相似方法重复事物的过程。例如,当两面镜子相互之间近似平行时,镜中嵌套的图像是以无限递归的形式出现的。还有哪些计算机应用体现或使用了递归思维呢？

3.4.3　操作系统的管理功能

操作系统是一个庞大的管理控制程序,一个操作系统通常包括进程管理、中断处理、内存管理、文件系统、设备驱动、网络协议、系统安全和输入/输出等功能模块。

1. 进程管理

计算机程序通常有两种存在形式：一种是人(通常是程序员)能够读懂的"源程序"形式。源程序经过某种处理(行话叫"编译")就得到了程序的另一种形式,也就是我们常说的"可执行程序",或者叫"应用软件"。源程序是给人看的：程序员阅读、学习、修改源程序,然后可以生成新的更好的可执行程序。可执行程序通常是人看不懂的,但计算机能读懂它,并按照它里面的指令做事情,以完成一个运算任务。

那么什么是进程呢？ 一个运行着的程序,我们就把它称为"进程"。具体点说,程序是保存在硬盘上的源代码和可执行文件,当我们要运行它的时候,如当你要运行浏览器程序的时候,会在浏览器图标上双击,这个浏览器程序的可执行文件就被操作系统加载到了内存中,一个浏览器进程就此诞生了。之后,CPU 会逐行逐句地读取其中的指令,这也就是所谓的"运行"程序了。直到你上网累了,关闭了浏览器窗口,这个进程也就终止了。但浏览器程序(源代码和可执行文件)还原封不动地保存在硬盘上。

一个运转着的计算机系统就像一个小社会,每个进程都是这个社会中活生生的人,而操作系统就像是政府,它负责维持社会秩序,并为每一个进程提供服务。进程管理就是操作系统的重要工作之一,包括为进程分配运行所需的资源,帮助进程实现彼此间的信息交换,确保一个进程的资源不会被其他进程侵犯,确保运行中的进程之间不会发生冲突。

进程的产生和终止、进程的调度、死锁的预防和处理等等,这些都是操作系统对于进程的管理工作。

2. 中断处理

操作系统的工作会经常被打断,而且被打断得非常频繁。任何一个进程如果要请求操作系统帮它做些什么,如读写磁盘上的文件,都要去"敲操作系统的门",也就是要操作系统中断手头的工作,来为它服务。针对不同的服务请求,操作系统会调用不同的"中断处理程序"来处理。操作系统里有数以百计的"中断处理程序"来处理各种各样的服务请求。

操作系统中断处理分为硬件中断和软件中断两类。

(1) 硬件中断。硬件中断就是"硬件来敲门,请求服务",是外围硬件设备(如键盘、鼠标、磁盘控制器等)发给 CPU 的一个电信号。在键盘上每按下一个键,都会触发一个硬件中断,于是 CPU 就要立即来处理,把我们敲的字母显示到屏幕上。

(2) 软件中断。软件就是一系列指令。所谓"软件运行",就是 CPU 逐行地读取并执行这些指令。在一个软件程序中,通常有很多指令都会请求操作系统提供某种服务。由这些程序指令触发的中断就叫"软件中断"。比如说,一个进程要产生子进程、要读写磁盘上的文件、要建立或删除文件等,这些任务都是要在操作系统的帮助下才能完成的。

另外,系统运行过程中出现的硬件和软件故障也会向操作系统发出中断信号,以便这些意外情况能及时得到处理。

3. 内存管理

在计算机里有很多可以存放程序和数据的地方,按从里向外的层次依次有:寄存器、缓存区、内存、硬盘、光盘、U 盘等。

一个程序如果要运行起来,必须先把它加载到内存中。为什么呢?因为寄存器和缓存区太小,通常放不下一个程序。而硬盘又太慢,如果让 CPU 直接从硬盘里读指令的话,速度将是从内存里读指令的速度的百万分之一。因此,内存,这个速度较快,而且又能容纳下不少东西的地方,就成了我们加载程序的唯一选择。

内存管理是操作系统的重要工作。操作系统是计算机内硬件资源的管理者,而内存就是最为抢手的计算机硬件资源之一。大大小小的程序如果要运行,必须由操作系统给它们分配一定的内存空间。内存空间的分配是否合理直接关系到计算机的运行速度和效率。

(1) 操作系统内存管理的主要任务如下:

- 随时知道内存中的哪些地方被分配出去了,还有哪些空间可用;
- 给将要运行的程序分配空间;
- 如果有程序结束了,就把它占用的空间收回,以便分配给新的进程;

- 保护一个进程的空间不会被其他进程非法闯入；
- 为相关进程提供内存空间共享的服务。

（2）虚拟内存。实际内存的使用情况只有操作系统才需要知道,用户进程看到的内存并不是真正的物理内存,而是一个"虚拟大内存",大到系统能支持的上限。对于 32 位系统来说,这个上限是 2^{32} B,也就是 4GB。而 64 位操作系统的寻址能力就是 2^{64},当然这只是理论值,实际中不可能用到这么大的内存,目前 64 位 Windows 系统最大只支持 128GB 内存。

即使实际可用的物理内存小于用户进程所需空间,进程也可以运行,因为用户进程并不需要 100％被加载到内存中。实际上,一个程序经常包含一些极少被用到的功能模块。比如,用于出错处理的功能模块,如果程序不出错的话,这部分功能模块就没必要加载到内存中。一旦需要加载程序剩余的部分,而找不到可用空间的话,操作系统可以"拆东墙补西墙",把暂时不运行的进程挪出内存,以腾出空间加载正要运行的程序。

上述内存管理方式采用的就是"虚拟内存"技术。它将用户进程和物理内存隔离开来,给用户进程一个"虚拟内存"的概念,是内存管理的一大飞跃。虚拟内存不仅提高了系统的安全性,还可以让更多的进程同时运行,使内存的使用效率大大提高。同时,程序员在编程时,不必考虑物理内存有多大,这也降低了编程的复杂度。

4. 设备驱动

操作系统和硬件设备打交道依靠的就是设备驱动程序。操作系统内部有很多设备驱动程序。例如,上网要用网卡；听音乐要用声卡等等。键盘、鼠标、硬盘等所有这些硬件设备都必须有相应的驱动程序才能正常工作。

现代通用操作系统,如 Windows、Linux 等都会提供一个 I/O 模型,允许设备厂商按照此模型编写设备驱动程序,并加载到操作系统中。目前的 Windows 和 Linux 操作系统都支持即插即用,即插即用是一种使用户可以快速简易安装某硬件设备而无须安装设备驱动程序或重新配置系统的标准。即插即用需要硬件和软件两方面支持,因此主要是看计算机配件是否支持即插即用。如具备即插即用功能,安装硬件就更为简易。

前面讲过,操作系统的工作是围绕着"中断"进行的。无论是硬件中断,还是软件中断,最终的中断处理工作都是由相应的中断服务程序完成的。而所谓"中断服务程序",实际上就是设备驱动程序的一部分。例如,一个进程要读取硬盘上的文件,它就会进行系统调用,向操作系统发出读文件（软件中断）的请求。在这个请求里,它肯定指明了要读取哪个文件（文件名）的哪些部分（读取多少）。于是,操作系统里相关的中断处理程序（也就是硬盘驱动程序）就会向硬盘控制器发出一个读文件的指令。硬盘控制器读取硬盘上的文件,并将读到的结果返回给硬盘驱动程序,最后再交给要读文件的进程。

为有效地进行计算机信息资源管理,操作系统主要采用了文件和目录（文件夹）两种概念,并建立了文件管理系统。

3.4.4 文件系统

为有效地进行计算机信息资源管理，操作系统主要采用了文件和目录（文件夹）两种概念，并建立了文件管理系统，简称文件系统（File System）。

从系统角度来看，文件系统是对文件存储器空间进行组织和分配，负责文件存储并对存入的文件进行保护和检索的系统。具体地说，它负责为用户建立文件，存入、读出、修改、转储文件，控制文件的存取，当用户不再使用时撤销文件等。

文件系统是一种用于向用户提供底层数据访问的机制。它将设备中的空间划分为特定大小的块（扇区），一般每块512字节。数据存储在这些块中，大小被修正为占用整数个块。由文件系统软件来负责将这些块组织为文件和目录，并记录哪些块被分配给了哪个文件，以及哪些块没有被使用。

1. 文件的概念

文件是具有符号名的一组相关信息的有序集合，这个符号名就是文件名，存放的信息可以是语言程序、目标程序、文本、图像、数据和其他信息。操作系统是按照文件名来进行读写和管理文件的，即按名存取。

FAT16（File Allocation Table，文件分配表）、FAT32、NTFS（New Technology File System，新技术文件系统）是目前最常见的三种文件系统。

（1）FAT16。DOS、Windows 95 都使用 FAT16 文件系统，它最大可以管理大到 2GB 的分区，但每个分区最多只能有 65 525 个簇。随着硬盘或分区容量的增大，每个簇所占的空间将越来越大，从而导致硬盘空间的浪费。

（2）FAT32。随着大容量硬盘的出现，从 Windows 98 开始，FAT32 开始流行。它是 FAT16 的增强版本，可以支持大到 2TB 的分区。FAT32 使用的簇比 FAT16 小，从而有效地节约了硬盘空间。

（3）NTFS。NTFS 文件系统是 Windows NT 以及之后的 Windows 2000、Windows XP、Windows Server 2003、Windows Server 2008、Windows Vista 和 Windows 7 的标准文件系统。

NTFS 也是以簇为单位来存储数据文件，但 NTFS 中簇的大小并不依赖于磁盘或分区的大小。簇尺寸的缩小不但降低了磁盘空间的浪费，还减少了产生磁盘碎片的可能。NTFS 做了若干改进，例如，支持元数据，并且使用了高级数据结构，以便于改善性能、可靠性和磁盘空间利用率，并提供了若干附加扩展功能，如访问控制列表和文件系统日志。

一个操作系统往往可以支持多个不同的文件系统。比如，Windows 操作系统支持 FAT12、FAT16、FAT32、NTFS 等 4 种文件系统。Linux 操作系统支持 FAT12、Minix、VFAT、UMSDOS、EXT 等 15 种文件系统。

2. 文件的命名

一般地，文件名反映文件的内容和类型信息。

给文件起名时，应尽可能"见名知义"，这样有助于记忆和查找。

（1）文件名格式：主名.扩展名，主名表达文件内容，扩展名表达文件类型。

（2）约定一些专用文件的扩展名，表明了不同的文件类型。常见的有.exe（可执行文件）、.com（系统命令文件）、.sys（系统直接调用文件）、.bat（批处理文件）.obj（目标程序文件）、.bak（备份文件）、.tmp（临时文件）、.txt（文本文件）、.doc（Word 文档）、.xls（Excel 工作簿文件）、.ppt（PowerPoint 演示文稿）等。在 Windows 操作系统中还给不同类型的文件赋以形象的图标。

（3）一些常用的设备也作为文件处理。常见的设备文件名有：CON（键盘/屏幕）、PRN 或 LPT1（第一并行打印机）、LPT2（第二并行打印机）、AUX 或 COM1（第一串行口）、COM2（第二串行口）、NUL（虚拟外部设备）。用户在给文件命名时不能使用系统保留的这些设备名。

（4）查找和显示时可以使用通配符 * 和?，* 代表任意多个字符（包括 0 个）；"?"代表任意一个字符。例如，file * 可以代表 file123、file1、file2、file.doc；file? 可以代表 file1、file2；A *.doc 可以代表主文件名以 A 开头、扩展名为 DOC 的所有文件，像 ASTB.doc、aBX.doc、ADEF.doc 等。

3．Windows 文件的命名规定

（1）文件名中可以是数字、大小写字母、汉字和多个其他的 ASCII 字符，最多可以有 255 个字符（包括空格），忽略文件名开头和结尾的空格。

（2）不能有以下字符出现：\、/、:、*、?、"、<、>、|。

（3）文件名中可以分别使用英文字母大写和小写，不会将它们转换成同一种字母，但认为大写和小写字母具有同样的意义。例如，MYFILE 和 myfile 认为是同一个文件名。

（4）可以使用多个分隔符的名字。如"myfiles.examples.2010"和"学习计划.2010.xls"等。

4.MS-DOS 文件的命名规定

MS-DOS 中文件的命名除符合文件的一般规定外，还有以下一些规定。

（1）主文件名最多只允许 8 个字符，扩展名最多只允许 3 个字符，称为 8.3 型文件名。

（2）这些字符可以是：大小写英文字母、0～9 个数字、汉字及一些特殊符号（如 $、#、&、@、<、>、~、|、^、(、)、─、{、}等）。

💡 **注意**：如果使用只能处理"8.3"文件名的应用程序，将会失去所处理文件的长文件名。

5．文件系统的层次结构

（1）文件系统和文件夹。文件系统就是负责文件存取和文件信息管理的软件机构。用编目方法管理文件是一种行之有效、广泛应用的方法。操作系统对文件的管理也是通过编目方法实现的，在 MS-DOS 中将文件分门别类地组织成"目录"，在 Windows 中，目录又称文件夹。

（2）文件系统的层次结构。Windows 的文件系统采用树形结构进行文件的组织和管理。处于顶层（树根）的文件夹是桌面，计算机上所有资源都组织在桌面上。这里以 C 盘为例讲述文件系统的层次结构,如图 3.5 所示。

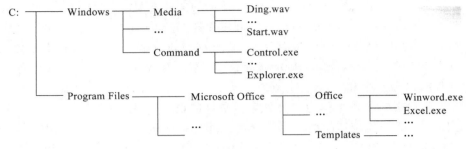

图 3.5 树形目录结构

这种文件系统的树形结构有如下几个特点。
- 每一个磁盘只有唯一的一个根结点,称根文件,用"\"符号表示,如"C:\"。
- 根结点向外可以有若干个子结点,称为文件夹(Folder)。每个子结点都可以作为父结点,再向下分出若干个子结点,即文件夹中可以有若干个文件和子文件夹。
- 在同一个文件夹中,不允许有相同的文件名和子文件夹名。

(3) 文件标识。在文件系统和层次结构中,一个文件的位置需要由三个因素来确定:文件存放的磁盘、存放的各级文件夹和文件名。在文件层次结构中,一个文件的完整定位为:[盘符][路径]主文件名[.扩展名],其中的方括号[]表示可以缺省。
- 盘符。用磁盘名加上一个":",如"C:"等。
- 路径。树形结构中,文件夹呈层次关系。当对某个文件或某一文件夹进行操作时,必须指出该文件或文件夹的存取路径。从某一级文件夹出发(可以是根文件夹,也可以是子文件夹),去定位另一个文件夹或文件夹中的一个文件时,中间可能需要经过若干层次的文件夹才能到达,所经过的这些文件夹序列就称为路径。各文件夹后面要加一个"\"符号。
  例如在图 4.1 中,从根文件夹到 Control.exe 文件的路径表示为 C:\Windows\Command\Control.exe。
- 当前文件夹。引入多级文件夹后,对任何一个操作都需要知道当前系统所在的"位置",也就是说要明确当前的操作是从哪一个文件夹出发的。把执行某一操作时系统所在的那个文件夹称为当前文件夹。
- 绝对路径。绝对路径是指从根文件夹出发表示的路径名。这种表示方法与当前文件夹无关。例如在图 4.1 中,\Windows\Media\Ding.wav 表示从根文件夹出发定位文件 Ding.wav。其中:第一个字符"\"表示根文件夹,中间的"\"表示子文件夹之间或子文件夹与文件之间的分隔符。
- 相对路径。相对路径是指不从根文件夹出发,而是从当前文件夹的下一级子文件夹或父文件夹开始表示路径,这种表示方法与当前文件夹密切相关。

以图 3.5 为例,设当前目录为 Media,那么 Ding.wav 表示定位当前目录下的文件 Ding.wav;..\Command\Control.exe 表示先返回到当前目录的父目录(Windows 文件夹),再向下定位文件 Control.exe。其中,符号".."代表当前文件夹的父文件夹。操作系

统在建立子文件夹的时候,自动生成两个文件夹,一个是".",代表当前文件夹;另一个是
"..",代表当前文件夹的上一级文件夹。

3.4.5　操作系统中的计算思维

1. 树形目录结构与资源管理

在 Windows 中常常利用"资源管理器"和"我的电脑"进行信息资源管理,在查看和显
示信息时,我们用到了树形目录结构。利用树形目录结构来进行资源管理是计算机中一
个重要思想,一般地,涉及资源管理的操作都会使用树形结构。

这种树形结构的设计思想在我们日常生活中也常常用来进行信息的分类组织,比如,
我们表达一个单位机构的层次结构等等。另外,树形目录结构中,随着当前盘和当前文件
夹的转换,也就是当前视点的不断转换,我们是不是感受到了一种层次化结构性的跳跃性
思维? 这种思维方式是计算机学科一个重要的思维特征。比如,网络域名管理、面向对象
的分析与设计方法中的类及其继承体系的应用、Java 中的包管理及引用、程序三大结构
的理解、网络规划与设计等等。

2. 剪贴板和剪贴簿——信息共享机制

剪贴板是由操作系统维护的一块内存区域,是在 Windows 程序和文件之间传递信息
的临时存储区。它可以存储正文、图像、声音等信息,可以实现不同应用程序间的信息
交换。

剪贴簿是在剪贴板的基础上发展起来的,提供了多个信息的实时共享机制,并支持网
络共享。

3. 回收站——恢复机制

"回收站"是计算机硬盘中的一个名为 Recycled 的文件夹,用于存放被删除的文件、
文件夹和快捷方式等对象,处于被回收状态。回收站中的对象仍然占用磁盘空间,但是可
以恢复,给用户提供一种"后悔药"。这是一种通过纠错方式,在最坏情况下进行预防、保
护和恢复的思维,是一种常用的工程思维。在软件设计时应对可能发生的种种意外故障
采取措施。软件是很脆弱的,很可能因为一个微小的错误而引发严重的事故,所以必须加
强防范。

 思考与探索

在电子类和机械类等工程中,哪些设计属于"回收站"式的工程思维下的产物呢?

3.5　软件系统中的交互方式

操作系统与大部分软件都提供程序式和交互式两种接口,本节主要介绍交互
方式。

3.5.1 操作系统中的交互方式

人类交互的最自然方式是通过语言、文字、图形、图像、声音和影像等表达自己的思想,因此,计算机软件也在不断地努力使其尽可能实现自然交互的方式。在操作系统中,桌面以及桌面上的各种形象化的图标的设计,都体现了软件操作界面的自然化模拟。

在操作系统中,有一个专门处理交互方式的软件模块,称为操作系统的外壳(Shell),与之对应地,操作系统的核心功能部分称为内核(Kernel)。交互式方式一般由软件的外壳软件来实现,外壳提供给用户的交互方式一般有两种:命令方式和菜单方式。

1. 命令式交互方式

(1)命令式交互方式的基本思想:人们通过简单的语言——命令与计算机进行交互,请求计算机为我们解决各种问题。

Windows 操作系统中,单击图标和使用快捷键的这些方式可以看作为命令式。

命令语言有肯定句和一般疑问句两种句型。基本格式一般包括动词、宾语和参数三部分。动词表示要做的具体任务,宾语表示任务对象。

例如,Windows 操作系统中,通过执行"开始"→"所有程序"→"附件"→"命令提示符"命令;或执行"开始"→"运行"命令,在弹出的"运行"对话框中输入 cmd 或 command,单击"确定"按钮两种方式都可以进入命令式交互方式。比如输入"dir d:/p"命令就可以分页查看 D 盘中的内容,如图 3.6 所示,输入 msconfig 命令就能打开"系统配置"对话框等。

图 3.6　命令式交互方式

（2）命令执行过程解析。在操作系统中，当输入一条命令并按回车后，Shell命令解释器首先对命令做语法检查，通过后就会调用与命令的动词部分对应的任务处理程序，并将各种参数传给程序，该程序按照命令任务的具体要求，调用操作系统的功能，完成命令的执行。如果上述任一步遇到错误或问题，将会终止操作返回命令提示符状态，并给出错误原因。

2. 菜单式交互方式

（1）菜单方式与命令方式的关系。菜单本身也是按树形结构思想分类组织的。在菜单方式中，用户选择某个菜单项，就会调用与其对应的任务处理程序，这时选择菜单项——命令动词，使用对话框中的若干选项——各种命令参数，选择处理的具体对象——命令宾语，从而实现命令的解释和实现。

（2）菜单执行的基本过程：选择操作对象→选择菜单项→通过对话框设置各种参数并确定，然后集成上述三方面信息，调用操作系统的功能，这些功能与负责资源管理的文件系统打交道，最终完成任务的执行。如果上述任一步遇到错误或问题，将会给出提示消息对话框。

> **思考与探索**
>
> 　　体验感受图形用户界面技术：计算机应用之所以能够如此迅速地进入各行各业、千家万户，其中一个很重要的原因是Windows操作系统及其应用软件采用了图形化用户界面。图形化用户界面技术具有多窗口技术、菜单技术、联机帮助技术等特点。
>
> 　　以数据为中心和软件复用的思想：交互式方式由以命令为主到以菜单为主的发展变迁，不仅反映了图形用户界面技术的优越性，而且反映了软件技术由功能型为主向数据型为主的转变。通过菜单将同样的功能运用到不同的数据集上，这种方式体现了以数据为中心和软件复用的思想。

3.5.2　应用软件中的交互方式

1. 应用软件的启动与关闭

应用软件运行在系统软件的基础之上，其启动和退出是通过系统软件的相关操作来完成的。启动是指将程序从计算机硬盘读入到内存固定区域，并让其开始执行。关闭是指处于工作状态的软件停止运行，并正确地从内存中撤销，释放所占内存空间。

应用软件的核心——应用程序，作为一种软件资源，一定存放在存储介质中，同一个应用软件（比如Word）可以运行多次，系统软件会把它们看作不同的多个任务来处理——多任务机制。一般地，常用有以下几种启动方式。

（1）基于查找的方式。基于查找的方式是指通过打开资源管理的树形目录结构，逐层地查找或通过搜索的方式找到应用程序，然后将其打开。

（2）快捷方式。可以给任何文件、文件夹添加快捷方式。快捷方式是访问某个常用项目的捷径。双击快捷方式图标可立刻运行这个应用程序、完成打开这个文档或文件夹的操作。例如,用户如果已经为打印机创建了快捷方式,那么以后要打印文件时,只需将该文件的图标拖到打印机图标上即可。

💡 **注意**:快捷方式图标并不是对象本身,而是它的一个指针,此指针通过快捷方式文件(.lnk)与该对象联系。因此,对快捷方式的移动、复制、更名或删除只影响快捷方式文件,而不会改变原来的对象。

(3)基于文件类型的方式。我们知道,系统软件中约定了一些专用文件的扩展名,表明了不同的文件类型。这时我们只要打开该类型的某一个个体文件即可启动其应用软件。比如,打开一个名为"我的大学规划.doc"文件即可启动 Word 应用软件。

2. 应用软件的操作模式

应用软件已逐渐趋于国际化软件的模式,通常它们有很多相似的操作模式,学会触类旁通,将大大提高学习和使用软件的效率。

(1)菜单栏的设置模式。各种应用软件在不同的应用领域具有其显著的优势和特色,所以对于不同软件的使用学习,重点掌握其优势之处,再通过其与其他软件的共性学习,就会快速把握该软件的精髓,并且能够在适当的应用领域选择不同的应用软件来解决问题,从而进一步明白软件为什么要这样设计,为什么要提供这些功能,为今后设计软件奠定基础。

比如,菜单栏的设计,一般包含与资源管理有关的操作、编辑修改的操作、查看方面的操作、高级自定义设置方面的操作、自身软件的优势和特色、窗口布局有关的操作和联机帮助,一般命名为:文件(File)、编辑(Edit)、查看或视图(View)、工具(Tool)、自身软件的优势和特色、窗口(Windows)、帮助(Help),如图 3.7 所示。

(2)快捷菜单——"右击无处不在"。一般地,在计算机屏幕的任何地方,使用鼠标右击,都会弹出一个快捷菜单,该菜单包含右击对象在当前状态下的常用命令。快捷菜单具有针对性、实时性和快捷性,一般软件的常用功能均可以通过快捷菜单来完成。

(3)快捷键和访问键。很多菜单项后面伴有带下划线的字母,表示该选项具有访问键,对于顶层菜单,按 Alt＋访问键就可执行该项操作;对于子菜单,用户打开菜单后直接输入该字母即可执行。

有的很常用的菜单项后面跟着组合键,表示该选项具有快捷键,用户不必打开菜单,直接按下此快捷键,就可执行该项操作。比如,菜单项"复制(C) Ctrl ＋C"。

因为有些软件诞生于西方,所以这些快捷键和访问键往往使用该菜单项的英文单词本意的首字母,像复制(C)就是 Copy 的首字母、打开(O)就是 Open 的首字母等等,使用单词本意来学习,会更好地触类旁通,实现知识的迁移。

(4)文档格式设置策略。常用的文字处理软件和电子表格处理软件中文档的格式设置策略,体现和应用了正向(演绎)思维和反向(归纳)思维。

* 正向(演绎)思维:先指定整个文档的各种格式,然后再输入具体内容。
* 反向(归纳)思维:先输入具体内容,然后再设置整个文档的各种格式。这种方法较为普遍。

大家在实际应用中,可以根据情况自主选择,也可以将两者结合起来使用。

大学计算机——计算文化与计算思维基础

图 3.7　几个应用软件菜单栏的设计对比

（5）对象的嵌入与链接技术。对象的嵌入与链接又称为 OLE。嵌入和链接的主要区别在于数据的存放位置以及将其插入目标文件后的更新方式的不同。

链接对象是指在修改源文件之后，链接对象的信息会随着更新。链接的数据只保存在源文件中，目标文件中只保存源文件的位置，并显示代表链接数据的标识。如果需要缩小文件大小，应使用链接对象。

嵌入对象是指即使更改了源文件，目标文件中的信息也不会发生变化。嵌入的对象是目标文件的一部分，而且嵌入之后，就不再和源文件发生联系。双击嵌入对象，将在源应用程序中打开该对象。

文档和文档间、应用程序和应用程序间通过 OLE 技术，自身的功能大大丰富和扩充了，而且这也是递归思想的体现。

思考与探索 1

各种应用软件在不同的应用领域具有其显著的优势和特色，注重捕捉软件及其使用过程中的经验规律和模式，掌握使用该软件的精髓，并在学习和使用软件的过程中注重总结归纳其共性，会大大提高学习、使用和设计软件的能力。比如，Shift 键配合鼠标往往实现多个连续对象的选择；Ctrl 键配合鼠标往往实现多个不连续对象的选择。又如，用鼠标从任意方向包围需要选择的对象，往往能够实现选择多个对象。大家可以在 Windows、Word、Excel 等多个软件中体会。这种总结归纳的思维方式对于提升终身学习能力很有益处，这也是一种知识迁移的思维方式。

思考与探索 2

　　为深刻理解和快速掌握软件的相关概念及其操作,系统软件的学习应从计算机硬件系统入手,应用软件的学习应从系统软件入手。

3.6　软件工程

　　前面讲过,软件是指为运行、管理和维护计算机而编制的各种程序、数据和文档的总称。随着问题规模增大,局部的一个算法已经不是主要考虑因素,程序只是软件的一部分,还必须考虑软件的体系结构、人员管理、项目管理(质量、成本、开发周期等)、文档管理等,必须构建一个系统来解决问题,比如,企业生产计划管理、员工管理、物流调度等。因此,计算机学科引入工程化的管理思想,以工程化的思想和方法来管理整个大型软件产品,这就是软件工程。

3.6.1　软件工程概念

　　软件工程概念的出现源自软件危机。

　　在 20 世纪 60—70 年代,出现了软件危机。所谓软件危机,是指在软件开发和维护过程中所遇到的一系列严重问题。

　　具体地说,在软件开发维护过程中,软件危机主要表现在以下几方面:

　　(1) 软件开发没有真正的计划性,对软件开发进度和软件开发成本的估计常常很不准确,计划的制定带有很大的盲目因素,因此工期超出、成本失控的现象经常困扰着软件开发者。

　　(2) 对于软件需求信息的获取常常不充分,软件产品往往不能真正地满足用户的实际需求。

　　(3) 缺乏良好的软件质量评测手段,从而导致软件产品的质量常常得不到保证。

　　(4) 对于软件的可理解性、可维护性认识不够;软件的可复用性、可维护性不尽如人意。

　　(5) 有些软件难以理解,缺乏可复用性引起的大量重复性劳动极大地降低了软件的开发效率。

　　(6) 软件开发过程没有实现规范化,缺乏必要的文档资料或者文档资料不合格、不准确,难以进行专业的维护。

　　(7) 软件开发的人力成本持续上升,如美国在 1995 年的软件开发成本已经占到了计算机系统成本的 90%。

　　(8) 缺乏自动化的软件开发技术,软件开发的生产率依然低下,远远满足不了急剧增长的软件需求。

20世纪60年代末期,美国的一位著名计算机专家的评论:"我估计,即使细心地编写程序,每200～300条指令中必定有一个错误。"由于美国当时缺乏软件人员,计算机公司大量招聘程序员,甚至公共汽车司机也被招去,因此粗制滥造的软件大量涌向市场。1968年,有人在一次计算机软件学术会议上说:"整个事业是建立在一个大骗局上。"可见,软件危机已发展到何种程度,它已经明显地影响了社会的发展。计算机科学在软件危机中挣扎,社会在为软件危机付出沉重的代价。

【例3-1】 软件危机实例。

IBM公司在1963—1966年开发的IBM360机的操作系统,花了5000人年的工作量,最多时有1000人投入开发工作,写出了近100万行源程序,结果每次发行的新版本都是从前一版本中找出1000个程序错误而修正的。

这个项目负责人F. D. Brooks事后总结沉痛教训时说:"正像一只逃亡的野兽落到泥潭中做垂死的挣扎,越是挣扎,陷得越深。最后无法逃脱灭顶的灾难……"

为了消除软件危机,通过认真研究解决软件危机的方法,认识到软件工程是使计算机软件走向工程科学的途径,逐步形成了软件工程的概念,开辟了工程学新兴领域——软件工程学。

软件工程是从技术和管理两方面来采取措施,防范软件危机的发生。软件开发不是某种个体劳动的神秘技巧,而应当是一种组织良好、管理严密,分析、设计、编码、测试等各类人员协同配合、共同完成的工程项目。在软件开发过程中,必须充分吸收和借鉴人类长期以来从事各种工程项目所积累的行之有效的原理、概念、技术和方法,特别要注意吸收几十年来在计算机硬件研究和开发中积累的经验、教训。

(1)从管理层面上考虑,应当注意推广和使用在实践中总结出来的开发软件的成功的技术和方法,并且探索更好的、更有效的技术和方法,注意积累软件开发过程中的经验数据财富,逐步消除在计算机系统早期发展阶段形成的一些错误概念和做法。建立适合于本组织的软件工程规范;制定软件开发中各个工作环节的流程文件、工作指南和阶段工作产品模板;实施针对软件开发全过程的计划跟踪和品质管理活动;为每一项工程开发活动建立配置管理库;实施严格的产品基线管理并建立组织的软件过程数据库和软件财富库;为各类员工及时提供必要的培训等等都是加强软件开发活动管理工作的有效手段。

(2)从技术角度考虑,应当开发和使用更好的软件开发工具,提高软件开发效率和开发工作过程的规范化程度。

软件工程是应用于计算机软件的定义、开发和维护的一整套方法、工具、文档、实践标准和工序。

软件工程包括3个要素,即方法、工具和过程。方法是完成软件工程项目的技术;工具支持软件的开发、管理、文档生产;过程支持软件开发的各个环节的控制、管理。

软件工程的核心思想是把软件产品看作一个工程产品来处理。把需求计划、可行性研究、工程审核、质量监督等工程化的概念引入到软件生产中,以期满足工程项目的3个基本要素:进度、经费和质量。

3.6.2 软件生命周期

一般来说,软件产品从策划、定义、开发、使用与维护直到最后废弃,要经过一个漫长的时期,通常把这个时期称为软件的生命周期。即一个软件从提出开发要求到该软件退役的整个时期。可以将软件生命周期分作软件定义、软件开发和运行与维护三个阶段。每个时期又进一步划分成若干个阶段。

1. 软件定义

软件定义时期的任务是:确定软件开发工程必须完成的总目标;确定工程的可行性;给出实现工程目标应该采用的策略及系统必须完成的功能;估计完成该项工程需要的资源和成本,并且制定工程进度表。这个时期的工作通常又称为系统分析,由系统分析员负责完成。

软件定义时期通常进一步划分成 3 个阶段,即问题定义、可行性研究和需求分析。

(1)问题定义。问题定义阶段必须回答的关键问题是:"问题是什么?"如果不知道问题是什么就试图解决这个问题,显然是盲目的,只会白白浪费时间和金钱,最终得出的结果很可能是毫无意义的。尽管确切地定义问题的必要性是十分明显的,但在实践中它却可能是最容易被忽视的一个步骤。

通过对客户的访问调查,系统分析员扼要地写出关于问题性质、工程目标和工程规模的书面报告,经过讨论和必要的修改之后这份报告还需得到客户的确认。

(2)可行性研究。这个阶段要回答的关键问题是:"有可行的解吗?"为了回答这个问题,系统分析员需要在较抽象的高层次上进行分析和设计。可行性研究应该比较简短,这个阶段的任务不是具体解决问题,而是研究问题的范围,探索这个问题是否值得去解,是否有可行的解决办法。

这个阶段要编写可行性研究报告。提请用户和使用部门仔细审查,从而决定该项目是否进行开发,是否接受可行的实现方案。包括经济可行性分析结果(经费概算和预期的经济效益等)、技术可行性结果(技术实力分析、技术风险评价、已有的工作及技术基础和设备条件等)、法律可行性分析结果、可用性评价结果(汇报用户的工作制度和人员的素质,确定人机交互功能界面需求)。

(3)需求分析。这个阶段的任务仍然不是具体地解决问题,而是准确地确定"系统必须做什么?"主要是确定目标系统必须具备哪些功能。

用户了解他们所面对的问题,知道必须做什么,但通常不能完整准确地表达出他们的要求,更不知道怎样利用计算机解决他们的问题;软件开发人员知道怎样用软件实现人们的要求,但是对特定用户的具体要求并不完全清楚。因此,系统分析员在需求分析阶段必须和用户密切配合,充分交流信息,以得出经过用户确认的系统逻辑模型。通常用数据流图、数据字典和简要的算法表示系统的逻辑模型。

在需求分析阶段确定的系统逻辑模型是以后设计和实现目标系统的基础,因此必须准确完整地体现用户的要求。这个阶段的一项重要任务,是用正式文档准确地记录对目标系统的需求,这份文档通常称为需求规格说明书。

与用户沟通获取需求的方法有很多,包括访谈、发放调查表、使用情景分析技术、使用快速软件原型技术等。

2. 软件开发

软件开发时期的任务是具体设计和实现在前一个时期定义的软件,它通常由下述 4 个阶段组成:总体设计,详细设计,编码和单元测试,综合测试。其中前两个阶段又称为系统设计,后两个阶段又称为系统实现。

(1) 总体设计。总体设计又称为概要设计,是设计系统总的处理方案。这个阶段的关键问题是:"概括地说,应该如何解决这个问题?"

首先,应该设计出实现目标系统的几种可能的方案。通常至少应该设计出低成本、中等成本和高成本等三种方案。软件工程师应该用适当的表达工具描述每种方案,分析每种方案的优缺点,并在充分权衡各种方案的利弊的基础上,推荐一个最佳方案。此外,还应该制定出实现最佳方案的详细计划。如果客户接受所推荐的方案,则应该进一步完成下述的另一项主要任务。

上述设计工作确定了解决问题的策略及目标系统中应包含的程序,但是,怎样设计这些程序呢?软件设计的一条基本原理就是,程序应该模块化,也就是说,一个程序应该由若干个规模适中的模块按合理的层次结构组织而成。因此,总体设计的另一项主要任务就是设计程序的体系结构,也就是确定程序由哪些模块组成以及模块间的关系。比如,一个学生管理系统的功能模块图如图 3.8 所示。

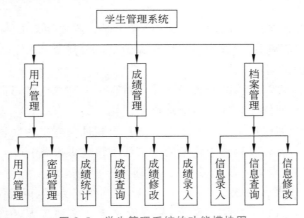

图 3.8　学生管理系统的功能模块图

(2) 详细设计。总体设计阶段以比较抽象概括的方式提出了解决问题的办法。详细设计阶段的任务就是把解法具体化,也就是回答下面这个关键问题:"应该怎样具体地实现这个系统呢?"

这个阶段的任务还不是编写程序,而是设计出程序的详细规格说明。这种规格说明的作用类似于其他工程领域中工程师经常使用的工程蓝图,它们应该包含必要的细节,程序员可以根据它们写出实际的程序代码。

详细设计也称为模块设计,在这个阶段将详细地设计每个模块,确定实现模块功能所需要的算法和数据结构。

（3）编码和单元测试。这个阶段的关键任务是写出正确的、容易理解的、容易维护的程序模块。这个阶段的关键问题是："程序是否正确？"

程序员应该根据目标系统的性质和实际环境，选取一种适当的高级程序设计语言（必要时用汇编语言），把详细设计的结果翻译成用选定的语言书写的程序，并且仔细测试编写出的每一个模块。

（4）综合测试。这个阶段的关键任务是通过各种类型的测试（及相应的调试）使软件达到预定的要求。这个阶段的关键问题是："程序是否符合要求？"

最基本的测试是集成测试和验收测试。所谓集成测试是根据设计的软件结构，把经过单元测试检验的模块按某种选定的策略装配起来，在装配过程中对程序进行必要的测试。所谓验收测试则是按照规格说明书的规定，由用户对目标系统进行验收。

必要时还可以再通过现场测试或平行运行等方法对目标系统进行进一步的测试检验。

为了使用户能够积极参加验收测试，并且在系统投入生产性运行以后能够正确有效地使用这个系统，通常需要以正式或非正式的方式对用户进行培训。

通过对软件测试结果的分析可以预测软件的可靠性；反之，根据对软件可靠性的要求，也可以决定测试和调试过程何时可以结束。

应该用正式的文档资料把测试计划、详细测试方案以及实际测试结果保存下来，作为软件配置的一个组成部分。

3. 软件维护

维护时期的主要任务是：通过各种必要的维护活动使软件系统持久地满足用户的需要。这个阶段的关键问题是："软件能否持久地满足用户需要？"

通常有四类维护活动：

（1）改正性维护，也就是诊断和改正在使用过程中发现的软件错误。

（2）适应性维护，即修改软件以适应环境的变化。

（3）完善性维护，即根据用户的要求改进或扩充软件使它更为完善。

（4）预防性维护，即修改软件为将来的维护活动预先做准备。

虽然没有把维护阶段进一步划分成更小的阶段，但是实际上每一项维护活动都应该经过提出维护要求（或报告问题），分析维护要求，提出维护方案，审批维护方案，确定维护计划，修改软件设计，修改程序，测试程序，复查验收等一系列步骤，因此实质上是经历了一次压缩和简化了的软件定义和开发的全过程。

每一项维护活动都应该准确地记录下来，作为正式的文档资料加以保存。

在实际从事软件开发工作时，软件规模、种类、开发环境及开发时使用的技术方法等因素，都影响阶段的划分。

软件生命周期中花费最多的阶段是软件运行维护阶段。这种按时间分程的思想方法是软件工程中的一种思想原则，即按部就班、逐步推进，每个阶段都要有定义、工作、审查、形成文档以供交流或备查，以提高软件的质量。但随着新的面向对象的设计方法和技术的成熟，软件生命周期设计方法的指导意义正在逐步减少。

3.6.3 软件工程方法

软件研究人员在不断地探索新的软件开发方法,至今已形成了多种软件工程方法。常用的主要有以下几种。

1. 结构化方法(面向过程的软件开发方法)

1978 年,E. Yourdon 和 L. L. Constantine 提出了结构化方法,即 SASD 方法,也可称为面向功能的软件开发方法或面向数据流的软件开发方法。它是 20 世纪 80 年代使用最广泛的软件开发方法,又称为面向过程的软件开发方法。它首先用结构化分析(SA)对软件进行需求分析,然后用结构化设计(SD)方法进行总体设计,最后是结构化编程(SP)。这一方法开发步骤明确,SA、SD、SP 相辅相成,一气呵成。

结构化程序定理认为:任何一个可计算的算法都可以只用顺序、选择和循环三种基本结构来表达。结构化程序设计强调使用子程序、程序块和包括 for 循环等在内的控制语句来规划程序的结构,并尽可能地少用 goto 语句。

结构化方法主要用于分析系统的功能,是一种直接根据数据流划分功能层次的分析方法;结构化方法的基本特点是表达问题时尽可能使用图形符号,即使非计算机专业人员也也易于理解,设计数据流图时只考虑系统必须完成的基本功能,不需要考虑如何具体地实现这些功能,对于相当复杂的系统,SA 采用化整为零,逐个击破和从抽象到具体逐层分解的方法。

常用的结构化程序设计语言有 C、Pascal、Fortran、BASIC 等。

面向过程就是分析出解决问题所需要的步骤,然后用函数把这些步骤一步一步实现,使用的时候一个一个依次调用就可以了。即面向过程的编程侧重设计一步步的"过程"来解决一个问题。

例如,五子棋游戏的面向过程的设计思路是,首先分析问题的步骤:第 1 步,开始游戏;第 2 步,黑子先走;第 3 步,绘制画面;第 4 步,判断输赢;第 5 步,轮到白子;第 6 步,绘制画面;第 7 步,判断输赢;第 8 步,返回第 2 步;第 9 步,输出最后结果。把上面每个步骤分别用一个个函数来实现,问题就解决了。

2. 面向对象的软件开发方法

面向对象技术是软件技术的一次革命,在软件开发史上具有里程碑的意义。

在 20 世纪 60 年代后期出现的面向对象编程语言 Simula-67 中首次引入了类和对象的概念,自 20 世纪 80 年代中期起,人们开始注重面向对象分析和设计的研究,逐步形成了面向对象方法学。到了 20 世纪 90 年代,面向对象方法学已经成为人们在开发软件时首选的范型。

随着 OOP(面向对象编程)向 OOD(面向对象设计)和 OOA(面向对象分析)的发展,最终形成面向对象的软件开发方法 OMT(Object Modeling Technique)。OO 技术在需求分析、可维护性和可靠性这三个软件开发的关键环节和质量指标上有了实质性的突破。

前面讲到,面向过程就是分析出解决问题所需要的步骤,然后用函数把这些步骤一步一步实现,使用的时候一个一个依次调用就可以了。而面向对象是把构成问题事务分解成各个对象,建立对象的目的不是为了完成一个步骤,而是为了描叙某个事物在整个解决问题的步骤中的行为。简单说,面向对象的编程,侧重描述一个对象,且描述这个对象的代码可以被多次使用。

例如,五子棋游戏的面向过程的设计思路就是首先分析问题的步骤,然后把每个步骤分别用一个个函数来实现。而面向对象的设计的思路是:整个五子棋可以分为三类对象:第一类是黑白双方,这两方的行为是一模一样的;第二类是棋盘系统,负责绘制画面;第三类是规则系统,负责判定诸如犯规、输赢等。第一类对象(玩家对象)负责接受用户输入,并告知第二类对象(棋盘对象)棋子布局的变化,棋盘对象接收到了棋子的变化就负责在屏幕上面显示出这种变化,同时利用第三类对象(规则系统)来对棋局进行判定。可以明显地看出,面向对象是以功能来划分问题,而不是步骤。同样是绘制棋局,这样的行为在面向过程的设计中分散在多个步骤中,很可能出现不同的绘制版本,因为通常设计人员会考虑到实际情况进行各种各样的简化。而面向对象的设计中,绘图只可能在棋盘对象中出现,从而保证了绘图的统一。功能上的统一保证了面向对象设计的可扩展性。比如,若要加入悔棋的功能,如果要改动面向过程的设计,那么从输入到判断再到显示这一连串的步骤都要改动,甚至步骤之间的循序都要进行大规模调整。如果是面向对象的话,只用改动棋盘对象就行了,棋盘系统保存了黑白双方的棋谱,简单回溯就可以了,而显示和规则判断则不用顾及,同时整个对对象功能的调用顺序都没有变化,改动只是局部的。再比如,若要把这个五子棋游戏改为围棋游戏,如果使用的是面向过程设计,那么五子棋的规则就分布在了程序的每一个角落,要改动还不如重写。但是如果当初使用的是面向对象的设计,那么只用改动规则对象就可以了,因为五子棋和围棋的主要区别就在于规则,而下棋的大致步骤从面向对象的角度来看没有任何变化。

(1) 面向对象方法的优势。面向对象方法学的出发点和基本原则,是尽可能模拟人类习惯的思维方式,使开发软件的方法与过程尽可能接近人类认知世界、解决问题的方法与过程,也就是使描述问题的问题空间(也称为问题域)与实现解法的解空间(也称为求解域)在结构上尽可能一致。

从本质上说,用计算机解决客观世界的问题,是借助于某种程序设计语言的规定,对计算机中的实体施加某种处理,并用处理结果去映射解。我们把计算机中的实体称为解空间对象。显然,解空间对象取决于所使用的程序设计语言。例如,汇编语言提供的对象是存储单元;面向过程的高级语言提供的对象,是各种预定义类型的变量、数组、记录和文件等等。一旦提供了某种解空间对象,就隐含了对该类对象施加的操作。从动态观点看,对对象施加的操作就是该对象的行为。

在问题空间中,对象的行为是极其丰富多彩的,然而解空间中对象的行为却是非常简单呆板的。因此,只有借助于十分复杂的算法,才能操纵解空间对象从而得到解。这就是人们常说的“语义断层”,也是长期以来程序设计始终是一门学问的原因。

通常,客观世界中的实体既具有静态的属性又具有动态的行为。然而传统语言提供的解空间对象实质上却仅是描述实体属性的数据,必须在程序中从外部对它施加操作,才能模拟它的行为。

与传统方法相反,面向对象方法是一种以数据或信息为主线,把数据和处理相结合的方法。面向对象方法把对象作为由数据及可以施加在这些数据上的操作所构成的统一体。对象与传统的数据有本质区别,它不是被动地等待外界对它施加操作,相反,它是进行处理的主体。必须发出消息请求,对象才能主动地执行它的某些操作,处理它的私有数据,而不能从外界直接对它的私有数据进行操作。

面向对象方法学所提供的"对象"概念,是让软件开发者自己定义或选取解空间对象,然后把软件系统作为一系列离散的解空间对象的集合。应该使这些解空间对象与问题空间对象尽可能一致。这些解空间对象彼此间通过发送消息而相互作用,从而得出问题的解。

也就是说,面向对象方法是一种新的思维方法,它把程序看作是相互协作而又彼此独立的对象的集合。每个对象就像一个微型程序,有自己的数据、操作、功能和目的。这样做就向着减少语义断层的方向迈了一大步,在许多系统中解空间对象都可以直接模拟问题空间的对象,解空间与问题空间的结构十分一致,因此,这样的程序易于理解和维护。

(2) 面向对象方法的要点。面向对象方法具有下述 4 个要点:

① 认为客观世界的问题都是由客观世界中的实体及实体相互间的关系构成的。我们把客观世界中的实体抽象为问题域中的对象(Object)。即,客观世界是由各种对象组成的,任何事物都是对象,复杂的对象可以由比较简单的对象以某种方式组合而成。按照这种观点,可以认为整个世界就是一个最复杂的对象。因此,面向对象的软件系统是由对象组成的,软件中的任何元素都是对象,复杂的软件对象由比较简单的对象组合而成。

由此可见,面向对象方法用对象分解取代了传统方法的功能分解。

对象是问题域或实现域中某些事物的一个抽象,反映该事物在系统中需要保存的信息和发挥的作用;对象是数据和操作的封装体。对象的属性是指描述对象的数据。方法是为响应消息而完成的算法,表示对象内部实现的细节,对象方法集合体现了对象的行为能力。

② 把所有对象都划分成各种对象类(简称为类,class),每个对象类都定义了一组数据和一组方法。

类是对一个或几个相似对象的描述。类是具有相同(或相似)属性和操作的对象的集合,类是对象的抽象,而对象是类的具体实例化。换句话说,类是对象的模板,对象是类的实例(Instance)。

例如,整数是一个类,"2""3"和"5"等这些具体整数都是这个类的对象,都具备算术运算和大小比较的处理能力。

③ 按照子类(或称为派生类)与父类(或称为基类)的关系,把若干个对象类组成一个层次结构的系统(也称为类等级)。在这种层次结构中,通常下层的派生类具有和上层的基类相同的特性(包括数据和方法),这种现象称为继承(inheritance)。图 3.9 就是一个反映继承机制的例子。

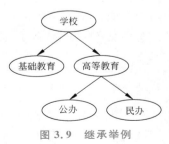

图 3.9　继承举例

简单说,当类 A 不但具有类 B 的属性,而且还具有自己的独特属性时,这时称类 A 继承了类 B,继承关系常称"即是"(is a)关系。类 A 由两部分组成:继承部分和增加部分。继承部分是从 B 继承来的,增加部分是专为 A 编写的新代码。

【例 3-2】 Visual Basic 中的继承是通过关键字 New 来实现。

```
Dim AForm As New Form1′声明 AForm 为一个窗体对象
Dim BForm As New Form1′声明 BForm 为一个窗体对象
AForm. Show′显示 AForm
BForm. Show′显示 BForm
AForm. Move Left－1000，Top＋1000′移动 AForm
BForm. Move Left＋2000，Top＋2000′移动 BForm
```

④ 对象彼此之间仅能通过传递消息互相联系。消息用来请求对象执行某一处理或回答某些信息的要求。对象间的通信是通过消息传递来实现的。

对象与传统的数据有本质区别,它不是被动地等待外界对它施加操作,相反,它是进行处理的主体,必须发送消息请求执行它的某个操作,处理它的私有数据,而不能从外界直接对它的私有数据进行操作。也就是说,一切局部于该对象的私有信息,都被封装在该对象类的定义中,就好像装在一个不透明的黑盒子中一样,在外界是看不见的,更不能直接使用,这就是"封装性"。

封装是一种信息隐蔽技术,用户只能见到对象封装界面上的信息,对象内部对用户是隐蔽的。封装是将相关的数据隐藏在接口方法中。比如,登录窗口就是操作系统提供的隐藏计算机资源的一个接口方法。又如,可视化开发工具提供的命令按钮等控件,我们可以方便地改变它的属性,而其实现细节都被封装起来了。如图 3.10 所示,通过在属性窗口中,将 Command1 的 Caption 属性由原来的"Command1"改成了"确定"。

封装体现了良好的模块性,大大增强了软件的维护性、修改性,这也是软件技术追求的目标。

面向对象的方法学可以用下列方程来概括:

面向对象方法＝对象＋类＋继承＋使用消息通信

(OO＝objects＋classes＋inheritance＋communication with messages)

也就是说,面向对象就是既使用对象又使用类和继承等机制,并且对象之间仅能通过传递消息实现彼此通信。

【例 3-3】 "教师"类和其对象"李伟"的关系及其消息传递。

如图 3.11 所示,图中"教师"类具有姓名、年龄等 5 个属性、调工资等 3 个操作和调工资两个方法。"教师"类中的一个实例就是对象"李伟",他相应地具有状态和行为。人事处向李伟发送了消息"调工资"。

注意:面向过程和面向对象并不是相互对立的,而是相互补充的。例如,在面向对象编程中,对象的方法需要使用面向过程的思想来编写。

3. 可视化开发方法

可视化开发是 20 世纪 90 年代软件界最大的两个热点之一。随着图形用户界面的兴

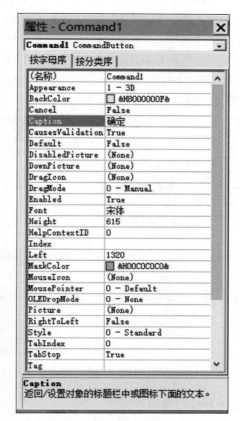

图 3.10　可视化开发工具中的封装性

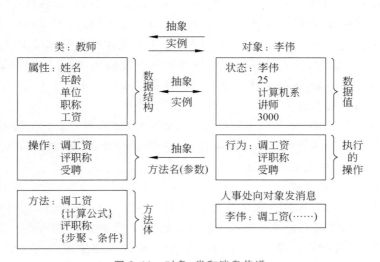

图 3.11　对象、类和消息传递

起,用户界面在软件系统中所占的比例也越来越大,为此 Windows 提供了应用程序设计接口(Application Programming Interface,API),它包含了 600 多个函数,极大地方便了图形用户界面的开发。人们利用 Windows API 或 Borland C++ 的 ObjectWindows 开发了一批可视化开发工具。

可视化开发就是在可视化开发工具提供的图形用户界面上,通过操作界面元素,诸如菜单、按钮、对话框、编辑框、单选框、复选框、列表框和滚动条等,由可视化开发工具自动生成应用软件。如图 3.12 所示,这类应用软件的工作方式是事件驱动。对每一事件,由系统产生相应的消息,再传递给相应的消息响应函数。这些消息响应函数是由可视化开发工具在生成软件时自动装入的。许多工程科学计算都与图形有关,从而都可以开发相应的可视化计算的应用软件。

图 3.12   可视化开发工具提供的积木块(控件)和用控件构造的程序界面

4. 集成计算机辅助软件工程

提高人类的劳动生产率,提高生产的自动化程度,一直是人类坚持不懈的追求目标。软件开发也不例外。随着软件开发工具的积累,自动化工具的增多,软件开发环境进入了第三代集成计算机辅助软件工程(Integrated Computer-Aided Software Engineering,ICASE)。它不仅提供数据集成(1991 年 IEEE 为工具互连提出了标准 P1175)和控制集成(实现工具间的调用),还提供了一组用户界面管理设施和一大批工具,如垂直工具集(支持软件生存期各阶段,保证生成信息的完备性和一致性)、水平工具集(用于不同的软件开发方法)以及开放工具槽。

ICASE 的最终目标是实现应用软件的全自动开发,即开发人员只要写好软件的需求规格说明书,软件开发环境就自动完成从需求分析开始的所有的软件开发工作,自动生成供用户直接使用的软件及有关文档。

5. 软件重用和组件连接

软件重用(Reuse)又称软件复用或软件再用。1983 年,Freeman 对软件重用给出了详细的定义:"在构造新的软件系统的过程中,对已存在的软件人工制品的使用技术。"软件人工制品可以是源代码片段、子系统的设计结构、模块的详细设计、文档和某一方面的规范说明等。软件重用是利用已有的软件成分来构造新的软件,可以大大减少软件开发所需的费用和时间,且有利于提高软件的可维护性和可靠性。目前软件重用沿着下面三

84 ──────── 大学计算机——计算文化与计算思维基础

个方向发展：

（1）基于软件复用库的软件重用。它是一种传统的软件重用技术。这类软件开发方法要求提供软件可重用成分的模式分类和检索，且要解决如何有效地组织、标识、描述和引用这些软件成分。

（2）与面向对象技术结合。OO 技术中类的聚集、实例对类的成员函数或操作的引用、子类对父类的继承等使软件的可重用性有了较大的提高，而且这种类型的重用容易实现，所以这种方式的软件重用发展较快。

（3）组件连接。这是目前发展最快的软件重用方式。OLE 给出了软件组件（Component Object）的接口标准。这样任何人都可以按此标准独立地开发组件和增值组件（组件上添加一些功能构成新的组件），或由若干组件组建集成软件。在这种软件开发方法中，应用系统的开发人员可以把主要精力放在应用系统本身的研究上，因为他们可在组件市场上购买所需的大部分组件。

软件组件市场/组件集成方式是一种社会化的软件开发方式，因此也是软件开发方式上的一次革命，必将极大地提高软件开发的效率，而且应用软件开发周期将大大缩短，软件质量将更好，所需开发费用会进一步降低，软件维护也更容易。

思考与探索

软件的设计与开发是从特殊到一般的抽象和归纳思维，而软件的应用是从一般到特殊的具体化和演绎思维。

基础知识练习

（1）什么是指令和指令系统？

（2）简述计算机的工作过程。

（3）什么是系统总线？微机中的总线分为哪几种？

（4）对比内存和外存的作用？

（5）内存按功能分为哪几类？各自的特点是什么？

（6）简述硬盘的结构及使用注意事项。

（7）简述液晶显示器显示彩色的原理。

（8）关闭应用软件时，常常会看到提示保存的消息对话框，请问它与内存有什么关系？

（9）简单解析交互方式和程序方式这两种使用计算机的方式的区别。

（10）软件系统分为哪两大类？操作系统属于哪一类？

（11）操作系统的主要功能是什么？目前微机上常用的操作系统有哪些？

（12）文件系统的功能是什么？

（13）完整的文件名包括哪几部分？在 Windows 中文件的命名规则有哪些？

（14）什么是绝对路径、相对路径和文件标识？如何使用通配符"？"和"＊"？

（15）快捷方式的作用是什么？

（16）你认为在日常生活中还有哪些问题没有得到计算机很好的解决？希望未来的软件是什么模式？

（17）什么是软件危机？什么是软件工程？

（18）什么是对象？什么是类？并简述面向对象方法的主要思想。

（19）有最好的软件工程方法，最好的编程语言吗？

（20）既然需求分析很困难，不管三七二十一先把软件做了再说，反正软件是灵活的，随时可以修改。请分析这种说法正确与否，并说明理由。

能力拓展与训练

1. 角色模拟

（1）现有一位大学生想购买一台价格在 4000 元左右的笔记本电脑，要求同学们分组自选角色扮演此用户和电脑公司营销人员，模拟进行需求调研。要求写出项目需求报告和项目实施报告，然后共同检查项目实施报告的可行性。

（2）现有一位用户需要进行 Windows 操作系统的日常维护（提示：Windows 操作系统的维护主要包括操作系统的定时升级、安装杀毒软件和防火墙、磁盘碎片整理、清除垃圾文件、内存管理等）。围绕项目包括的内容，分组自选角色扮演用户和计算机技术人员，进行项目需求调研。要求写出项目需求和实施报告。

（3）以小组为单位，在 Windows 资源管理器中，以菜单交互方式在 D 盘根目录下建立一小组文件夹，在此文件夹下再建立小组成员的子文件夹。建成后，小组成员分别建立自己的 Word 文档，并保存到各自的文件夹下。最后，进入命令交互方式，通过 dir 命令查看所建立的小组的树形目录结构及存放的文档，并记录下所查看到的文档属性。最后提交一份对两种交互方式的感受报告。

（4）有一个物流公司需要研发物流管理软件。围绕软件的功能和性能需求，分组自选角色扮演用户和计算机技术人员，进行软件需求分析。要求写出软件需求分析报告。

（提示：与用户沟通获取需求的方法有很多，包括访谈、发放调查表、使用情景分析技术、使用快速软件原型技术等。）

2. 实践与探索

（1）结合所学的计算思维和相关知识，尝试写一份关于"如何平衡 CPU 的性能和功耗"的研究报告。

（2）查阅资料，解析 U 盘的原理。

（3）结合所学的计算思维和相关知识，对比你的手机和学校的台式计算机在体系结构、信息处理能力等方面的区别和联系。

（4）查阅资料，了解 3D 打印的发展状况。

（5）使用"和田十二法"，尝试设计一种新型多功能电脑，使其比现在常用的电脑至少在 3 个方面有所改进，写出你的设计方案。

（6）比较当前几种操作系统的优缺点及应用特色，并预测未来操作系统的发展趋势，然后写出报告。

（7）结合自己用过的软件，归纳总结其中的应用模式。

（8）结合本章学习，写一份关于交互式使用计算机的研究报告，重要突出计算思维的内容。

（9）解析"软件＝程序＋数据＋文档"的含义。

3. 拓展阅读

（1）摩尔定律。摩尔定律是由英特尔(Intel)创始人之一戈登·摩尔(Gordon Moore)提出来的。其内容为：当价格不变时，集成电路上可容纳的元器件的数目，约每隔 18～24 个月便会增加一倍，性能也将提升一倍。换言之，每一美元所能买到的电脑性能，将每隔 18～24 个月翻一倍以上。这一定律揭示了信息技术进步的速度。

尽管这种趋势已经持续了超过半个世纪，摩尔定律仍应该被认为是观测或推测，而不是一个物理或自然法。预计定律将持续到至少 2015 年或 2020 年。然而，2010 年国际半导体技术发展路线图的更新增长已经放缓在 2013 年年底，之后的时间里晶体管数量密度预计只会每三年翻一番。

（2）注册表。注册表(Registry)是 Windows 操作系统中的一个核心数据库，其中存放着各种参数，直接控制着 Windows 的启动、硬件驱动程序的装载以及一些 Windows 应用程序的运行，从而在整个系统中起着核心作用。这些作用包括了软、硬件的相关配置和状态信息，比如注册表中保存有应用程序和资源管理器外壳的初始条件、首选项和卸载数据等，联网计算机的整个系统的设置和各种许可，文件扩展名与应用程序的关联，硬件部件的描述、状态和属性，性能记录和其他底层的系统状态信息，以及其他数据等。

具体来说，在启动 Windows 时，Registry 会对照已有硬件配置数据，检测新的硬件信息；系统内核从 Registry 中选取信息，包括要装入什么设备驱动程序，以及依什么次序装入，内核传送回它自身的信息，例如版权号等；同时设备驱动程序也向 Registry 传送数据，并从 Registry 接收装入和配置参数，一个好的设备驱动程序会告诉 Registry 它在使用什么系统资源，例如硬件中断或 DMA 通道等，另外，设备驱动程序还要报告所发现的配置数据；为应用程序或硬件的运行提供增加新的配置数据的服务。

如果注册表受到了破坏，轻则使 Windows 的启动过程出现异常，重则可能会导致整个 Windows 系统的完全瘫痪。因此正确地认识、使用，特别是及时备份以及有问题恢复注册表对 Windows 用户来说就显得非常重要。

（3）"和田十二法"。"和田十二法"是一种创新技法，它利用信息的多元性来启发人们进行创新性设想。又叫"和田创新法则"（和田创新十二法），即指人们在观察、认识一个事物时，可以考虑是否可以：

① 加一加：加高、加厚、加多、组合等。

② 减一减：减轻、减少、省略等。

③ 扩一扩：放大、扩大、提高功效等。

④ 变一变：变形状、颜色、气味、音响、次序等。

⑤ 改一改：改缺点、改不便、不足之处。

⑥ 缩一缩：压缩、缩小、微型化。

⑦ 联一联：原因和结果有何联系，把某些东西联系起来。

⑧ 学一学：模仿形状、结构、方法，学习先进。

⑨ 代一代：用别的材料代替，用别的方法代替。

⑩ 搬一搬：移作他用。

⑪ 反一反：能否颠倒一下。

⑫ 定一定：定个界限、标准，能提高工作效率。

如果按这十二个"一"的顺序进行核对和思考，就能从中得到启发，诱发人们的创造性设想，是一种打开人们创造思路、从而获得创造性设想的"思路提示法"。

资料来源：http://baike.so.com/doc/6349906.html。

（4）敏捷开发方法。敏捷开发是一种从 20 世纪 90 年代开始逐渐引起广泛关注的一些新型软件开发方法，是一种应对快速变化的需求的一种软件开发能力。相对于"非敏捷"，更强调程序员团队与业务专家之间的紧密协作、面对面的沟通（认为比书面的文档更有效）、频繁交付新的软件版本、紧凑而自我组织型的团队、能够很好地适应需求变化的代码编写和团队组织方法，也更注重作为软件开发中人的作用，是一种以人为核心、迭代、循序渐进的开发方法。在敏捷开发中，软件项目的构建被切分成多个子项目，各个子项目的成果都经过测试，具备集成和可运行的特征。目标是提高开发效率和响应能力。敏捷建模（Agile Modeling，AM）的价值观包括：沟通、简单、反馈、勇气和谦逊。

通常可以在以下方面衡量敏捷方法的适用性：从产品角度看，敏捷方法适用于需求萌动并且快速改变的情况，如系统有比较高的关键性、可靠性、安全性方面的要求，则可能不完全适合；从组织结构的角度看，组织结构的文化、人员、沟通则决定了敏捷方法是否适用。跟这些相关联的关键成功因素有：

组织文化必须支持谈判人员彼此信任，人少但是精干，开发人员所作决定得到认可，环境设施满足成员间快速沟通之需要。最重要的因素恐怕是项目的规模。规模增长，面对面的沟通就愈加困难，因此敏捷方法更适用于较小的队伍，20、40 人或者更少。大规模的敏捷软件开发尚处于积极研究的阶段。

另外的问题是项目初期的大量设想或快速的需求收集可能导致项目走入误区，特别是客户对其自身需要毫无概念的情况下。与之类似，人之天性很容易造成某个人成为主导并将项目目标和设计引入错误方向的境况。开发者经常会把不恰当的方案授予客户，而直到最后出问题前都能获得客户认同。虽然理论上快速交互的过程可以限制这些错误的发生，但前提是有效的负反馈，否则错误会迅速膨胀。

资料来源：http://baike.so.com/doc/373194.html。

4. 相关书籍

[1] 沙行勉. 计算机科学导论——以 Python 为舟(第 2 版)[M]. 北京：清华大学出版社，2016.

[2] 蒋本珊. 计算机组成原理(第 3 版)[M]. 北京：清华大学出版社，2013.

[3] 黄红桃，龚永义，许宪成，李畅，范策. 现代操作系统教程[M]. 北京：清华大学出版社，2016.

[4] 张海藩，牟永敏. 软件工程导论(第 6 版)[M]. 北京：清华大学出版社，2013.

第 **4** 章 算法思维

北京时间 2016 年 3 月 9 日下午 15 时,经过三个多小时鏖战,九段李世石,向"阿尔法围棋"(AlphaGo)投子认输。这是人类顶尖围棋选手第一次输给计算机。

AlphaGo 是怎么战胜李世石的?

AlphaGo 的胜利,是深度学习的胜利,是算法的胜利。所以有人说:"得算法者得天下。"

算法是计算机科学美丽的体现之一。

4.1 算法的概念

1976 年,瑞士苏黎世联邦工业大学的科学家 Niklaus Wirth(Pascal 语言的发明者,1984 年图灵奖获得者)发表了专著,其中提出公式"程序＝算法＋数据结构"(Algorithms＋Data Structures＝Programs),这一公式的关键是指出了程序是由算法和数据结构有机结合构成的。程序是完成某一任务的指令或语句的有序集合;数据是程序处理的对象和结果。数据结构的设计将在第 6 章介绍。就像我们写文章,文章＝材料＋构思,构思是文章的灵魂,同样算法是程序的灵魂,也是计算的灵魂,在计算思维中占有重要地位。

4.1.1 什么是算法

做任何事情都有一定的步骤。例如,学生考大学,首先要填报名单,交报名费,拿准考证,然后参加全国高考,得到录取通知书,到指定大学报到。又如,网上预订火车票需要如下步骤:第一步登入中国铁路客户服务中心(12306 网),下载根证书并安装到计算机上;第二步到网站上注册个人信息,注册完毕,到信箱里点击链接,激活注册用户;第三步进行车票查询;第四步进入订票页面,提交订单,通过网上银行进行支付;第五步凭乘车人有效二代居民身份证原件到全国火车站的任意售票窗口、铁路客票代售点或车站自动售票机上办理取票手续。

人们从事各种工作和活动,都必须事先想好进行的步骤,这种为解决一个确定类问题而采取的方法和步骤称为"算法"(Algorithm)。算法规定了任务执行或问题求解的一系列步骤。菜谱是做菜的"算法";歌谱是一首歌曲的"算法";洗衣机说明书是洗衣机使用的"算法"等。

计算的目的是解决问题,而在问题求解过程中所采取的方法、思路和步骤则是算法。算法是计算机科学中的重要内容,也是程序设计的灵魂。计算是算法的具体实现,类似于前台运行的程序;而算法是计算过程的体现,它更像后台执行的进程。由此可见,计算与算法是密不可分的。

算法不仅是计算机科学的一个分支,更是计算机科学的核心。计算机算法能够帮助人类解决很多问题,比如,找出人类 DNA 中所有 100 000 种基因,确定构成人类 DNA 的30 亿种化学对的序列;快速地访问和检索互联网数据;电子商务活动中各种信息的加密及签名;制造业中各种资源的有效分配;确定地图中两地之间的最短路径;各种数学和几何计算(矩阵、方程、集合)。

试想一下,如果高个子的父母生出的后代一定遗传其高个子,那么我们人类的身高应该会无限高啊? 这就是著名的回归算法。

回归是由英国著名生物学家兼统计学家高尔顿(Francis Galton,1822—1911,生物学家达尔文的表弟)在研究人类遗传问题时提出来的。为了研究父代与子代身高的关系,高尔顿搜集了 1078 对父亲及其儿子的身高数据。他发现这些数据的散点图大致呈直线状态,也就是说,总的趋势是父亲的身高增加时,儿子的身高也倾向于增加。但是,高尔顿对试验数据进行了深入的分析,发现了一个很有趣的现象——回归效应。因为当父亲高于平均身高时,他们的儿子身高比他更高的概率要小于比他更矮的概率;父亲矮于平均身高时,他们的儿子身高比他更矮的概率要小于比他更高的概率。它反映了一个规律,即儿子的身高,有向他们父辈的平均身高回归的趋势。对于这个一般结论的解释是:大自然具有一种约束力,使人类身高的分布相对稳定而不产生两极分化,这就是所谓的回归效应。

Google 作为最大的搜索引擎,其最根本的技术核心是算法! 其算法始于 PageRank,这是 1997 年拉里·佩奇(Larry Page)在斯坦福大学读博士学位时开发的。佩奇的创新性想法是:把整个互联网复制到本地数据库,然后对网页上所有的链接进行分析。基于链接的数量和重要性以及锚文本对网页的受欢迎程度进行评级,也就是通过网络的集体智慧确定哪些网站最有用(锚文本又称锚文本链接,与超链接类似,超链接的代码是锚文本,把关键词做一个链接,指向别的网页,这种形式的链接就称为锚文本)。

算法无处不在,你鼠标的每一次点击,你在手机上完成的每一次购物,天上飞的卫星,水里游的潜艇,拴着你钱袋子的股票涨跌——我们这个世界,正是建立在算法之上。未来的世界,也将是建立在算法之上。

4.1.2　算法的分类

按照算法所使用的技术领域,算法可大致分为基本算法、数据结构算法、数论与代数算法、计算几何的算法、图论的算法、动态规划以及数值分析、加密算法、排序算法、检索算法、随机化算法、并行算法、随机森林算法等。

按照算法的形式,算法可分为以下三种:

（1）生活算法：完成某一项工作的方法和步骤。

（2）数学算法：对一类计算问题的机械的统一的求解方法，如求一元二次方程的解、求圆面积、立方体的体积等。

（3）计算机算法：对运用计算思维设计的问题求解方案的精确描述，即是一种有限、确定、有效并适合计算机程序来实现的解决问题的方法。比如，回忆一下，人们玩扑克的时候，如果要求同花色的牌放在一起而且从小到大排序，人们一般都会边摸牌边把每张牌依次插入到合适的位置，等把牌摸完了，牌的顺序也排好了。这个是我们生活中摸牌的一个的过程，也是一种算法。我们的计算机学科就把这个生活算法转化成了计算机算法，称为插入排序算法。

4.1.3　算法应具备的特征

一个算法应该具有以下 5 个重要的特征：

（1）确切性。算法每一个步骤必须具有确切的定义，不能有二义性。

（2）可行性。算法中执行的任何计算步骤都是可以被分解为基本的可执行的操作步骤，即每个计算步骤都可以在有限时间内完成（也称之为有效性）。

（3）输入项。一个算法有 0 个或多个输入，以刻画运算对象的初始情况，所谓 0 个输入是指算法本身设定了初始条件。

（4）输出项。一个算法有一个或多个输出，以反映对输入数据加工后的结果。没有输出的算法是毫无意义的。

（5）有穷性。一个算法必须保证执行有限步后结束。

例如操作系统，是一个在无限循环中执行的程序，因而不是一个算法。但操作系统的各种任务可看成是单独的问题，每一个问题由操作系统中的一个子程序通过特定的算法来实现。该子程序得到输出结果后便终止。

? 思考与探索

人类的生活算法或者数学算法，通过人类的思维活动，充分利用计算机的高速度、大存储、自动化的特点，就可以生成计算机算法来帮助人类解决现实世界中的问题。

算法求解问题的基本步骤如下：数学建模→算法的过程设计→算法的描述→算法的模拟与分析→算法的复杂性分析→算法实现。

4.2　算法的设计与分析

4.2.1　问题求解的步骤

人类解决问题的方式是当遇到一个问题时，首先从大脑中搜索已有的知识和经验，寻找它们之间具有关联的地方，将一个未知问题做适当的转换，转化成一个或多个已知问题进行求解,最后综合起来得到原始问题的解决方案。让计算机帮助我们解决问题也不例外。

（1）建立现实问题的数学模型。首先要让计算机理解问题是什么,这就需要建立现实问题的数学模型,前面提到,在计算思维中,抽象思维最为重要的用途是产生各种各样的系统模型,作为解决问题的基础,因此建模是抽象思维更为深入的认识行为。

（2）输入/输出问题。输入是将自然语言或人类能够理解的其他表达方式描述的问题转换为数学模型中的数据,输出是将数学模型中表达的运算结果转换成自然语言或人类能够理解的其他表达方式。

（3）算法设计与分析。算法设计是设计一套将数学模型中的数据进行操作和转换的步骤,使其能演化出最终结果。算法分析主要是计算算法的时间复杂度和空间复杂度,从而找出解决问题的最优算法,提高效率。

根据模型能否被计算机自动执行,可将模型分为两大类。

一类是数学模型,即用数学表达式描述系统的内在规律,它通常是模型的形式表达。另一类是非形式化的概念模型和功能模型,这种模型说明了模型的本质而非细节。但无论何种模型,均有如下特征:模型是对系统的抽象;模型由说明系统本质或特征的诸因素构成;模型集中表明系统因素之间的相互关系。故建模过程本质上是对系统输入、输出状态变量以及它们之间的关系进行抽象,只不过其在不同类型的模型中表现不同。例如在数学模型中表现为函数关系,在非形式模型中表现为概念、功能的结构关系或因果关系。也正因为描述的关系各异,所以建模手段和方法较为多样。例如,可以通过对系统本身运动规律的分析,根据事物的机理来建模;也可以通过对系统的实验或统计数据的处理,结合已有的知识和经验来建模;还可以同时使用多种方法建模。

近年来随着大数据技术的蓬勃发展,引起关注和重视的是学习模型。学习模型通过对于大量数据的训练或者分析输出相应的结论。常见的学习模型有支持向量机(Support Vector Machine,SVM)、人工神经网络(Artificial Neural Network,ANN)、聚类分析(Cluster Analysis,CA)、邻近分类(k-Nearest Neighbor,k-NN)等。不同的模型有着不同的获取结论的理论和方法。机器学习是利用学习模型获取结论的过程。一个典型的例子是 AlphaGo,尽管其结构和算法都是人们事先给定的,但是在通过大量的训练之后,已经无法对它的行为进行预测。这种不确定性正是学习模型的特殊之处。

计算机技术参与的建模有广泛的用途,可用于预测实际系统某些状态的未来发展趋势,如天气预报根据测量数据建立气象变化模型;也可用于分析和设计实际系统,即系统仿真的一种类型;还可实现对系统的最优控制,即在建模基础上通过修改相关参数,获取最佳的系统运行状态和控制指标,属于系统仿真的另外一种类型。建模也不仅应用于物理系统,也同样适用于社会系统,复杂社会系统的建模思想已用于包括金融、生产管理、交通、物流、生态等多个领域的建模和分析。建模变得如此广泛和重要,"计算思维"功不可没,以至于有人认为,"建模是科学研究的根本,科学的进展过程主要是通过形成假说,然后系统地按照建模过程,对假说进行验证和确认取得的。"

这里主要介绍重要的数学建模。

4.2.2 数学建模

数学建模是运用数学的语言和方法,通过抽象、简化,建立对问题进行精确描述和定义的数学模型。简单地说,就是抽象出问题,并用数学语言进行形式化描述。

一些表面上看是非数值的问题,进行数字形式化后,就可以方便地进行算法设计。

如果研究的问题是特殊的,比如,我今天所做的事情的顺序,因为每天不一样,就没有必要建立模型。如果研究的问题具有一般性,就有必要体现模型的抽象性质,为这类事件建立数学模型。模型是一类问题的解题步骤,亦即一类问题的算法。广义的算法就是事情的次序。算法提供一种解决问题的通用方法。

【例 4-1】 国际会议排座位问题。

现要举行一个国际会议,有 7 个人分别用 a、b、c、d、e、f、g 表示。已知下列事实:a 会讲英语;b 会讲英语和汉语;c 会讲英语、意大利语和俄语;d 会讲日语和汉语;e 会讲德语和意大利语;f 会讲法语、日语和俄语;g 会讲法语和德语。

国际会议排座位问题

试问:这 7 个人应如何排座位,才能使每个人都能和他身边的人顺利地沟通交谈?

这个问题我们可以尝试将其转化为图的形式,建立一个图的模型,将每个人抽象为一个

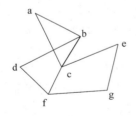

图 4.1 用数学语言来表示的问题模型

结点,人和人的关系用结点间的关系——边来表示。于是得到结点集合 V={a,b,c,d,e,f,g}。对于任意的两点,若有共同语言,就在它们之间连一条无向边,可得边的集合 E={ab,ac,bc,bd,df,cf,ce,fg,eg},图 G={V,E},如图 4.1 所示。

这时问题转化为在图 G 中找到一条哈密顿回路的问题。

哈密顿图(Hamiltonian path)是一个无向图,由天文学家哈密顿提出。哈密顿回路是指从图中的任意一点出发,经过图中每一个结点当且仅当一次。这样,我们便从图中得出,"abdfgeca"是一条哈密顿回路,照此顺序排座位即可满足问题要求。

【例 4-2】 警察抓小偷的问题。

警察局抓了 a,b,c,d 四名偷窃嫌疑犯,其中只有一人是小偷。审问记录如下:

a 说:"我不是小偷。"

b 说:"c 是小偷。"

c 说:"小偷肯定是 d。"

d 说:"c 在冤枉人。"

已知:四个人中三人说的是真话,一人说的是假话,请问:到底谁是小偷?

警察抓小偷

问题分析:依次假设每个人是小偷的情况,然后一一代入那 4 句话,依次检验已知条件"四个人中三人说的是真话,一人说的是假话"是否成立,如果成立,那么对应的假设成

立,小偷找到。

计算机算法设计:

(1) 将 a、b、c、d 四个人进行编号为 1、2、3、4;

(2) 用变量 x 存放小偷的编号;

(3) 依次将 x=1,x=2,x=3,x=4 代入问题系统,检验"四个人中三人说的是真话,一人说的是假话"是否成立。

问题系统:

- a 说:"我不是小偷。"
- b 说:"c 是小偷。"
- c 说:"小偷肯定是 d。"
- d 说:"c 在冤枉人。"
- 四个人中三人说的是真话,一人说的是假话

分别翻译成计算机的形式化语言如下:

- a 说:x≠1。
- b 说:x=3。
- c 说:x=4。
- d 说:x≠4。
- 四个逻辑式的值相加,和为:1+1+1+0=3。

这时候就便于计算机理解了。

数学建模的实质是:提取操作对象→找出对象间的关系→用数学语言进行描述。

? 思考与探索

数学模型、输入/输出方法和算法步骤是编写计算机程序的三大关键因素。对于非常复杂的问题,建立数学模型是非常难的,对于简单的问题,建立数学模型就是设计合适的数据结构。

4.2.3 算法的描述

算法的描述方式主要有以下几种。

1. 自然语言

自然语言是人们日常所用的语言,这是其优点。但自然语言描述算法的缺点也有很多:自然语言的歧义性易导致算法执行的不确定性;自然语言语句一般太长导致算法的描述太长;当算法中循环和分支较多时就很难清晰表示;不便翻译成程序设计语言。因此,人们又设计出流程图等图形工具来描述算法。

【例 4-3】 已知圆半径,计算圆面积的过程。

我们可以用自然语言表达出以下的算法步骤:

第一步,输入圆半径 r;

第二步,计算 S=3.14×r×r;

第三步,输出 S。

2. 流程图

程序流程图简洁、直观、无二义性,是描述程序的常用工具,一般采用美国国家标准化协会规定的一组图形符号,如图 4.2 所示。

对于十分复杂难解的问题,框图可以画得粗略一些,抽象一些,首先表达出解决问题的轮廓,然后再细化。流程图也存在缺点:使设计人员过早考虑算法控制流程,而不去考虑全局结构,不利于逐步求精;随意性太强,结构化不明显;不易表示数据结构;层次感不明显。

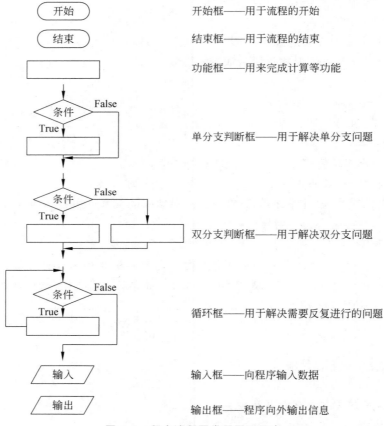

图 4.2　程序流程图常用图形元素

【例 4-4】　用流程图表示例 4-3 的算法。

例 4-3 用流程图表示的算法如图 4.3 所示。

【例 4-5】　计算 1+2+3+…+n 的值,n 由键盘输入。

分析:这是一个累加的过程,每次循环累加一个整数值,整数的取值范围为 1～n,需要使用循环。

用流程图表示的算法如图 4.4 所示。

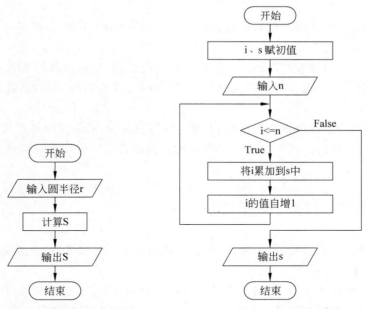

图4.3　程序流程图表示的算法　　　　图4.4　程序流程图表示的累加算法

3. 盒图（N-S 图）

盒图层次感强、嵌套明确；支持自顶向下、逐步求精的设计方法；容易转换成高级语言。但不易扩充和修改，不易描述大型复杂算法。N-S 图中基本控制结构的表示符号如图4.5所示。

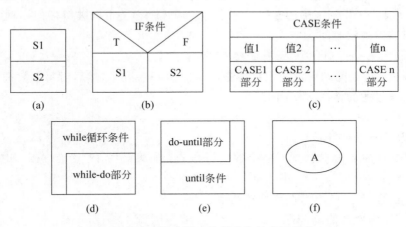

图4.5　N-S 图中基本控制结构的表示符号

（a）顺序结构；（b）分支结构；（c）多分支 CASE 结构；

（d）while-do 结构；（e）do-until 结构；（f）调用模块 A

4. 伪代码

伪代码是用介于自然语言和计算机语言之间的文字和符号来描述算法的工具。它不使用图形符号，书写方便，语法结构有一定的随意性，目前还没有一个通用的伪代码语法标准。

常用的伪代码是用简化后的高级语言来进行编写的,如类 C、类 C++ 、类 Pascal 等。

5. 程序设计语言

以上算法的描述方式都是为了方便人与人的交流,但最终算法是要在计算机上实现的,所以用程序设计语言进行算法的描述,并进行合理的数据组织,就构成了计算机可执行的程序。

与人类社会使用语言交流相似,人要与计算机交流,必须使用计算机语言。于是人们模仿人类的自然语言,人工设计出一种形式化的语言——程序设计高级语言。后面章节讲述。

4.2.4 常用的算法设计策略

掌握一些常用的算法设计策略,有助于我们进行问题求解时,快速找到有效的算法。

1. 枚举法

枚举法,也称为穷举法,其基本思路是:对于要解决的问题,列举出它的所有可能的情况,逐个判断有哪些是符合问题所要求的条件,从而得到问题的解。简单说枚举法就是按问题本身的性质,一一列举出该问题所有可能的解,并在逐一列举的过程中,检验每个可能解是否是问题的真正解,若是,采纳这个解,否则抛弃它。在列举的过程中,既不能遗漏也不应重复。

枚举法也常用于对于密码的破译,即将密码进行逐个推算直到找出真正的密码为止。例如一个已知是四位并且全部由数字组成的密码,其可能共有 10 000 种组合,因此最多尝试 10 000 次就能找到正确的密码。理论上利用这种方法可以破解任何一种密码,问题只在于如何缩短破解时间。

【例 4-6】 求 1~1000 中,所有能被 17 整除的数。

问题分析:这类问题可以使用枚举法,1~1000 一一列举,然后对每个数进行检验。

自然语言描述的算法步骤如下:

(1) 初始化:x=1;

(2) x 从 1 循环到 1000;

(3) 对于每一个 x,依次地对每个数进行检验:如果能被 17 整除,就打印输出,否则继续下一个数;

(4) 重复第(2)~(3)步,直到循环结束。

【例 4-7】 百鸡买百钱问题。

这是中国古代《算经》中的问题:鸡翁一,值钱五;鸡母一,值钱三;鸡雏三,值钱一,百钱买百鸡,问翁、母、雏各几何? 即已知公鸡 5 元/只,母鸡 3 元/只,小鸡 3 只/1 元,要用一百元钱买一百只鸡,问可买公鸡、母鸡、小鸡各几只?

问题分析:设公鸡为 x 只,母鸡为 y 只,小鸡为 z 只,则问题化为一个三元一次方程组:

百钱买百鸡

$$x+y+z=100$$
$$5x+3y+z/3=100$$

这是一个不定解方程问题(三个变量,两个方程),只能将各种可能的取值代入,其中能同时满足两个方程的值就是问题的解。

由于总共一百元钱,而且这里 x,y,z 为正整数(不考虑为 0 的情况,即至少买 1 只),那么可以确定:x 的取值范围为 1～20,y 的取值范围为 1～33。

使用枚举法求解,算法步骤如下:

(1) 初始化:x=1,y=1;

(2) x 从 1 循环到 20;

(3) 对于每一个 x,依次地让 y 从 1 循环到 33;

(4) 在循环中,对于上述每一个 x 和 y 值,计算 z=100-x-y;

(5) 如果 5x+3y+z/3=100 成立,就输出方程组的解;

(6) 重复第(2)～(5)步,直到循环结束。

2. 回溯法

在迷宫游戏中,如何能通过迂回曲折的道路顺利地走出迷宫呢? 在迷宫中探索前进时,遇到岔路就从中先选出一条"走着瞧"。如果此路不通,便退回来另寻他途。如此继续,直到最终找到适当的出路或证明无路可走为止。为了提高效率,应该充分利用给出的约束条件,尽量避免不必要的试探。这种"枚举-试探-失败返回-再枚举试探"的求解方法就称为回溯法。

回溯法有"通用的解题法"之称,其采用了一种"走不通就掉头"的试错的思想,它尝试分步地去解决一个问题。在分步解决问题的过程中,当它通过尝试发现现有的分步答案不能得到有效的正确的解答的时候,它将取消上一步甚至是上几步的计算,再通过其他的可能的分步解答再次尝试寻找问题的答案。回溯法通常用最简单的递归方法来实现。

回溯法实际是一种基于穷举算法的改进算法,它是按问题某种变化趋势穷举下去,如某状态的变化结束还没有得到最优解,则返回上一种状态继续穷举。它的优点与穷举法类似,都能保证求出问题的最佳解,而且这种方法不是盲目的穷举搜索,而是在搜索过程中通过限界,可以中途停止对某些不可能得到最优解的子空间的进一步搜索(类似于人工智能中的剪枝),故它比穷举法效率更高。

运用这种算法的技巧性很强,不同类型的问题解法也各不相同。与贪心算法一样,这种方法也是用来为组合优化问题设计求解算法的,所不同的是它在问题的整个可能解空间搜索,所设计出来的算法的时间复杂度比贪心算法高。

回溯法的应用很广泛,很多算法都用到了回溯法,例如八皇后、迷宫等问题。

【例 4-8】 八皇后问题

八皇后问题是一个古老而著名的问题,该问题最早是由国际象棋棋手马克斯·贝瑟尔于 1848 年提出。之后陆续有数学家对其进行研究,其中包括高斯和康托,并且将其推广为更一般的 n 皇后摆放问题。八皇后问题的第一个解是在 1850 年由弗朗兹·诺克给出的。诺克也是首先将问题推广到更一般的 n 皇后摆放问题的人之一。1874 年,S.冈德尔提出了一个通过行列式来求解的方法,这个方法后来又被 J.W.L.格莱舍加以改进。

在国际象棋中,皇后是最有权力的一个棋子;只要别的棋子在它的同一行或同一列或同一斜线(正斜线或反斜线)上时,它就能把对方棋子吃掉。那么,在8×8的格的国际象棋上摆放八个皇后,使其不能相互攻击,即任意两个皇后都不能处于同一列、同一行或同一条斜线上面,问共有多少种解法。比如,(1,5,8,6,3,7,2,4)就是其中一个解,如图4.6所示。

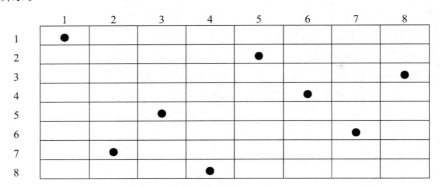

图 4.6　八皇后问题

回溯法求解步骤如下:

先把棋盘中行和列分别用1～8编号,并以 xi 表示第 i 行上皇后所在的列数,如 x2＝5表示第2行的皇后位于第5列上,它是一个由8个坐标值 x1～x8 所组成的8元组。下面是这个8元组解的产生过程。

(1) 先令 x1＝1。此时 x1 是8元组解中的一个元素,是所求解的一个子集或"部分解"。

(2) 决定 x2。显然 x2＝1 或 2 都不能满足约束条件,x2 只能取 3～8 之间的一个值。暂令 x2＝3,这时部分解变为(1,3)。

(3) 决定 x3。这时若 x3 为 1～4,都不能满足约束条件,x3 至少应取 5。令 x3＝5,这时部分解变为(1,3,5)。

(4) 决定 x4。这时部分解为(1,3,5),取 x4＝2 可满足约束条件,这时部分解变为(1,3,5,2)。

(5) 决定 x5。这时部分解为(1,3,5,2),取 x5＝4 可满足约束条件,这时部分解变为(1,3,5,2,4)。

(6) 决定 x6。这时部分解为(1,3,5,2,4),而 x6 为 6、7、8 都处于已置位皇后的右斜线上,x6 暂时无解,只能向 x5 回溯。

(7) 重新决定 x5。已知部分解为(1,3,5,2),且 x5＝4 已证明失败,6、7 又都处于已置位皇后的右斜线上,只能取 x5＝8,这时部分解变为(1,3,5,2,8)。

(8) 重新决定 x6。此时 x6 的可用列 4、6、7 都不能满足约束条件,回溯至 x5 也不再有选择余地,因为 x5 已经取最大值 8,只能向 x4 回溯。

(9) 重新决定 x4。

……

这样"枚举-试探-失败返回-再枚举试探",直到得出一个8元组完全解。

　　　　　　　　大学计算机——计算文化与计算思维基础

3. 递推法（迭代法、辗转法）

递推是按照一定的规律来计算序列中的每个项，通常是通过计算机前面的一些项来得出序列中的指定项的值。

递推法又称为迭代法、辗转法，是一种归纳法，其思想是把一个复杂的庞大的计算过程转化为简单过程的多次重复，每次重复都在旧值的基础上递推出新值，并由新值代替旧值。该算法利用了计算机运算速度快、适合做重复性操作的特点。

跟迭代法相对应的是直接法（或者称为一次解法），即一次性解决问题。迭代法又分为精确迭代和近似迭代。二分法和牛顿迭代法属于近似迭代法。

【例 4-9】 猴子吃桃子问题。

小猴在一天摘了若干个桃子，当天吃掉一半多一个；第二天接着吃了剩下的桃子的一半多一个；以后每天都吃尚存桃子的一半零一个，到第 7 天早上要吃时只剩下一个了，问小猴那天共摘下了多少个桃子？

问题分析：设第 $i+1$ 天剩下 x_{i+1} 个桃子。

因为第 $i+1$ 天吃了：$0.5x_i+1$，所以第 $i+1$ 天剩下

$$x_i-(0.5x_i+1)=0.5x_i-1$$

因此得

$$x_{i+1}=0.5x_i-1$$

即得到本题的数学模型

$$x_i=(x_{i+1}+1)*2, \quad i=6,5,4,3,2,1$$

猴子吃桃

因为从第 6 天到第 1 天，可以重复使用上式进行计算前一天的桃子数。因此适合用循环结构处理。

此问题的算法设计如下：

（1）初始化：x＝1；

（2）从第 6 天循环到第 1 天，对于每一天，进行计算

$$x_i=(x_{i+1}+1)*2, \quad i=6,5,4,3,2,1$$

（3）循环结束后，x 的值即为第 1 天的桃子数。

4. 递归法

递归法是计算思维中最重要的思想，是计算机科学中最美的算法之一，很多算法，如分治法、动态规划、贪心法都是基于递归概念的方法。递归算法既是一种有效的算法设计方法，也是一种有效的分析问题的方法。

先来听一个故事：

从前有座山，

山里有个庙，

庙里有个老和尚，

给小和尚讲故事。

故事讲的是：

从前有座山，

山里有个庙，

庙里有个老和尚，

给小和尚讲故事。

故事讲的是：

从前有座山，

山里有个庙，

······

这个故事就是一种语言上的递归。但是计算机科学中的递归不能这样没完没了地重复，不能无限循环，所以需要注意：计算机中的递归算法一定要有一个递归出口！即必须要有明确的递归结束条件。

递归算法求解问题的基本思想是：对于一个较为复杂的问题，把原问题分解成若干个相对简单且类同的子问题，这样较为复杂的原问题就变成了相对简单的子问题；而简单到一定程度的子问题可以直接求解；这样，原问题就可递推得到解。简单地说，递归法就是通过调用自身，只需少量的程序就可描述出多次重复计算。

学习用递归解决问题的关键就是找到问题的递归式，也就是用小问题的解构造大问题的关系式。通过递归式可以知道大问题与小问题之间的关系，从而解决问题。

并不是每个问题都适宜于用递归算法求解。适宜于用递归算法求解的问题的充分必要条件是：一是问题具有某种可借用的类同自身的子问题描述的性质；二是某一有限步的子问题（也称为本原问题）有直接的解存在。

比如，计算机中文件夹的复制也是一个递归问题，因为文件夹是多层次性的，需要读取每一层子文件夹中的文件进行复制。扫雷游戏中也有递归问题，当鼠标单击到四周没有雷的点时往往会打开一片区域，因为在打开没有雷的四周区域时，如果其中打开的某一点其四周也没有雷，那么它的四周也会被打开，以此类推，就能打开一片区域。这些问题用递归方法实现既清晰易懂，还能通过较为简单的程序代码实现。

递归就是在过程或函数里调用自身。一个过程或函数在其定义或说明中直接或间接调用自身的一种方法，它通常把一个大型复杂的问题层层转化为一个与原问题相似的规模较小的问题来求解。一般来说，递归需要有边界条件、递归前进段和递归返回段。当边界条件不满足时，递归前进；当边界条件满足时，递归返回。

【例 4-10】 使用递归法解决斐波那契数（Fibonacci）数列问题。

无穷数列 1,1,2,3,5,8,13,21,34,55,…，称为斐波那契数列。它可以递归地定义为：

$$F(n) = \begin{cases} 1 & n=0 \\ 1 & n=1 \\ F(n-1)+F(n-2) & n>1 \end{cases}$$

递归算法的执行过程主要分递推和回归两个阶段。

（1）输入 n 的值。

（2）在递推阶段，把较复杂的问题（规模为 n）的求解递推到比原问题简单一些的问题（规模小于 n）的求解。

本例中，求解 F(n)，把它递推到求解 F(n-1) 和 F(n-2)。也就是说，为计算 F(n)，必须先计算 F(n-1) 和 F(n-2)，而计算 F(n-1) 和 F(n-2)，又必须先计算 F(n-3) 和

F(n-4)。依次类推,直至计算 F(1) 和 F(0),分别能立即得到结果 1 和 0。

💡 **注意**:在使用递归策略时,在递推阶段,必须有一个明确的递归结束条件,称为递归出口。例如在函数 F 中,当 n 为 1 和 0 的情况。

（3）在回归阶段,当满足递归结束条件后,逐级返回,依次得到稍复杂问题的解,本例中得到 F(1) 和 F(0) 后,返回得到 F(2) 和 F(1) 的结果,……,在得到了 F(n-1) 和 F(n-2) 的结果后,返回得到 F(n) 的结果。

（4）输出 F(n) 的值。

【例 4-11】 汉诺(Hanoi)塔问题。

古代有一个梵塔,塔内有三个座 A、B、C,其中 A 座上有 64 个圆盘,每个圆盘大小不等,较大的在下,较小的在上,如图 4.7 所示。现要求将塔座 A 上的这 64 个圆盘移到塔座 C 上,并仍按同样顺序叠置。在移动圆盘时应遵守以下移动规则:

（1）每次只能移动 1 个圆盘;

（2）任何时刻都不允许将较大的圆盘压在较小的圆盘之上;

（3）在满足移动规则 1 和 2 的前提下,可将圆盘移至 A、B、C 中任一塔座上。

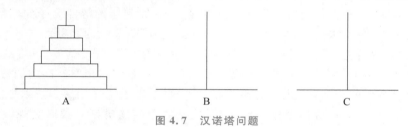

图 4.7　汉诺塔问题

算法分析:

这是一个经典的递归算法的例子。这个问题在圆盘比较多的情况下,很难直接写出移动步骤。我们可以先分析圆盘比较少的情况。

假定圆盘从大向小依次为:圆盘 1,圆盘 2,……,圆盘 64。

如果只有一个圆盘,则不需要利用 B 座,直接将圆盘 1 从 A 移动到 C。

如果有 2 个圆盘,可以先将圆盘 1 上的圆盘 2 移动到 B;将圆盘 1 移动到 C;将圆盘 2 移动到 C。这说明:可以借助 B 将 2 个圆盘从 A 移动到 C,当然,也可以借助 C 将 2 个圆盘从 A 移动到 C。

如果有 3 个圆盘,那么根据 2 个圆盘的结论,可以借助 C 将圆盘 1 上的 2 个圆盘从 A 移动到 B;将圆盘 1 从 A 移动到 C,A 变成空座;借助 A 座,将 B 上的 2 个圆盘移动到 C。这说明:可以借助一个空座,将 3 个圆盘从一个座移动到另一个。

如果有 4 个圆盘,那么首先借助空座 C,将圆盘 1 上的 3 个圆盘从 A 移动到 B;将圆盘 1 移动到 C,A 变成空座;借助空座 A,将 B 座上的 3 个圆盘移动到 C。

上述的思路可以一直扩展到 64 个圆盘的情况:可以借助空座 C 将圆盘 1 上的 63 个圆盘从 A 移动到 B;将圆盘 1 移动到 C,A 变成空座;借助空座 A,将 B 座上的 63 个圆盘移动到 C。

递推关系往往是利用递归的思想来建立的;递推由于没有返回段,因此更为简单,有时可以直接用循环实现。

？ 思考与探索

　　感受递归思想之美:递归策略只需少量的程序就可描述出解题过程所需的多次重复计算,大大地减少了程序的代码量。递归的能力在于用有限的语句来定义对象的无限集合。

5. 分治法

　　任何一个可以用计算机求解的问题所需的计算时间都与其规模有关。问题的规模越小,越容易直接求解,解题所需的计算时间也越少。

　　例如,对于 n 个元素的排序问题,当 n=1 时,不需任何计算。n=2 时,只要作一次比较即可排好序。n=3 时只要作 3 次比较即可,……。而当 n 较大时,问题就不那么容易处理了。要想直接解决一个规模较大的问题,有时是相当困难的。

　　分治法就是把一个复杂的问题分成两个或更多相同或相似的子问题,再把子问题分成更小的子问题……,直到最后子问题可以直接求解,原问题的解即为子问题解的合并。在计算机科学中,分治法是一种很重要的算法,是很多高效算法的基础。

　　分治法的精髓:"分"——将问题分解为规模更小的子问题;"治"——将这些规模更小的子问题逐个击破;"合"——将已解决的子问题合并,最终得出"母"问题的解。

　　由分治法产生的子问题往往是原问题的较小模式,这就为使用递归技术提供了方便。在这种情况下,反复运用分治手段,可以使子问题与原问题类型一致而其规模却不断缩小,最终使子问题缩小到很容易直接求出其解。这自然导致递归过程的产生。分治与递归像是一对孪生兄弟,经常同时应用在算法设计之中,并由此产生了许多高效算法。

　　分治法所能解决的问题一般具有以下几个特征:

　　(1) 该问题的规模缩小到一定的程度就可以容易地解决;

　　(2) 该问题可以分解为若干个规模较小的相同问题,即该问题具有最优子结构性质;

　　(3) 利用该问题分解出的子问题的解可以合并为该问题的解;

　　(4) 该问题所分解出的各个子问题是相互独立的,即子问题之间不包含公共的子问题。

　　上述的第一条特征是绝大多数问题都可以满足的,因为问题的计算复杂性一般是随着问题规模的增加而增加;第二条特征是应用分治法的前提它也是大多数问题可以满足的,此特征反映了递归思想的应用;第三条特征是关键,能否利用分治法完全取决于问题是否具有第三条特征,如果具备了第一条和第二条特征,而不具备第三条特征,则可以考虑用贪心法或动态规划法。第四条特征涉及到分治法的效率,如果各子问题是不独立的则分治法要做许多额外的工作,重复地解公共子问题,此时虽然可用分治法,但一般选择动态规划法较好。

　　根据分治法的分割原则,原问题应该分为多少个子问题才较为适宜?各个子问题的规模应该怎样才为恰当?人们从大量实践中发现,在用分治法设计算法时,最好将一个问题分成大小相等的 k 个子问题。这种使子问题规模大致相等的做法是出自一种平衡子问题的思想，它几乎总是比子问题规模不等的做法要好。

【例 4-12】 使用分治法解决斐波那契数（Fibonacci）数列问题。

n＝5 时使用分治法计算斐波那契数的过程，如图 4.8 所示。

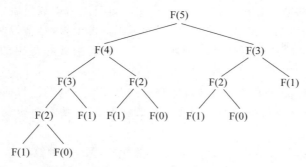

图 4.8 n＝5 时使用分治法计算斐波那契数的过程

【例 4-13】 循环赛日程表问题。

设有 $n＝2^K$ 个运动员要进行网球循环赛，现要设计一个满足以下要求的比赛日程表：

（1）每个选手必须与其他 n−1 个选手各赛一次；

（2）每个选手一天只能赛一次；

（3）循环赛一共进行 n−1 天。

请按此要求将比赛日程表设计成有 n 行和 n−1 列的一个表。在表中的第 i 行，第 j 列处填入第 i 个选手在第 j 天所遇到的选手。其中 1≤i≤n，1≤j≤n−1。

算法分析：按分治策略，将所有的选手分为两半，n 个选手的比赛日程表就可以通过为 n/2 个选手设计的比赛日程表来决定。递归地对选手进行分割，直到只剩下 2 个选手时，比赛日程表的制定就变得很简单了。这时只要让这 2 个选手进行比赛就可以了。如图 4.9 所示，所列出的正方形表是 8 个选手的比赛日程表。其中左上角与左下角的两小块分别为选手 1 至选手 4 和选手 5 至选手 8 前 3 天的比赛日程。据此，将左上角小块中的所有数字按其相对位置抄到右下角，又将左下角小块中的所有数字按其相对位置抄到右上角，这样我们就分别安排好了选手 1~4 和选手 5~8 在后 4 天的比赛日程。依此思想容易将这个比赛日程表推广到具有任意多个选手的情形。

1	2	3	4	5	6	7	8
2	1	4	3	6	5	8	7
3	4	1	2	7	8	5	6
4	3	2	1	8	7	6	5
5	6	7	8	1	2	3	4
6	5	8	7	2	1	4	3
7	8	5	6	3	4	1	2
8	7	6	5	4	3	2	1

图 4.9 8 个选手的比赛日程表

【例 4-14】 公主的婚姻。

公主的婚姻

艾述国王向邻国秋碧贞楠公主求婚。公主出了一道题：求出 48 770 428 433 377 171 的一个真因子（除它本身和 1 外的其他约数）。若国王能在一天之内求出答案，公主便接受他的求婚。国王回去后立即开始逐个数地进行计算，他从早到晚，共算了三万多个数，最终还是没有结果。国王向公主求情，公主将答案相告：223 092 827 是它的一个真因子。国王很快就验证了这个数确能除尽 48 770 428 433 377 171。公主说:"我再给你一次机会。"国王立即回国,并向时任宰相的大数学家孔唤石求教,大数学家在仔细地思考后认为这个数为 17 位,则最小的一个真因子不会超过 9 位,他给国王出了一个主意:按自然数的顺序给全国的老百姓每人编一个号发下去,等公主给出数目后,立即将它们通报全国,让每个老百姓用自己的编号去除这个数,除尽了立即上报,赏金万两。

算法分析:国王最先使用的是一种顺序算法,后面由宰相提出的是一种并行算法。其中包含了分治法的思维。

分治法求解问题的优势是可以并行地解决相互独立的问题。目前计算机已经能够集成越来越多的核,设计并行执行的程序能够有效利用资源,提高对资源的利用率。

6. 贪心算法

贪心算法又称为贪婪算法,是用来求解最优化问题的一种算法。但它在解决问题的策略上目光短浅,只根据当前已有的信息就做出有利的选择,而且一旦做出了选择,不管将来有什么结果,这个选择都不会改变。换言之,贪心法并不是从整体最优考虑,它所做出的选择只是在某种意义上的局部最优。这种局部最优选择并不总能获得整体最优解,但通常能获得近似最优解。

【例 4-15】 付款问题。

假设有面值为 5 元、2 元、1 元、5 角、2 角、1 角的货币,需要找给顾客 4 元 6 角现金。如何找给顾客零钱,使付出的货币数量最少?

贪心法求解步骤:为使付出的货币数量最少,首先选出 1 张面值不超过 4 元 6 角的最大面值的货币,即 2 元,再选出 1 张面值不超过 2 元 6 角的最大面值的货币,即 2 元,再选出 1 张面值不超过 6 角的最大面值的货币,即 5 角,再选出 1 张面值不超过 1 角的最大面值的货币,即 1 角,总共付出 4 张货币。

在付款问题每一步的贪心选择中,在不超过应付款金额的条件下,只选择面值最大的货币,而不去考虑在后面看来这种选择是否合理,而且它还不会改变决定:一旦选出了一张货币,就永远选定。付款问题的贪心选择策略是尽可能使付出的货币最快地满足支付要求,其目的是使付出的货币张数最慢地增加,这正体现了贪心法的设计思想。

因此,对于某些求最优解问题,贪心算法是一种简单、迅速的设计技术。用贪心法设计算法的特点是一步一步地进行,常以当前情况为基础根据某个优化测度作为最优选择,而不考虑各种可能的整体情况,它省去了为找最优解要穷尽所有可能而必须耗费的大量时间,它采用自顶向下,以迭代的方法做出相继的贪心选择,每做一次贪心选择就将所求问题简化为一个规模更小的子问题,通过每一步贪心选择,可得到问题的一个最优解,虽然每一步上都要保证能够获得局部最优解,但由此产生的全局解有时不一定是最优的。

在计算机科学中,贪心算法往往被用来解决旅行商(Traveling Salesman Problem,TSP)问题、图着色问题、最小生成树问题、背包问题、活动安排问题、多机调度问题等。

7. 动态规划法

动态规划是运筹学的一个分支,是求解决策过程最优化的数学方法。20 世纪 50 年代初美国数学家 R. E. Bellman 等人在研究多阶段决策过程的优化问题时,提出了著名的最优化原理,把多阶段过程转化为一系列单阶段问题,利用各阶段之间的关系,逐个求解,创立了解决这类过程优化问题的新方法——动态规划。1957 年出版了他的名著 *Dynamic Programming*,这是该领域的第一本著作。

动态规划的基本思想与分治法类似,也是将待求解的问题分解为若干个子问题(阶段),按顺序求解子阶段,前一子问题的解,为后一子问题的求解提供了有用的信息。在求解任一子问题时,列出各种可能的局部解,通过决策保留那些有可能达到最优的局部解,丢弃其他局部解。依次解决各子问题,最后一个子问题就是初始问题的解。

由于动态规划解决的问题多数有重叠子问题这个特点,为减少重复计算,对每一个子问题只解一次,将其不同阶段的不同状态保存在一个二维数组中。因此,适合使用动态规划求解最优化问题应具备的两个要素:一是具备最优子结构:如果一个问题的最优解包含子问题的最优解,那么该问题就具有最优子结构。二是子问题重叠。

分治法要求各个子问题是独立的(即不包含公共的子问题),因此一旦递归地求出各个子问题的解后,便可自下而上地将子问题的解合并成原问题的解。如果各子问题是不独立的,那么分治法就要做许多不必要的工作,重复地解公共的子问题。

动态规划与分治法的不同之处在于动态规划允许这些子问题不独立(即各子问题可包含公共的子问题),它对每个子问题只解一次,并将结果保存起来,避免每次碰到时都要重复计算。这就是动态规划高效的一个原因。

动态规划法在经济管理、生产调度、工程技术和最优控制等方面得到了广泛的应用。例如库存管理、资源分配、设备更新、排序、装载等。

动态规划求解问题一向分为以下 4 个步骤:

(1) 分析最优解的结构,刻画其结构特征;

(2) 递归地定义最优解的值;

(3) 按自底向上的方式计算最优解的值。

(4) 用第(3)步中的计算过程的信息构造最优解。

【例 4-16】 三角数塔问题。

图 4.10 是一个由数字组成的三角形,顶点为根结点,每个结点有一个整数值。从顶点出发,可以向左走或向右走,要求从根结点开始,请找出一条路径,使路径之和最大,只要输出路径的和。

(1) 分析最优解的结构,刻画其结构特征。首先考虑如何将问题转化成较小子问题。如果在找该路径时,从上到下走到了第 3 层第 0 个数 2,那么接下来选择走 19。如果从上到下走到了第 3 层第 1 个数 18,那么接下来选择走 10。同理,如果从上到下走到了第 3 层第 2 个数 9,那么接下来选择走 10;如果从上到下走到了第 3 层第 3 个数 5,那么接

图 4.10 三角数塔

下来选择走 16。根据这个思路可以更新第 3 层的数,即把 2 更新成 21(2+19),把 18 更新成 28(18+10),把 9 更新成 19(9+10),把 5 更新成 21(5+16)。更新后的三角数塔如图 4.11 所示。

同理地,更新后的第 2 层、第 1 层、第 0 层的三角数塔如图 4.12、图 4.13 和图 4.14 所示。

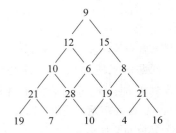

图 4.11　更新第 3 层后的三角数塔

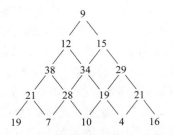

图 4.12　更新第 2 层后的三角数塔

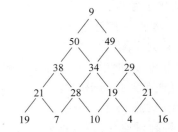

图 4.13　更新第 1 层后的三角数塔

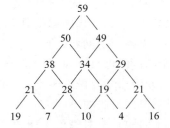

图 4.14　更新第 0 层后的三角数塔

（2）递归地定义最优解的值；定义 a(i,j)为第 i 层第 j 个数到最下层的所有路径中最大的数值之和。本例中,第 4 层是最下层,所以用 5×5 的二维数组 T 存储数塔的初始值,根据上面的思路,a(3,0)等于 a(4,0)和 a(4,1)中较大的数值加上 T(3,0);a(3,1)等于 a(4,1)和 a(4,2)中较大的数值加上 T(3,1);a(3,2)等于 a(4,2)和 a(4,3)中较大的数值加上 T(3,2)。由此,得到以下递归式:

$$
a(i,j) = \begin{cases} T(i,j), & i=4 \\ \max(a(i+1,j),a(i+1,j+1))+T(i,j), & \forall i(0\leqslant i<4),\quad j\leqslant i \end{cases}
$$

（3）按自底向上的方式计算最优解的值。根据自底向上的方式,根据上面的递归式,先计算第 n−1 层的 a(n−1,0),a(n−1,1),…,a(n−1,n−1),然后计算第 n−1 层的 a(n−2,0),a(n−2,1),…,a(n−2,n−2),……直到计算最顶层的 a(0,0)。本例如表 4.1 所示。

表 4.1　本例生成的动态规划表

i	j				
	0	1	2	3	4
4	19	7	10	4	16
3	21	28	19	21	0
2	38	34	29	0	0
1	50	49	0	0	0
0	59	0	0	0	0

（4）用第（3）步中的计算过程的信息构造最优解。我们使用回溯法找出最大数值之

和的路径。首先从 $a(0,0)=59$ 开始，$a(0,0)-T(0,0)=59-9=50$，即 $a(0,0)$ 是通过 $T(0,0)$ 加上 $a(1,0)$ 得到的；回溯到 $a(1,0)=50$，$a(1,0)-T(1,0)=50-12=38$，即 $a(1,0)$ 是通过 $T(1,0)$ 加上 $a(2,0)$ 得到的；回溯到 $a(2,0)=38$，$a(2,0)-T(2,0)=38-10=28$，即 $a(2,0)$ 是通过 $T(2,0)$ 加上 $a(3,1)$ 得到的；回溯到 $a(3,1)=28$，$a(3,1)-T(3,1)=28-18=10$，即 $a(3,1)$ 是通过 $T(3,1)$ 加上 $a(4,2)$ 得到的。从而得到路径为：$(0,0)\rightarrow(1,0)\rightarrow(2,0)\rightarrow(3,1)\rightarrow(4,2)$。其和值为 59。

以上就是用动态规划法求解问题的步骤。

总结：一个问题该用递推法、贪心法还是动态规划法，完全是由这个问题本身阶段间状态的转移方式决定的。如果每个阶段只有一个状态，则用递推；如果每个阶段的最优状态都是由上一个阶段的最优状态得到的，则用贪心；如果每个阶段的最优状态可以从之前某个阶段的某个或某些状态直接得到而不管之前这个状态是如何得到的，则用动态规划。

4.2.5 算法分析

对同一个问题，可以有不同的解题方法和步骤，即可以有不同的算法，而一个算法的质量优劣将影响到算法乃至程序的效率。算法分析的目的在于选择合适算法和改进算法。对于特定的问题来说，往往没有最好的算法，只有最适合的算法。

例如，求 $1+2+3+\cdots+100$，可以按顺序依次相加，也可以是 $(1+99)+(2+98)+\cdots+(49+51)+100+50=100\times50+50=5050$，还可以按等差数列求和等等。因为方法有优劣之分，所以为了有效地解题，不仅要保证算法正确，还要考虑算法的质量，选择合适的算法。

通过对算法的分析，在把算法变成程序实际运行前，就知道为完成一项任务所设计的算法的好坏，从而运行好算法，改进差算法，避免无益的人力和物力浪费。

对算法进行全面分析，可分两个阶段进行：

（1）事前分析。事前分析是指通过对算法本身的执行性能的理论分析，得出算法特性。一般使用数学方法严格地证明和计算它的正确性和性能指标；

- 算法复杂性指算法所需要的计算机资源，一个算法的评价主要从时间复杂度和空间复杂度来考虑。
- 数量关系评价体现在时间——算法编程后在机器中所耗费的时间。
- 数量关系评价体现在空间——算法编程后在机器中所占的存储量。

（2）事后测试。一般地，将算法编制成程序后实际放到计算机上运行，收集其执行时间和空间占用等统计资料，进行分析判断。对于研究前沿性的算法，可以采用模拟/仿真分析方法，即选取或实际产生大量的具有代表性的问题实例——数据集，将要分析的某算法进行仿真应用，然后对结果进行分析。

一般地，评价一个算法，需要考虑以下几个性能指标：

1. 正确性

算法的正确性是评价一个算法优劣的最重要的标准。一个正确的算法是指在合理的数据输入下，能在有限的运行时间内得到正确的结果。算法正确性的评价包括两个方面：

问题的解法在数学上是正确的和执行算法的指令系列是正确的。可以通过对输入数据的所有可能情况的分析和上机调试,以证明算法是否正确。

2. 可读性

算法的可读性是指一个算法可供人们阅读的难易程度。算法应该好读,清晰、易读、易懂、易证明,便于调试和修改。

3. 健壮性

健壮性是指一个算法对不合理输入数据的反应能力和处理能力,也称为容错性。算法应具有容错处理能力。当输入非法数据时,算法应对其作出反应,而不是产生莫名其妙的输出结果。

4. 时间复杂度

算法的时间复杂度是指执行算法所需要的计算工作量。为什么要考虑时间复杂性呢?因为有些计算机需要用户提供程序运行时间的上限,一旦达到这个上限,程序将被强制结束,而且程序可能需要提供一个满意的实时响应。

和算法执行时间相关的因素包括:问题中数据存储的数据结构、算法采用的数学模型、算法设计的策略、问题的规模、实现算法的程序设计语言、编译算法产生的机器代码的质量、计算机执行指令的速度等。

一般来说,计算机算法是问题规模 n 的函数 f(n),算法的时间复杂度也因此记做:

$$T(n)=O(f(n))$$

一个算法的执行时间大致上等于其所有语句执行时间的总和,对于语句的执行时间是指该条语句的执行次数和执行一次所需时间的乘积。一般随着 n 的增大,T(n)增长较慢的算法为最优算法。

【例 4-17】 计算汉诺塔问题的时间复杂度。

算法:C 语言描述(部分代码)

```
hanoi(int n,char left,char middle,char right)
{
    if(n==1) move(left,right); / * 函数 move(x,y)表示将盘子从 x 座移到 y 座 * /
    else
    {
        hanoi(n-1,left,right,middle);
        move(left,right);
        hanoi(n-1,middle,left,right);
    }
}
```

当 n＝64 时,要移动多少次数?需花费多长时间呢?

$$h(n)= 2h(n-1)+1$$
$$= 2(2h(n-2)+1)+1 = 2^2 h(n-2)+2+1$$
$$= 2^3 h(n-3)+2^2+2+1$$
$$\cdots$$

$$= 2^n h(0) + 2^{n-1} + \cdots + 2^2 + 2 + 1$$
$$= 2^{n-1} + \cdots + 2^2 + 2 + 1 = 2^n - 1$$

需要移动盘子的次数为:

$$2^{64} - 1 = 18\ 446\ 744\ 073\ 709\ 551\ 615$$

假定每秒移动一次,一年有 31 536 000 秒,则一刻不停地来回搬动,也需要花费大约 5849 亿年的时间。假定计算机以每秒 1000 万个盘子的速度进行处理,则需要花费大约 58 490 年的时间。

因此,理论上可以计算的问题,实际上并不一定能行。一个问题求解算法的时间复杂度大于多项式(如指数函数)时,算法的执行时间将随 n 的增加而急剧增长,以致即使是中等规模的问题也不能被求解出来,于是在计算复杂性时,将这一类问题称为难解性问题。

5. 空间复杂度

算法的空间复杂度是指算法需要消耗的内存空间。其计算和表示方法与时间复杂度类似,一般都用复杂度的渐近性来表示。同时间复杂度相比,空间复杂度的分析要简单得多。考虑程序的空间复杂性的原因主要有:多用户系统中运行时,需指明分配给该程序的内存大小;可提前知道是否有足够可用的内存来运行该程序;一个问题可能有若干个内存需求各不相同的解决方案,从中择取;利用空间复杂性来估算一个程序所能解决问题的最大规模。

在公主的婚姻的案例中,国王最先使用的顺序算法,其复杂性表现在时间方面;后面由宰相提出的并行算法,其复杂性表现在空间方面。

直觉上,我们认为顺序算法解决不了的问题完全可以用并行算法来解决,甚至会想,并行计算机系统求解问题的速度将随着处理器数目的不断增加而不断提高,从而解决难解性问题,其实这是一种误解。当将一个问题分解到多个处理器上解决时,由于算法中不可避免地存在必须串行执行的操作,从而大大地限制了并行计算机系统的加速能力。

4.3 算法的实现——程序设计语言

高级语言体系和自然语言体系十分相似。我们可以回忆一下语文和英语的学习,就可以得出自然语言的学习过程:基本符号及书写规则→单词→短语→句子→段落→文章。因此,计算机语言的学习过程也很类似:基本符号及书写规则→常量、变量→运算符和表达式→语句→过程、函数→程序。前面提到,在写作中,必须要求文章语法规范、语义清晰。因此程序也要求清晰、规范,符合一定的书写规则。

传统程序的基本构成元素包括:常量、变量、运算符、内部函数、表达式、语句、自定义过程或函数等。

现代程序增加了类、对象、消息、事件和方法等元素。

4.3.1 程序设计语言的分类

目前,程序设计语言按照与计算机硬件的联系程度可分为三类:机器语言、汇编语言、高级语言。

1. 机器语言

机器语言(Machine Language)是计算机硬件系统能够直接识别的不需翻译的计算机语言。机器语言中的每一条语句实际上是一条二进制形式的指令代码,由操作码和操作数组成。操作码指出进行什么操作;操作数指出参与操作的数或在内存中的地址。用机器语言编写程序工作量大、难于使用,但执行速度快。它的二进制指令代码通常随CPU型号的不同而不同,不能通用,因而说它是面向机器的一种低级语言。通常不用机器语言直接编写程序。

2. 汇编语言

汇编语言(Assemble Language)是为特定计算机或计算机系列设计的。汇编语言用助记符代替操作码,用地址符号代替操作数。由于这种“符号化”的做法,所以汇编语言也称为符号语言。用汇编语言编写的程序称为汇编语言“源程序”。汇编语言程序比机器语言程序易读、易检查、易修改,同时又保持了机器语言程序执行速度快、占用存储空间少的优点。汇编语言也是面向机器的一种低级语言,不具备通用性和可移植性。

3. 高级语言

高级语言(High Level Language)是由各种意义的词和数学公式按照一定的语法规则组成的,它更容易阅读、理解和修改,编程效率高。高级语言不是面向机器的,而是面向问题,与具体机器无关,具有很强的通用性和可移植性。高级语言的种类很多,有面向过程的语言,例如Fortran、Basic、Pascal、C等;有面向对象的语言,例如C++、Java等。

不同的高级语言有不同的特点和应用范围。Fortran语言是1954年提出的,是出现最早的一种高级语言,适用于科学和工程计算;Basic语言是初学者的语言,简单易学,人机对话功能强;Pascal语言是结构化程序语言,适用于教学、科学计算、数据处理和系统软件开发,目前逐步被C语言所取代;C语言程序简练、功能强,适用于系统软件、数值计算、数据处理等,成为目前高级语言中使用最多的语言之一;C++、C♯等面向对象的程序设计语言,给非计算机专业的用户在Windows环境下开发软件带来了福音;Java语言是一种基于C++的跨平台分布式程序设计语言。

上述的通用语言仍然都是“过程化语言”。编码的时候,要详细描述问题求解的过程,告诉计算机每一步应该“怎样做”。为了把程序员从繁重的编码中解放出来,还须寻求进一步提高编码效率的新语言,这就是甚高级语言或第4代语言(4GL)产生的背景。对于4GL语言,迄今仍没有统一的定义。一般认为,3GL是过程化的语言,目的在于高效地实现各种算法;4GL则是非过程化的语言,目的在于直接地实现各类应用系统。前者面向过程,需要描述“怎样做”;后者面向应用,只需说明“做什么”。

4.3.2 语言处理程序

程序设计语言能够把算法翻译成机器能够理解的可执行程序。这里将计算机不能直接执行的非机器语言源程序翻译成能直接执行的机器语言的语言翻译程序称为语言处理程序。

（1）源程序。用各种程序设计语言编写的程序称为源程序,计算机不能直接识别和执行。

（2）目标程序。源程序必须由相应的汇编程序或编译程序翻译成机器能够识别的机器指令代码,计算机才能执行,这正是语言处理程序所要完成的任务。翻译后的机器语言程序称为目标程序。

（3）汇编程序。将汇编语言源程序翻译成机器语言程序的翻译程序称为汇编程序,如图 4.15 所示。

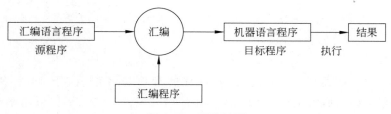

图 4.15　汇编过程

（4）编译方式和解释方式。编译方式是将高级语言源程序通过编译程序翻译成机器语言目标代码,如图 4.16 所示;解释方式是对高级语言源程序进行逐句解释,解释一句就执行一句,但不产生机器语言目标代码。例如 Basic 语言大都是按这种方式处理的。大部分高级语言都采用编译方式。

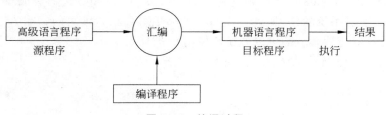

图 4.16　编译过程

4.3.3　常用的高级语言

常用的高级语言包括 VB、C、Python、Java 等,本书只介绍前三种。

1. Visual Basic

Visual Basic(以下简称 VB)是美国微软公司旗下的一个主流程序开发工具。1991年,微软公司推出了 Visual Basic 1.0,当时引起了很大的轰动。许多专家把 VB 的出现当作是软件开发史上的一个具有划时代意义的事件。

Visual Basic 是在原有 BASIC 语言基础上的进一步发展,综合运用了 BASIC 语言和新的可视化工具,既具有 Windows 所特有的优良性能和图形工作环境,又具有编程的简易性。用户无须编写大量的代码去描述界面元素的外观与位置,而只需要将预先建立的对象添加到窗体上即可。可用 Visual Basic 快速创建 Windows 程序,并可编写企业水平的客户端/服务器程序和强大的数据库应用程序。

【例 4-18】 写出例 4-5 的 VB 程序。

```
Private Sub Command1_Click()
    Dim i As Integer
    Dim sum As Integer
    sum = 0
    For i = 1 To 100 Step 1
        sum = sum + i
    Next i
    Print "1+2+…+100=", sum
End Sub
```

2. C 语言

C 语言是一种通用的、结构化、面向过程的程序设计语言，于 1972 年由 Dennis Ritchie 在贝尔电话实验室实现 UNIX 操作系统时开发。C 语言不仅可用来实现系统软件，也可用于开发应用软件。它还被广泛使用在大量不同的软件平台和不同架构的计算机上，而且几个流行的编译器都采用它来实现。面向对象的编程语言目前主要有 C++、C#、Java 语言。这 3 种语言都是从 C 语言派生出来的，C 语言的知识几乎都适用于这 3 种语言。

C 语言的编程环境一直在向前发展。随着 Windows 编程的兴起，目前流行的是兼容 C 语言的 Microsoft Visual C++ 6.0(简称 VC++ 6.0)和 Borland C++ 集成开发环境。

目前，很多著名系统软件，如 dBASE IV 等都是用 C 语言编写的。在图像处理、数据处理和数值计算等应用领域都可以方便地使用 C 语言。

【例 4-19】 写出例 4-5 的 C 语言程序。

```
#include<stdio.h>
void main()
{
    int i, sum;
    sum=0;
    for(i=1; i<=100; i++)
    {
        sum = sum + i;
    }
    printf("1+2+…+100=%d", sum);
}
```

3. Python 语言

Python 是一种面向对象的直译式计算机程序设计语言，也是一种功能强大的通用型语言，由吉多·范罗苏姆(Guido van Rossum)于 1989 年末开发，已经具有 20 多年的发展历史，成熟且稳定。

Python 主要特点如下：

(1) 简单易学。Python 是一门优雅优美的语言，语法简洁清晰，好学易用。阅读一个良好的 Python 程序就感觉像是在读英语一样。它使你能够专注于解决问题而不是去搞明白语言本身。不计较程序语言在形式上的诸多细节和规则，可以专心地学习程序本身的逻辑和算法，以及探究程序的执行过程。

（2）免费、开源。Python 是 FLOSS（自由/开放源码软件）之一。使用者可以自由地发布这个软件的拷贝、阅读它的源代码、对它做改动、把它的一部分用于新的自由软件中。FLOSS 是基于一个团体分享知识的概念。

（3）可扩展性、可嵌入性和可移植性强。Python 提供了丰富的 API 和工具，以便程序员能够轻松地使用 C 语言、C++、Python 来编写扩展模块。Python 解释器本身也可以被集成到其他需要脚本语言的程序内。因此，很多人还把 Python 作为一种"胶水语言"（glue language）使用。使用 Python 将其他语言编写的程序进行集成和封装。比如，可以把部分程序用 C 或 C++ 编写，然后在你的 Python 程序中使用它们，也可以把 Python 嵌入你的 C/C++ 程序。Google 内部的很多项目使用 C++ 编写性能要求极高的部分，然后用 Python 调用相应的模块。很多游戏，如 EVE Online 使用 Python 来处理游戏中繁多的逻辑。

（4）规范的代码。Python 采用强制缩进的方式使得代码具有较好可读性。这与其他大多数计算机程序设计语言不一样。而且 Python 语言写的程序不需要编译成二进制代码。

（5）Python 标准库很丰富。它包含了一组完善且容易理解的标准库，能够轻松完成很多常见的任务，包括正则表达式、文档生成、单元测试、线程、数据库、网页浏览器、CGI、FTP、电子邮件、XML、XML-RPC、HTML、WAV 文件、密码系统、GUI（图形用户界面）、Tk 和其他与系统有关的操作。除了标准库以外，还有许多其他高质量的库，如 wxPython、Twisted 和 Python 图像库等等。Python 对于各种网络协议的支持也很完善，因而经常被用于编写服务器软件、网络爬虫。第三方库 Twisted 支持异步网络编程和多数标准的网络协议（包含客户端和服务器），并且提供了多种工具，被广泛用于编写高性能的服务器软件。在其他领域，比如科学计算、人工智能等等有广泛的运用。

（6）Python 支持命令式编程、面向对象程序设计、函数式编程、泛型编程等多种编程范式。Python 是完全面向对象（函数、模块、数字、字符串都是对象）的语言，并且完全支持继承、重载、派生、多继承，有益于增强代码的复用性。Python 支持重载运算符，因此，Python 也支持泛型设计。虽然 Python 可能被粗略地分类为"脚本语言"（script language），但实际上，一些大规模软件开发计划，如 Zope、Mnet、BitTorrent 及 Google 也广泛地使用它。

【例 4-20】 写出例 4-5 的 Python 语言程序。

```
n=int(input("请输入 n:"))
s=0
for i in range(1,n+1):
    s=s+i
print('1+2+3+...+', n, '=', s)
```

目前新语言研究方向是更贴近自然语言的计算机语言、图形化表达语言、积木式程序构造语言和专业领域化的内容表达与计算语言。

> **？思考与探索**
>
> 　　因为高级语言一般诞生于西方，所以这些语言的语句格式中使用的标点符号一定是英文标点符号，除非作为字符串中的内容，可以使用其他标点符号。语言中的对象的属性、方法、命令等术语本质是英文，学习时结合英文本意来记忆会大大提高学习效率。

基础知识练习

　　(1) 举例说明什么是数学建模？数学建模的意义何在？

　　(2) 什么是算法？

　　(3) 算法应具备哪些特征？

　　(4) 常用的算法设计策略有哪些？

　　(5) 算法的描述方式有哪些？

　　(6) 什么是算法的复杂度分析？

　　(7) 评价算法的标准有哪些？

　　(8) 设计一个算法，求 $1+2+4+\cdots+2^n$ 的值，并画出算法流程图。

　　(9) 某单位发放临时工工资，工人每月工作不超过 20 天时一律发放 2000 元。超过 20 天时分段处理：25 天以内，超过天数每天 100 元，25 天以上每天 150 元。设计一个算法，根据输入的天数，计算应发的工资，并画出程序框图。

　　(10) 找出由 n 个数组成的数列 x 中最大的数 Max。如果将数列中的每一个数字大小看成是一颗豆子的大小，我们可以利用一个"捡豆子"的生活算法来找到最大数，步骤如下：首先将第一颗豆子放入口袋中；从第二颗豆子开始比较，如果正在比较的豆子比口袋中的还大，则将它捡起放入口袋中，同时丢掉原先口袋中的豆子，如此循环直到最后一颗豆子；最后口袋中的豆子就是所有的豆子中最大的一颗。尝试用流程图表示这个算法。

　　(11) 写出用递归法计算 n! 的算法。

　　(12) 设计一个算法，找出 $[1,1000]$ 中所有能被 7 和 11 整除的数。

　　(13) 一张单据上有一个 5 位数的编号，万位数是 1，千位数时 4，百位数是 7，个位数、十位数已经模糊不清。该 5 位数是 57 或 67 的倍数，输出所有满足这些条件的 5 位数的个数。设计本问题的算法。

　　(14) 雨水淋湿了算术书的一道题，8 个数字只能看清 3 个，第一个数字虽然看不清，但可看出不是 1。设计一个算法求其余数字是什么？

$$[\Box \times (\Box 3 + \Box)]^2 = 8\Box\Box 9$$

　　(15) 有 5 个人，第 5 个人说他比第 4 个人大 2 岁，第 4 个人说他对第 3 个人大 2 岁，第 3 个人说他比第 2 个人大 2 岁，第 2 个人说他比第 1 个人大 2 岁，第 1 个人说他 10 岁。

求第 5 个人多少岁。利用本章所学问题求解的思维,设计本问题的算法。

（16）有个莲花池里起初有一只莲花,每过一天莲花的数量就会翻一倍。假设莲花永远不凋谢,30 天的时候莲花池全部长满了莲花,请问第 23 天的莲花占莲花池的几分之几? 利用本章所学问题求解的思维,设计本问题的算法。

（17）有一个农场在第一年的时候买了一头刚出生的牛,这头牛在第四年的时候就能生一头小牛,以后每年这头牛就会生一头小牛。这些小牛成长到第四牛又会生小牛,以后每年同样会生一头牛,假设牛不死,如此反复。请问 50 年后,这个农场会有多少头牛? 利用本章所学问题求解的思维,设计本问题的算法。

（18）列举递归和分治算法的生活实例。

（19）递推法也是一种逆向思维方式的体现,举例说明逆向思维方式的应用。

能力拓展与训练

1. 角色模拟

有一个物流公司需要研发物流管理软件。围绕软件的功能和性能需求,分组自选角色扮演用户和计算机技术人员,进行软件需求分析。要求写出软件需求分析报告。

> ❉提示：与用户沟通获取需求的方法有很多,包括访谈、发放调查表、使用情景分析技术、使用快速软件原型技术等。

2. 实践与探索

（1）搜索资料,学习使用回溯法解决八皇后问题。

（2）搜索资料,列出常用的查找和排序算法。

（3）搜索遗传算法、蚁群算法、免疫算法的资料,了解利用仿生学进行问题求解和算法设计的思维,写出研究报告。

（4）解析"软件＝程序＋数据＋文档"的含义。

3. 拓展阅读

算法虽然广泛应用在计算机领域,但却完全源自数学。实际上,最早的数学算法可追溯到公元前 1600 年,Babylonians 有关求因式分解和平方根的算法。

那么又是哪 10 个计算机算法造就了我们今天的生活呢? 请看下面的表单,排名不分先后：

（1）归并排序、快速排序和堆积排序。

哪个排序算法效率最高? 这要看情况。这也就是我把这 3 种算法放在一起讲的原因,可能你更常用其中一种,不过它们各有千秋。

归并排序算法,是目前为止最重要的算法之一,是分治法的一个典型应用,由数学家 John von Neumann 于 1945 年发明。

快速排序算法,结合了集合划分算法和分治算法,不是很稳定,但在处理随机列阵

（AM-based arrays）时效率相当高。

堆积排序，采用优先储列机制，减少排序时的搜索时间，同样不是很稳定。

与早期的排序算法相比（如冒泡算法），这些算法将排序算法提上了一个大台阶。也多亏了这些算法，才有今天的数据发掘，人工智能，链接分析，以及大部分网页计算工具。

（2）傅里叶变换和快速傅立叶变换。

这两种算法简单，但却相当强大，整个数字世界都离不开它们，其功能是实现时间域函数与频率域函数之间的相互转化。能看到这篇文章，也是托这些算法的福。因特网、Wi-Fi、智能机、座机、路由器、卫星等几乎所有与计算机相关的设备都或多或少与它们有关。不会这两种算法，你根本不可能拿到电子、计算机或者通信工程学位。

（3）Dijkstra演算法（Dijkstra's algorithm）。

可以这样说，如果没有这种算法，因特网肯定没有现在的高效率。只要能以"图"模型表示的问题，都能用这个算法找到"图"中两个结点间的最短距离。虽然如今有很多更好的方法来解决最短路径问题，但代克思托演算法的稳定性仍无法取代。

（4）RSA非对称加密算法。

毫不夸张地说，如果没有这个算法对密钥学和网络安全的贡献，如今因特网的地位可能就不会如此之高。现在的网络毫无安全感，但遇到钱相关的问题时我们必须要保证有足够的安全感，如果你觉得网络不安全，肯定不会傻乎乎地在网页上输入自己的银行卡信息。RSA算法，密钥学领域最牛叉的算法之一，由RSA公司的三位创始人提出，奠定了当今的密钥研究领域。用这个算法解决的问题简单又复杂：保证安全的情况下，如何在独立平台和用户之间分享密钥。

（5）哈希安全算法（Secure Hash Algorithm）。

确切地说，这不是一种算法，而是一组加密哈希函数，由美国国家标准技术研究所首先提出。无论是你的应用商店，电子邮件和杀毒软件，还是浏览器等等，都使用这种算法来保证你正常下载，以及是否被"中间人攻击"，或者"网络钓鱼"。

（6）整数质因子分解算法（Integer factorization）。

这其实是一个数学算法，不过已经广泛应用与计算机领域。如果没有这个算法，加密信息也不会如此安全。通过一系列步骤将，它可以将一个合成数分解成不可再分的数因子。很多加密协议都采用了这个算法，就比如刚提到的RSA算法。

（7）链接分析算法（Link Analysis）。

在因特网时代，不同入口间关系的分析至关重要。从搜索引擎和社交网站，到市场分析工具，都在不遗余力地寻找因特网的真正构造。链接分析算法一直是这个领域最让人费解的算法之一，实现方式不一，而且其本身的特性让每个实现方式的算法发生异化，不过基本原理却很相似。链接分析算法的机制其实很简单：你可以用矩阵表示一幅"图"，形成本征值问题。本征值问题可以帮助你分析这个"图"的结构，以及每个结点的权重。这个算法于1976年由Gabriel Pinski和Francis Narin提出。

谁会用这个算法呢？Google的网页排名，Facebook向你发送信息流时（所以信息流不是算法，而是算法的结果），Google+和Facebook的好友推荐功能，LinkedIn的工作推荐，Youtube的视频推荐，等等。普遍认为Google是首先使用这类算法的机构，不过其实早在 1996 年(Google 问世 2 年前)李彦宏就创建的 RankDex 小型搜索引擎就使用了这个思路。而 Hyper Search 搜索算法建立者马西莫·马奇奥里也曾使用过类似的算法。这两个人都后来都成为了 Google 历史上的传奇人物。

（8）比例微积分算法(Proportional Integral Derivative Algorithm)。

飞机、汽车、电视、手机、卫星、工厂和机器人等等事物中都有这个算法的身影。

简单来讲，这个算法主要是通过"控制回路反馈机制"，减小预设输出信号与真实输出信号间的误差。只要需要信号处理，或电子系统来控制自动化机械，液压和加热系统，都需要用到这个算个法。没有它，就没有现代文明。

（9）数据压缩算法。

数据压缩算法有很多种，哪种最好？这要取决于应用方向，压缩 mp3、JPEG 和 MPEG-2 文件都不一样。哪里能见到它们？不仅仅是文件夹中的压缩文件。你正在看的这个网页就是使用数据压缩算法将信息下载到你的电脑上。除文字外，游戏、视频、音乐、数据储存、云计算等等都是。它让各种系统更轻松，效率更高。

（10）随机数生成算法。

到如今，计算机还没有办法生成"正真的"随机数，但伪随机数生成算法就足够了。这些算法在许多领域都有应用，如网络连接、加密技术、安全哈希算法、网络游戏、人工智能以及问题分析中的条件初始化。

这个表单并不完整，很多与我们密切相关的算法都没有提到，如机器学习和矩阵乘法。另外，知识有限，如有纰漏，还望指正。

资料来源：http://www.ithome.com/html/it/87742.htm

4. 相关书籍

[1] 沙行勉. 计算机科学导论——以 Python 为舟（第 2 版）[M]. 北京：清华大学出版社，2016.

[2] 裘宗燕. 数据结构与算法：Python 语言描述[M]. 北京：机械工业出版社，2016.

[3] 王晓华. 算法的乐趣[M]. 北京：人民邮电出版社出，2015.

第 5 章 程序思维——程序设计基础（Python）

"Everybody in this country should learn how to program a computer··· because it teaches you how to think. "

——Steve Jobs(史蒂夫·乔布斯)

Life is short，you need Python.

——Bruce Eckel(MindView 公司总裁，

ANSI/ISO C++ 标准委员会拥有表决权的成员之一)

5.1　Python 起步

人类有了语言和文字后才有了蓬勃的文明发展；同样计算机也有了计算机语言后才有了与计算机沟通的程序。计算机语言、算法和程序是三位一体的，计算机语言是工具，算法是解题思路，是程序设计的灵魂，程序是用某种计算机语言来实现算法的技术。

一个算法若用计算机语言来书写，则它就是一个程序。计算机程序设计是为计算机规划、安排解题步骤的过程，一般来说由以下 4 个步骤组成：

（1）分析问题：在着手解决问题之前，要通过分析来充分理解问题，明确原始数据、解题要求、需要输出的数据及形式等。

（2）设计算法：首先进行算法的总体规划，然后逐层降低问题的抽象性，逐步充实其细节，直到最终把抽象的问题具体转化为算法。

（3）编码：用计算机语言表示算法的过程称为编码。程序是用计算机语言编码的解题算法。

（4）调试与测试程序：调试的任务是排除编码错误，保证程序稳定的运行，并对程序的局部功能和性能进行检查。测试的任务是排除逻辑错误和系统设计错误，对程序进行系统全面的检查，保证程序整体的功能和性能。

Python 具有简单易学，免费、开源，可扩展性、可嵌入性和可移植性强，代码规范、代码具有较好可读性，Python 标准库很丰富，支持命令式编程、面向对象程序设计、函数式编程、泛型编程等多种编程范式等特点，因此，可以说 Python 的设计哲学是"优雅""明确"和"简单"。

5.1.1 Python 的版本与环境搭建

1. Python 2. x 与 3. x 版本

Python 的版本,目前主要分为两大类:Python 2. x 版本的,被称为 Python2,例如 Python 2.7.3;Python 3. x 版本的,称为 Python3,例如 Python 3.5.2。现在大多数第三方库都相容 Python 3. x 版本。因此建议使用 3. x 版本,本书使用的是 Python 3.5.2。

2. Python 的环境搭建

Python 可应用于包括 Linux 和 Mac OS X 多平台,这些系统已经自带 Python 支持,不需要再配置安装了。可以通过终端窗口输入 python 命令来查看本地是否已经安装 Python 以及 Python 的安装版本,然后根据需要升级或安装。

(1) Python 下载。打开 Python 官网主页 https://www.python.org/后选择适合自己的版本下载并安装即可。本书所有示例均在 Windows 8 上使用 Python 3.5.2 进行开发和演示。

(2) Windows 平台上安装 Python。在 Window 平台上安装 Python 的简单步骤如下:

- 打开 Web 浏览器访问 https://www.python.org/download/。
- 在下载列表中选择 Window 平台安装包,包格式为 python-XYZ. msi 文件,其中 XYZ 为版本号;
- 下载后,双击下载包,进入 Python 安装向导,首先建议选择第二项自定义安装 (Custom installation),并选择最下面的 Add Python 3.5 to PATH 选项,如图 5.1 所示。此选项的功能是把 Python 的安装路径添加到系统路径下面,选中这个选项的话,安装好后就不用设置路径了,以后在命令行输入命令 python 就可调用 python. exe;否则会报错。

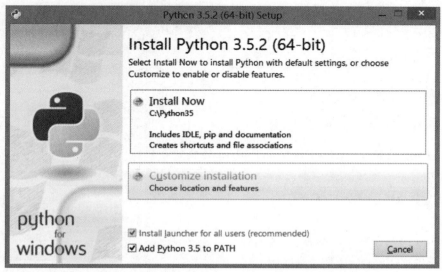

图 5.1　Python 安装界面

- 选择第二项自定义安装（Custom installation）后，就可以自行设置安装位置，可以设置简单一点的路径，例如，这里设置为 C：\Python35。

安装好 Python 后，在"开始"菜单选择 IDLE 命令，即可启动 Python 解释器并可以看到当前安装的 Python 版本号，如图 5.2 所示。

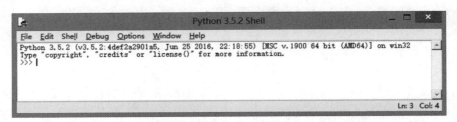

图 5.2　Python 3.5.2 主界面

注意：>>>是提示符，表示可以在它后面输入要执行的语句。在本书的示例中，带有符号>>>的代码是指在 IDLE 交互环境下运行的代码；不带此提示符的表示是以脚本程序的方式运行的。

（3）环境变量配置。程序和可执行文件可以在许多目录，而这些路径很可能不在操作系统提供可执行文件的搜索路径中。path（路径）存储在环境变量中，这是由操作系统维护的一个命名的字符串。这些变量包含可用的命令行解释器和其他程序的信息。

在环境变量中添加 Python 目录的方法有以下两种。

方法一：
- 打开控制面板中的"系统"对话框。
- 选择"高级系统设置"。
- 在"系统变量"对话框中单击右下角的"环境变量"按钮。
- 然后在 Path 行，添加 Python 安装路径即可。注意路径直接用分号"；"隔开。这里设置为 F：\Python35，如图 5.3 所示。
- 最终设置成功以后，在 cmd 命令行下，输入命令 python，就可以有相关显示，如图 5.4 所示。

方法二：
在命令提示框中输入命令：

```
path=%path%;C:\Python35
```

注意：这里 C：\Python35 是 Python 的安装目录。

5.1.2　Python 的开发环境

Python 的开发环境有很多，主要有以下 3 种方法。
1. 使用 Python 的交互式解释器
从"开始"菜单→"所有程序"→Python 3.5→Python 3.5（64-bit），即可启动 Python

大学计算机——计算文化与计算思维基础

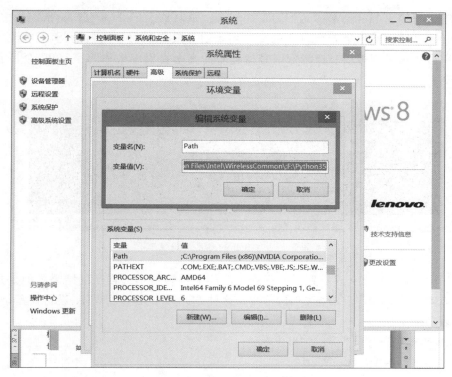

图 5.3　Python 环境变量设置

图 5.4　在命令提示符环境中输入命令

的交互式解释器窗口。在提示符＞＞＞下输入 Python 语句,回车后,系统就会立即执行这条语句。

例如,输入

`1+2`

将会在下一行输出 3。很简单,任何有效的数学计算都可以算出来。

例如,输入

`print("Hello World")`

将会在下一行输出 Hello World,如图 5.5 所示。如果要让 Python 打印出指定的文字,可以用 print()函数,然后把希望打印的文字用单引号或者双引号括起来,但不能混用单引号和双引号。这种用单引号或者双引号括起来的文本在程序中称为字符串,今后我们还会经常遇到。

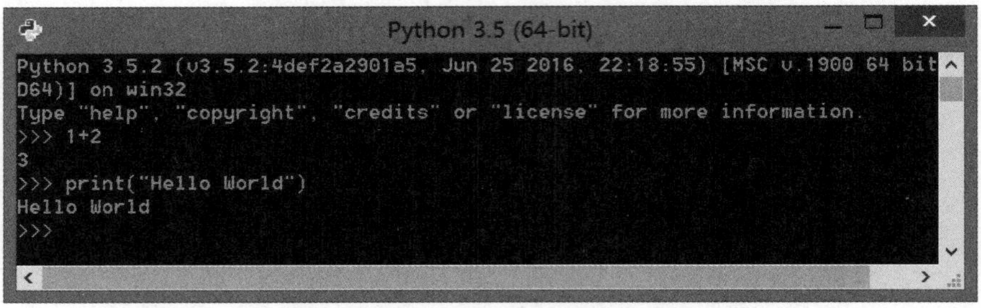

图 5.5　Python 的交互式解释器

使用 Python 的交互式解释器的优点是能马上看到每一行程序的结果。但是这样问答式的方式对于长程序就有些啰嗦了,所以这种方式通常用于短程序、进行简单计算、验证个别语句的语法等。

2. 使用记事本程序编辑 Python 程序

【例 5-1】　输出 Hello World。

以上面输出 Hello World 的例子为例,步骤如下:

(1) 使用记事本,输入以下内容(每行顶格写):

```
def main():
    print('Hello World')
main()
```

(2) 将其保存到已有的文件夹 F:\eg 中,文件名为 01.py。

🔖 **注意**:保存时,选择保存类型为"所有文件(＊.＊)",编码选择"UTF-8"。

(3) 选择开始菜单的"命令提示符",在命令提示符环境下,使用 cd 命令进入 Python 安装所在文件夹目录下(这里是 cd c:\python35),执行命令:

```
python ***.py
```

其中,***指的是要运行的程序所在的文件夹目录(这里是 python f:\eg\01.py),如图 5.6 所示。

🔔 **说明**:在 Windows 资源管理器中双击.py 文件,也可以运行 Python 程序,只是这时有可能看到一个窗口很快一闪而过,这说明程序已经运行,只是输出速度太快,为了看到输出结果,可以在程序末尾加一个 input 函数,例如:

```
input("程序运行结束,按 Enter 键退出。")
```

图 5.6　在命令提示符环境中运行程序

3. 使用 IDLE 集成开发环境编写和执行 Python 程序

安装后默认使用 IDLE 为集成开发环境,下面重点介绍,本书均以 IDLE 为例。

(1) IDLE 的启动。IDLE 是与 Python 一起安装的,只要确保安装画面中选中了 Tcl/Tk 组件(默认时该组件是处于选中状态的)。

安装 Python 后,可以从"开始"菜单→"所有程序"→Python 3.5→IDLE 来启动 IDLE。

启动 IDLE 后,首先映入我们眼帘的是 Python Shell,通过它可以在 IDLE 内部执行 Python 命令。除此之外,IDLE 还带有编辑器、交互式解释器和调试器。IDLE 启动后的初始窗口如图 5.7 所示。

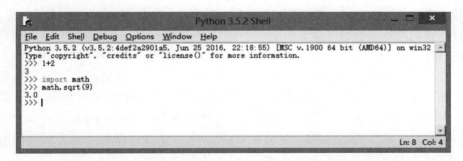

图 5.7　在命令提示符环境中输入命令

(2) IDLE 的交互编辑。打开 IDLE 后出现一个增强的交互命令行解释器窗口(具有比基本的交互命令提示符更好的剪切、粘贴等功能)。

在这个界面上即可进行简单交互程序的输入,如:

```
>>>1+2
3
>>>import math
>>>math.sqrt(9)
3.0
```

(3) IDLE 的文件编辑。如果需要编写大段的 Python 程序并复用,可以使用 IDLE 提供的文件编辑功能。

- 新建与编辑。按 Ctrl+N 或在 IDLE 的 File 菜单中选择 New File,则会打开一个新的空白窗口,在此窗口中即可进行大段落编程,注意每行顶格写。

【例 5-2】 程序 02.py。

```
def main():
    print('Hello World')
main()
```

【例 5-3】 程序 03.py。

```
age=input("How old are you?")
height=input("How tall are you?")
weight=input("How much do you weigh?")
print("So,you're %r old,%r tall and %r heavy."%(age,height,weight))
```

- 保存和运行。当完成编辑后,请按 Ctrl+S 或在 File 菜单中选择 Save 先保存文件。如果未保存直接运行将会出现提示,提醒用户请先保存。保存文件时,位置任意,但文件的扩展名必须为.py。

保存后,按 F5 键或选择 Run 菜单的 Run Module 进行运行。这时,如果程序无错误,即可在 IDLE 的交互编辑环境看到输出结果。由于此交互环境已经保存了刚运行的这个程序,所以可以继续在此交互环境中检查或者使用之前定义的变量、函数等信息,这对于调试程序非常有帮助。

(4) IDLE 的使用特性。IDLE 为开发人员提供了许多有用的特性,如自动缩进、语法高亮显示、单词自动完成以及命令历史等等,在这些功能的帮助下,能够有效地提高我们的开发效率。

- 缩进。当按 Enter 键之后,IDLE 自动进行了缩进。一般情况下,IDLE 将代码缩进一级,即 4 个空格。如果想改变这个默认的缩进量的话,可以从 Format 菜单选择 New indent width 项来进行修改。对初学者来说,需要注意的是尽管自动缩进功能非常方便,但是不能完全依赖它,因为有时候自动缩进未必完全合我们的心意,所以还需要仔细检查一下。

- 语法高亮显示。所谓语法高亮显示,就是给代码不同的元素使用不同的颜色进行显示,默认时,关键字显示为橘红色,注释显示为红色,字符串为绿色,定义和解释器的输出显示为蓝色,控制台输出显示为棕色。在输入代码时,会自动应用这些颜色突出显示。语法高亮显示的好处是,可以更容易区分不同的语法元素,从而提高可读性;与此同时,语法高亮显示还降低了出错的可能性。例如,如果输入的变量名显示为橘红色,那么就需要注意了,这说明该名称与预留的关键字冲突,所以必须给变量更换名称。

- 自动输入提示功能。自动输入提示是指当用户输入单词的一部分后,按 Alt+/组合键或从 Edit 菜单选择 Expand word 项,IDLE 就能够根据语法或上下文来补全该单词。对于 Python 的关键字,例如函数,只需输入的开头一个或几个字母,然后在 Edit 菜单选择 Show completetions,IDLE 就会给出一些列表选项请用户选择。IDLE 还可以显示语法提示,例如输入"print(",IDLE 会弹出一个语法提示框,显示 print 函数的语法格式。

- 命令历史功能。命令历史可以记录会话期间在命令行中执行过的所有命令。在提示符下,可以按 Alt＋P 组合键找回这些命令,每按一次,IDLE 就会从最近的命令开始检索命令历史,按命令使用的顺序逐个显示。按 Alt＋N 组合键,则可以反方向遍历各个命令,即从最初的命令开始遍历。

（5）使用 IDLE 的调试器。软件开发过程中,总免不了这样或那样的错误,其中有语法方面的,也有逻辑方面的。对于语法错误,Python 解释器能很容易地检测出来,这时它会停止程序的运行并给出错误提示。对于逻辑错误,解释器就鞭长莫及了,这时程序会一直执行下去,但是得到的运行结果却是错误的。所以,我们常常需要对程序进行调试。

- 最简单的调试方法是直接显示程序数据。例如,可以在某些关键位置用 print 语句显示出变量的值,从而确定有没有出错。但是这个办法比较麻烦,因为开发人员必须在所有可疑的地方都插入打印语句。等到程序调试完后,还必须将这些打印语句全部清除。
- 使用调试器来进行调试。利用调试器,可以分析被调试程序的数据,并监视程序的执行流程。调试器的功能包括暂停程序执行、检查和修改变量、调用方法而不更改程序代码等等。IDLE 也提供了一个调试器,帮助开发人员来查找逻辑错误。

下面简单介绍 IDLE 的调试器的使用方法。选择 Debug 菜单中的 Debugger 菜单项,就可以启动 IDLE 的交互式调试器。这时,IDLE 会打开 Debug Control 窗口,并在 Python Shell 窗口中输出[DEBUG ON]并后跟一个＞＞＞提示符。这样,就能像平时那样使用这个 Python Shell 窗口了。可以在 Debug Control 窗口查看局部变量和全局变量等有关内容。如果要退出调试器的话,可以再次单击 Debug 菜单中的 Debugger 菜单项,IDLE 会关闭 Debug Control 窗口,并在 Python Shell 窗口中输出[DEBUG OFF]。

在 IDLE 环境下,除了剪切(Ctrl＋X)、复制(Ctrl＋C)、粘贴(Ctrl＋V)、全选(Ctrl＋A)、撤消(Ctrl＋Z)等常规快捷键外,其他常用快捷键如下:

- Alt＋P：浏览历史命令(上一条)。
- Alt＋N：浏览历史命令(下一条)。
- Ctrl＋F6：重新启动 Shell,之前定义的对象和导入的模块全部失效。
- Alt＋/：自动单词完成,只要文中出现过,就可以帮你自动补齐。多按几次可以循环选择。
- Ctrl ＋]：缩进代码块。
- Ctrl ＋ [：取消缩进代码块。
- Alt＋3：注释代码行。
- Alt＋4：取消注释代码行。
- F1：打开 Python 帮助文档。

5.1.3 使用 pip 管理 Python 扩展库

pip 是一个安装和管理 Python 扩展库的工具。在 Windows 命令提示符环境下，可以使用 pip 来完成扩展库的安装、升级和卸载。在命令提示符输入：pip help，就可以看到所有 pip 命令及命令选项，如图 5.8 所示。

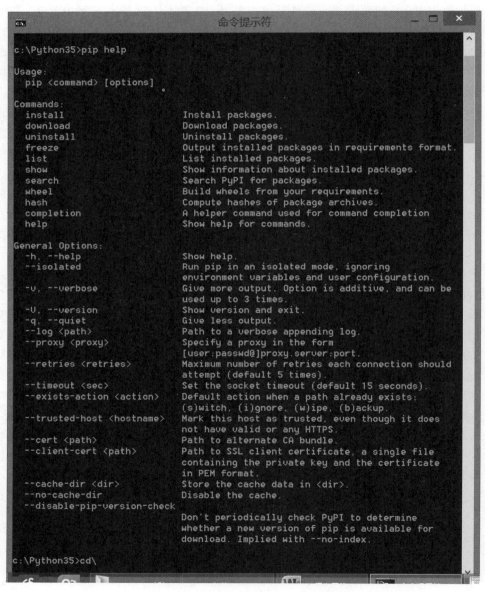

图 5.8 pip 命令

5.2　Python 编程基础

前面提到,传统程序的基本构成元素包括:常量、变量、运算符、内部函数、表达式、语句、自定义过程或函数等。现代程序增加了类、对象、消息、事件和方法等元素。高级语言体系和自然语言体系十分相似。计算机语言的学习过程一般是:基本符号及书写规则→常量、变量→运算符和表达式→语句→过程、函数→程序。

5.2.1　标识符和关键字

标识符是程序中用来表示变量、函数、类、模块和其他对象的名称。例如,在例 5-3 中 age、height、weight 都是标识符。

1. 标识符的命名规则

在 Python 中,标识符由字母、数字以及下画线组成,不能以数字开头,不能与 Python 中的关键字(保留字)相同。Python 中的标识符区分大小写,不限定长度。

注意:在 Python 3.x 中,标识符还可以使用 Unicode 编码的字母,即可以使用阿拉伯语、中文、日语或俄语字符或 Unicode 字符集支持的任意其他语言中的字符进行命名,但不建议这样使用。

2. Python 关键字

表 5.1 显示了在 Python 中的关键字。

注意:所有 Python 的关键字只包含小写字母。

表 5.1　Python 中的关键字

and	def	exec	if	not	return
assert	del	finally	import	or	try
break	elif	for	in	pass	while
class	else	from	is	print	with
continue	except	global	lambda	raise	yield

在交互方式中输入 help()→keywords 可以进入帮助系统,查看所有的关键字列表,并可以根据提示查看某个关键字的说明信息。要退出帮助系统,使用 quit 命令。

3. 预定义的标识符

Python 中包含许多预定义的内置类、异常、函数等,如 float、input、print 等。用户应避免使用它们作为标识符。

在交互方式中输入 dir(_ _builtins_ _)可以查看所有的内置类、异常、函数名(注意

builtins 前后都是两个下画线)。

4. 以下画线开头的标识符

以下画线开头的标识符是有特殊意义的,以单下画线开头(例如_foo)表示不能直接访问的类属性,需通过类提供的接口进行访问,不能用"from xxx import *"来导入;以双下画线开头的(例如_ _foo)表示类的私有成员;以双下画线开头和结尾的(_ _foo_ _)表示 Python 中特殊方法专用的标识,如_ _init_ _()代表类的构造函数。

5.2.2 程序的书写规则

1. 程序的构成元素

常量是在程序执行期间值不能发生改变的量,如 123、123.45、"sum="等。

变量是在程序运行过程中其值可以发生变化的量。变量具有名字、数据类型和值等属性。

表达式是常量、变量和运算符按一定规则连接而成的式子,单个的常量或变量可以看作表达式的特例,如 123、score、1+2、a+b 等。

能表达完整意义的命令就构成一条语句,表达式也能构成语句,如:

```
a=5
1+2
a+b
```

在 Python 中,一行就是一条语句,一行也可以写多个语句,中间用分号隔开,如:

```
a=5; b=10
```

如果一条语句需要分成多行写,可以使用反斜杠表示续行。这种写法可读性差,不建议使用。如:

```
a=(x+y-3) * 8+(x * y-x+29)/2\
  -(y+3) * (x+2)
```

如果数据是元组、列表、字典,数据元素可以分多行书写不需要续行符。

2. 行和缩进

Python 最具特色的就是用缩进来写模块。缩进就是在一行中输入若干空格或制表符(按 Tab 键产生)后,再开始书写字符。缩进量相同的是一组语句,称为构造块或程序段。像 if、while、def 和 class 这样的复合语句,首行以关键字开始,以冒号(:)结束,该行之后的一行或多行代码构成程序段。我们将首行及后面的代码组称为一个子句。

建议在每个缩进层次使用四个空格,不建议使用制表符,因为不同的系统中产生的缩进量有可能不同。

【例 5-4】 程序 04.py,正确的缩进书写。

```
if True:
```

```
    print ("True")
else:
    print ("False")
```

【例 5-5】 请分析，下面程序 05.py 运行后，为什么会出现语法错误？

```
if True:
    print ("Answer")#缩进 4 个空格
    print ("True")#缩进 4 个空格
else:
  print ("Answer") #缩进 2 个空格
    print ("False")#缩进 4 个空格
```

3. 注释

Python 中单行注释采用 # 开头，如例 5-5。

Python 中多行注释使用三个单引号(''')或三个双引号(""")。如：

```
'''
此程序的功能是计算数列的和。
其中 Sum 代表数列和。
05.py
'''
```

又如：

```
"""
此程序的功能是利用选择结构根据不同的行李重量计算运费。
其中 w 代表行李重量，s 代表运费。
"""
```

4. 关键字与大小写

Python 对大小写敏感。关键字的各种自定义标识符在使用时区别大小写。初学时一定要注意，例如，if 不能写成 If 或 IF，score 和 Score 是两个不同的变量名。

5. 空语句

如果一行中什么也没有，或只有空格、Tab 制表符、换页符和注释，也是一条语句，称为空语句。空语句往往用来使程序层次更清晰。

5.2.3 基本的输入和输出

任何计算机程序都是为了执行一个特定的任务，有了输入，用户才能告诉计算机程序所需的信息，有了输出，程序运行后才能告诉用户任务的结果。输入是 Input，输出是 Output，因此，我们把输入/输出统称为 Input/Output，或者简写为 IO。input()和 print()是在命令行下最基本的输入和输出。

1. 输入

Python 提供了一个 input 函数,可以让用户输入字符串,并存放到一个变量里。格式如下:

<变量>=input([提示])

其中提示可以缺省。

例如,当输入

```
>>>name =input("请输入你的名字:")
```

并按下 Enter 键后,Python 交互式命令行就会出现提示

"请输入你的名字:"

并等待你的输入。输入完成后,Python 交互式命令行又回到>>>状态了。刚才输入的内容存放到 name 变量里了。可以直接输入 name 查看变量内容:

```
>>>name
'Helen'
```

又如:

```
>>>name =input()
Helen
```

因为 input 函数的返回值是字符串类型,所以如果要输入整数和实数,需要使用 int()和 float()转换成整数和实数。

例如:

```
a=int(input("请输入整数:"))
b=float(input("请输入实数:"))
```

这时,程序运行时,a 和 b 就只能分别输入整数和实数,不能输入字符。

2. 输出

输出使用 print 函数,格式如下:

```
print(<输出项列表>,[ sep=<分隔符>, end=<结束符>])
```

其中:

- 输出项列表:指用逗号分隔开多项内容。
- sep=<分隔符>:指可以设置分隔符,如 sep=',默认为空格。此项可以省。
- end=<结束符>:指可以设置结束符,如 end=';默认为换行符。此项可以省。

(1) print()在括号中加上字符串,就可以向屏幕上输出指定的文字。例如:

```
>>>print('The quick brown fox', 'jumps over', 'the lazy dog')
```

print()会依次打印每个字符串,遇到逗号","会输出一个空格,因此,输出的字符串:

```
The quick brown fox jumps over the lazy dog
```

又如,如果上例加上后两项设置结果如下:

```
>>>print('The quick brown fox', 'jumps over', 'the lazy dog', sep=',',end=';')
The quick brown fox,jumps over,the lazy dog;
```

(2) print()也可以打印整数,或者计算结果。例如:

```
>>>print(100+200)
300
```

可以把计算 100+200 的结果打印得更漂亮一点:

```
>>>print('100+200=', 100+200)
100+200=300
```

🐾 **注意**:对于100+200,Python 解释器自动计算出结果300,但是,'100+200='是字符串而非数学公式,Python 把它视为字符串,原样输出。

有了输入和输出,就可以把前面打印"Hello,World"的程序改成有点意义的程序了:

```
name=input('please enter your name: ')
print('hello,', name)
```

运行上面的程序,第一行代码会首先显示:

```
please enter your name:
```

用户输入名字后存入 name 变量中;第二行代码会根据用户的名字向用户问候 hello,例如输入 Helen,就会输出:

```
hello, Helen
```

5.2.4　常量、变量和对象

1. 常量

常量是在程序执行期间值不能发生改变的量。

在 Python 中,常量主要有两种:直接常量和符号常量。

(1) 直接常量。直接常量就是各种数据类型的常数值,如 123、123.45、True、False、'abc'等。

(2) 符号常量。符号常量是具有名字的常数,用名字取代永远不变的数值。

在一些模块中有时用到符号常量,如常用的 math 模块中的 pi 和 e。

```
>>>from math import *
>>>pi
3.141592653589793
>>>e
2.718281828459045
```

2. 对象

Python 中,一切皆对象。数据、符号、函数等都是对象。Python 中每一个对象都有唯一的身份标识(Identity,id)、一种类型和一个值。

(1) 对象的 id 是一个整数,一旦创建就不再改变,可以把它当作对象在内存中的地址,使用 id()函数可以获得对象的 id 标识。如:

```
>>>id(107)
1503203088
>>>id('abc')
243623031952
```

(2) 对象的类型决定了对象支持的操作,也定义了对象的取值范围。对象的类型也不能改变。使用 type()函数可以返回对象的类型。如:

```
>>>type(107)
<class 'int'>
>>>type('abc')
<class 'str'>
```

(3) 根据对象的值是否可以改变,分为可变对象和不可变对象。Python 中大部分对象是不可变对象,如数值对象、字符串、元组等。字典、列表等是可变对象。

3. 变量

变量是在程序运行过程中其值可以发生变化的量。变量具有名字、数据类型和值等属性。

Python 的变量不需要声明,可以直接使用赋值运算符"="对其赋值,根据所赋的值来决定其数据类型。

变量指向一个对象,从变量到对象的连接称为引用。例如:

```
x=5
```

表示创建了一个整型对象 5、变量 x,并使变量 x 连接到对象 5,也称变量 x 引用了对象 5 或 x 是对象 5 的一个引用。

Python 采用的是基于值的内存管理方式,如果为不同变量赋值相同值,则在内存中只有一份该值,多个变量指向同一块内存地址,多个变量可以引用同一个对象,一个变量也可以引用不同的对象(id 不同)。如:

```
>>>x=107
>>>y=107
>>>id(x)
1503203088
>>>id(y)
1503203088
>>>y=2222
>>>id(y)
```

5.3 常用数据类型：数字、字符串和布尔型

在内存中存储的数据可以有多种类型。在 Python 中的数据类型主要有数字类型、Bool(布尔)型、序列类型(包括字符串、列表、元组、字典和集合类型)。

5.3.1 数字类型

数字类型用于存储数值。改变数字数据类型会分配一个新的对象。

当指定一个值时，Number 对象就会被创建，如：

```
var1=1
var2=10
```

可以通过使用 del 语句删除单个或多个对象。del 语句的语法如下：

```
del var1[,var2[,var3[....,varN]]]
```

例如：

```
del var_a, var_b
```

Python 支持三种不同的数值类型：int(有符号整型)、float(浮点型)和 complex(复数)。

1. 整数

在 Python 3.x 中，不再区分整数和长整数。整数的取值范围受限于运行 Python 程序的计算机内存大小。

整数类型有 4 种进制表示：十进制、二进制、八进制和十六进制，默认使用十进制，其他进制需要增加前导符，如表 5.2 所示。

表 5.2 整数类型的 4 种进制表示

进　　制	前导符	描　　述
十进制	无	默认情况，例如，123，−125
二进制	0b 或 0B	例如，0b11 则表示十进制的 3
八进制	0o 或 0O	例如，0o11 则表示十进制的 9
十六进制	0x 或 0X	例如，0x11 则表示十进制的 17

2. 浮点数类型

Python 的浮点数就是数学中的小数,类似 C 语言中的 double。浮点数可以用数学写法,如 1.23、3.14、-9.01,等等。但是对于很大或很小的浮点数,就必须用科学计数法表示,把 10 用 e 替代,1.23×10^9 就是 1.23e9,或者 12.3e8,0.000012 可以写成 1.2e-5,等等。

在运算中,整数与浮点数运算的结果是浮点数,整数和浮点数在计算机内部存储的方式是不同的,整数运算永远是精确的,而浮点数运算则可能会有四舍五入的误差。

Python 要求所有浮点数必须带有小数部分,小数部分可以是 0,这种设计可以很好地区分浮点数和整数类型。

Python 浮点数的数值范围和小数精度受不同计算机系统的限制,使用 Python 变量 sys.float_info 可以查看所运行系统的浮点数各项参数,依次为最大值、基数为 2 时最大值的幂、基数为 10 时最大值的幂、最小值、基数为 2 时最小值的幂、基数为 10 时最小值的幂、能准确计算的浮点数的最大个数、科学计数法中系数的最大精度、计算机所能分辨的两个相邻浮点数的最小差值。如:

```
>>>import sys
>>>sys.float_info
sys.float_info(max=1.7976931348623157e+308, max_exp=1024, max_10_exp=308, min
=2.2250738585072014e-308, min_exp=-1021, min_10_exp=-307, dig=15, mant_dig=
53, epsilon=2.220446049250313e-16, radix=2, rounds=1)
```

3. 复数类型

复数由实数部分和虚数部分组成,一般形式为 x+yj,其中的 x 是复数的实数部分,y 是复数的虚数部分,这里的 x 和 y 都是实数。注意,虚数部分的字母 j 大小写都可以,如 5.6+3.1j,5.6+3.1J 是等价的。

对于复数 z,可以用 z.real 和 z.imag 分别获得它的实数部分和虚数部分。如:

```
>>>a=1+2j
>>>a.real
1.0
>>>a.imag
2.0
```

5.3.2 数字类型的运算

运算符是用来连接运算对象,进行各种运算的操作符号。Python 解释器为数字类型提供数值运算操作符、数值运算函数和类型转换函数等。

1. 数值运算符

数值运算符如表 5.3 所示,其中"+""-"运算符在单目运算(单个操作数)中取正号和负号运算,在双目运算(两个操作数)中做算术减运算,其余都是双目运算符。

表 5.3　数值运算符、位运算符与示例

运　算　符	描　　　述	优　先　级	示　　　例

**	幂运算	1	>>> 2**3
			8
			>>> 27**(1/3)
			3.0

~	按位取反(按操作数的二进制数运算,1取反为0,0取反为1)	2	>>> ~5 −6 因为5的9位二进制为00000101,按位取反为11111010,即−6
+、−	一元加号、一元减号	3	+3的结果是3、−3的结果是−3

*、/、//、%	乘法、除法、整商、求余数(模运算)	4	>>> 2 * 3
			6
			>>> 10/3
			3.3333333333333335
			>>> 10//3
			3
			>>> 10%3
			1

+、−	加法、减法	5	>>> 10+3
			13
			>>> 10−3
			7

<<、>>	向左移位、向右移位	6	>>> 3<<2
			12
			>>> 3>>2
			0

&	按位与(将两个操作数按相同位置的二进制位进行操作,两者均是1时结果为1,否则为0)	7	>>> 2&3 2
^	按位异或(将两个操作数按相同位置的二进制位进行操作,不相同时结果为1,否则为0)	8	>>> 2^3 1
|	按位或(将两个操作数按相同位置的二进制位进行操作,只要有一个为1结果即为1,否则为0)	9	>>> 2|3 3

数字类型之间相互运算所生成的结果是"更宽"的数据类型。即:整数<浮点数<复数,基本规则如下。

(1) 整数之间运算,如果数学意义上的结果是整数,结果是整数。

(2) 整数之间运算,如果数学意义上的结果是小数,结果是浮点数。

(3) 整数和浮点数混合运算,输出结果是浮点数。

(4) 整数或浮点与复数运算,输出结果是复数。

如：

```
>>>123+4.0
127.0
>>>5.0-1+2j
(4+2j)
```

表5.4列出了Python语言支持的赋值运算符。假设变量a＝10,变量b＝20。

表5.4　赋值运算符与示例

运算符	描　　述	示　　例
＝	简单的赋值运算符,把右侧操作数赋给左侧操作数	c＝a＋b
＋＝	加和赋值操作符,把右操作数与左操作数的和赋给左操作数	c＋＝a类似于c＝c＋a
－＝	减和赋值操作符,左边操作数减去右操作数,并将结果赋给左操作数	c－＝a类似于c＝c－a
＊＝	乘法和赋值操作符,右操作数与左操作数相乘,并将结果赋给左操作数	c＊＝a类似于c＝c＊a
/＝	除和赋值操作符,左操作数除以右操作数,并将结果赋给左操作数	c/＝a类似于c＝c/a
％＝	模量和赋值操作符,两个操作数取模,并将结果赋给左操作数	c％＝a类似于c＝c％a
＊＊＝	指数和赋值运算符,执行指数(幂)计算操作符,并将结果赋值给左操作数	c＊＊＝a类似于c＝c＊＊a
//＝	整商和赋值运算符,执行整数商计算操作符,并将结果赋值给左操作数	c//＝a类似于c＝c//a

2. 内置的数值运算函数

在Python解释器提供了一些内置函数,其中的一些数值运算函数如表5.5所示。

表5.5　内置的常用数值运算函数与示例

函　　数	描　　述	示　　例

abs(x)	求绝对值,参数可以是整型,也可以是复数;若参数是复数,则返回复数的模	>>> abs(-5)
		5
		>>> abs(3+4j)
		5.0

divmod(a, b)	分别向下取商和求余数	>>> divmod(10,3)
		(3, 1)
		>>> divmod(-10,3)
		(-4,2)
		>>> divmod(10.6,3)
		(-4.0, 1.4000000000000004)

函　数	描　述	示　例

pow(x,y[,z])	返回以 x 为底,y 为指数的幂。如果给出 z 值,该函数就计算 x 的 y 次幂值被 z 取模的值
	pow()函数将幂运算和模运算同时进行,速度快,在加密解密算法和科学计算中非常适用
		>>> pow(2,4)
		16
		>>> pow(2,4,3)
		1

round(x[,n])	返回 x 的四舍五入值,如给出 n 值,则代表舍入到小数点后的位数	>>> round(3.333)
		3
		>>> round(3.333,2)
		3.33

max(x1,x2,…,xn)	返回 x1,x2,…,xn 的最大值,参数可以为序列	>>> max(1,2,3,4)
		4
		>>> max((1,2,3),(2,3,4))
		(2, 3, 4)

min(x1,x2,…,xn)	返回 x1,x2,…,xn 的最小值,参数可以为序列	>>> min(1,2,3,4)
		1
		>>> min((1,2,3),(2,3,4))
		(1, 2, 3)

💡 **注意**:函数中参数之间使用英文逗号,否则出现语法错误。

如:

```
>>>pow(2,4,3)
SyntaxError: invalid character in identifier
```

3. 内置的数字类型转换函数

前面提到,在 Python 中,数字类型之间相互运算所生成的结果是"更宽"的数据类型,即数值运算符可以隐式地转换输出结果的数字类型。此外,通过内置的数字类型转换函数可以显式地进行转换,如表 5.6 所示。

表 5.6　内置的常用数字类型转换函数与示例

函　数	描　述	示　例

int(x[,base])	把一个数字或字符串 x 转换成整数(舍去小数部分),base 为可选参数,指定 x 的进制,默认为十进制	>>> int(3.9)
		3
		>>> int("13")
		13
		>>> int("14",8)
		12

函　　数	描　　述	示　　例

float(x)	把一个数字或字符串 x 转换成浮点数	>>> float(12)
		12.0
		>>> float("12")
		12.0
		注意：复数不能直接转换成其他数字类型，可以通过.real 和.imag 将复数的实部或虚部分别进行转换。如：
		>>> float((10+99j).imag)
		99.0

complex(real[,imaginary])	把字符串或数字转换为复数。如果第一个参数(实数部分)为字符串，则不需要指定第二个参数(虚数部分)	>>> complex("2+1j")
		(2+1j)
		>>> complex("2")
		(2+0j)
		>>> complex(2,1)
		(2+1j)

5.3.3　字符串类型

1. 字符串的界定符

字符串是 Python 中最常用的数据类型。可以使用引号(单引号、双引号和三引号)来创建字符串。如：

```
>>>var1 ='Hello World!'
>>>print("var1: ", var1)
var1:  Hello World!
```

使用单引号作为界定符时，可以使用双引号作为字符串的一部分。如：

```
>>>print('"x=:"')
"x=:"
```

使用双引号作为界定符时，可以使用单引号作为字符串的一部分。如：

```
>>>print("'x=:'")
'x=:'
```

使用三引号作为界定符时，可以使用单引号或双引号作为字符串的一部分，也可以换行。如：

```
>>>print('''"python"''')
"python"
>>>print('''hello
```

```
python''')
hello
python
```

2. Python 转义字符

在需要在字符中使用特殊字符时，Python 用反斜杠(\)转义字符，如表 5.7 所示。

表 5.7　Python 转义字符

转 义 字 符	描　　　述
\(在行尾时)	续行符
\\	反斜杠符号
\'	单引号
\"	双引号
\a	响铃
\b	退格(Backspace)
\e	转义
\000	空
\n	换行
\v	纵向制表符
\t	横向制表符
\r	回车
\f	换页
\oyy	八进制数，yy 代表的字符，例如：\o12 代表换行
\xyy	十六进制数，yy 代表的字符，例如：\x0a 代表换行
\other	其他的字符以普通格式输出

5.3.4　字符串类型的运算

1. 字符串运算符

字符串运算符如表 5.8 所示。

表 5.8　字符串操作符与示例

运　算　符	描　　　述	示　　　例
+	字符串连接	>>> 'Hello'+'Python' 'HelloPython'
*	x*n 或 n*x 表示重复输出 n 次字符串 x	>>> 'Hello' * 2 'HelloHello'

运 算 符	描 述	示 例

in	成员运算符,如果字符串中包含给定的字符返回 True,否则返回 False	>>> 'h' in 'hello'
		True
		>>> 'H' in 'hello'
		False

not in	成员运算符,如果字符串中不包含给定的字符返回 True,否则返回 False	>>> 'h' not in 'hello'
		False
		>>> 'H' not in 'hello'
		True

[]	通过索引获取字符串中字符(第 1 个字符索引值为 0)	>>> a='Hello'
		>>> a[1]
		'e'

[:]	截取字符串中的一部分(第 1 个字符索引值为 0)	>>> a='Hello'
		>>> a[1:4]
		'ell'

2. 字符串类型的格式化

Python 支持格式化字符串的输出。尽管这样可能会用到非常复杂的表达式,但最基本的用法是将一个值插入到一个有字符串格式符 %s 的字符串中。如:

```
>>>print ("My name is %s and weight is %d kg!" % ('xiaoming', 61))
My name is xiaoming and weight is 61 kg!
```

另外,在后续版本中 Python 已经不再使用类似 C 语言中 Printf 的格式化方法,主要采用 format()方法进行字符串格式化,建议读者尽量采取此方法。

(1) format()方法的基本使用格式。format()方法的基本使用格式如下:

<模板字符串>.format(<逗号分隔的参数>)

用法:将<逗号分隔的参数>按照序号关系替换到<模板字符串>的一个个大括号"{}"所代表的槽中(从 0 开始编号),若无序号则按照出现顺序替换。如:

```
>>>"My name is {} and weight is {}!".format("xiaoming",60)
'My name is xiaoming and weight is 60!'
```

如果需要输出大括号,用两层嵌套即可,如:

```
>>>"圆周率{{{1}{2}}}是{0}".format("无理数",3.1415926,"")
'圆周率{3.1415926}是无理数'
```

(2) format()方法的格式控制。format()方法中模板字符串的"{}"所代表的槽中,除了可以包括参数序号,还可以包括格式控制信息,格式如下,均是可选参数。

{[参数序号]:[填充][对齐][宽度][,][.精度][类型]}

• 填充:指宽度内除了参数外的字符采用什么方式表示,默认为空格。

- 对齐：指宽度内参数输出的对齐方式，分别使用<、>、^表示左对齐、右对齐和居中对齐，默认左对齐。
- 宽度：指定参数输出的字符宽度，如果参数实际宽度大，则使用实际宽度，如果实际宽度小，则默认用空格填充。
- 逗号：用于显示数字类型的千位分隔符。
- 精度：表示浮点数的小数部分输出的有效位数或者字符串输出的最大长度。
- 类型：通过格式化符号控制输出格式，Python 字符串格式化符号如表 5.9 所示。

表 5.9　字符串格式化符号

格式化符号	描　　述
c	输出对应的 ASCII 字符
b	输出二进制整数
d	输出十进制整数
o	输出八进制整数
x、X	输出十六进制数（小写、大写）
e、E	输出浮点数的指数形式（基底写为 e、E）
f	输出浮点数的标准浮点形式，可指定小数点后的精度
g、G	f 和 e 的功能组合、f 和 E 的功能组合
%	输出浮点数的百分形式

例如：

```
>>>s="python"
>>>"{0:30}".format(s)
'python                        '
>>>"{0:>30}".format(s)
'                        python'
>>>"{0:*^30}".format(s)
'************python************'
>>>"{0:3}".format(s)
'python'
>>>"{0:-^20,}".format(12345.6789)
'----12,345.6789-----'
>>>"{0:.2f}".format(12345.6789)
'12345.68'
>>>"{0:.4}".format("python")
'pyth'
>>>"{0:c},{0:b},{0:d},{0:o},{0:x},{0:X}".format(20)
'\x14,10100,20,24,14,14'
>>>"{0:e},{0:E},{0:f},{0:F},{0:g},{0:G},{0:%}".format(1230000)
'1.230000e+06,1.230000E+06,1230000.000000,1230000.000000,1.23e+06,1.23E+06,
```

123000000.000000%'

3. 内置的字符串运算函数

在 Python 解释器提供了一些内置函数,其中字符串运算函数如表 5.10 所示。

表 5.10　内置的常用字符串运算函数与示例

函　　数	描　　述	示　　例
len(x)	返回字符串 x 的长度(1 个英文和中文字符都是 1 个长度单位),或其他组合数据类型的元素个数	>>> len("Python,你好!") 10
str(x)	返回任意类型 x 的字符串形式	>>> str(123.45) '123.45'
eval(x)	计算字符串 x 中有效的表达式值	>>> eval('2 + 2') 4
chr(x)	返回 Unicode 编码 x 对应的单字符	>>> chr(65) 'A'
ord(x)	返回单字符 x 对应的 Unicode 编码	>>> ord("A") 65
hex(x)	返回整数 x 对应十六进制数的小写形式字符串	>>> hex(12) '0xc'
oct(x)	返回整数 x 对应八进制数的小写形式字符串	>>> oct(9) '0o11'

4. 内置的字符串处理方法

在 Python 解释器内部,所有数据类型都采用面向对象方式实现,封装为一个类,字符串也是一个类,共包含 43 个内置方法,常用方法见表 5.11 所示(其中 string 代表字符串)。

表 5.11　内置的常用字符串处理方法与示例

方　　法	描　　述	示　　例
string. lower()	转换 string 中所有字符为小写	>>> 'Abc'. lower() 'abc'
string. upper()	转换 string 中所有字符为大写	>>> 'Abc'. upper() 'ABC'
string. islower()	如果 string 所有字符都是小写,返回 True,否则返回 False	>>> 'Abc'. islower() False
string. isprintable()	如果 string 所有字符都是可打印的,返回 True,否则返回 False	>>> 'Abc'. isprintable() True
string. isalpha()	如果 string 所有字符都是字母,返回 True,否则返回 False	>>> '123a'. isalpha() False
string. isnumeric()	如果 string 所有字符都是数字,返回 True,否则返回 False	>>> '123a'. isnumeric() False
string. isspace()	如果 string 所有字符都是空格,返回 True,否则返回 False	>>> '　'. isspace() True

方　　法	描　　述	示　　例

string. startswith (obj, [start[,end]])	检查字符串是否在 start 至 end 指定的范围内以 obj 开头,是则返回 True,否则返回 False	>>> 'abcde'. startswith('a')
		True
		>>> 'abcde'. startswith('a',1,3)
		False

string. endswith (obj, [start [,end]])	检查字符串是否在 start 至 end 指定的范围内以 obj 结束,如果是,返回 True,否则返回 False	>>> 'abcde'. endswith('e')
		True
		>>> 'abcde'. endswith('e',0,3)
		False

string. split(str=""[, num = string. count (str)])	以 str 为分隔符切片 string,如果 num 有指定值,则仅分隔 num+个子字符串	>>> '192.168.3.2'. split('.')
		['192', '168', '3', '2']
		>>> '192.168.3.2'. split('.', 2)
		['192', '168', '3.2']

string. count (str, [start[,end]])	返回 start 至 end 指定的范围内 str 在 string 里面出现的次数	>>> 'abcade'. count('a')
		2
		>>> 'abcade'. count('a', 2,5)
		1

string. replace (str1, str2, num = string. count(str1))	把 string 中的 str1 替换成 str2,如果 num 指定,则替换前 num 次.	>>> 'abcade'. replace('a', '2')
		'2bc2de'
		>>> 'abcade'. replace('a', '2',1)
		'2bcade'

string. center(width)	返回一个原字符串居中,并使用空格填充至长度 width 的新字符串	>>> 'abcde'. center(7)
		' abcde '
		>>> 'abcde'. center(8)
		' abcde '
		>>> 'abcde'. center(1)
		'abcde'

string. lstrip()	截掉 string 左边的空格	>>> ' abcde '. lstrip() 'abcde '
string. rstrip()	删除 string 字符串末尾的空格	>>> ' abcde '. rstrip() ' abcde'
string. strip([obj])	在 string 上执行 lstrip()和 rstrip()	>>> ' abcde '. strip() 'abcde'

string. zfill(width)	返回长度为 width 的字符串,原字符串 string 右对齐,前面填充 0	>>> 'abc'. zfill(5)
		'00abc'
		>>> '-123'. zfill(5)
		'-0123'

string. join(seq)	以 string 作为分隔符,将组合数据类型 seq 变量中所有的元素(的字符串表示)合并为一个新的字符串	>>> color='red','blue','green'
		>>> '&'. join(color)
		'red&blue&green'

5.3.5 布尔类型

Python 中的 Bool(布尔)类型用于逻辑运算,包含两个值:True(真)或 False(假),分别对应 1 和 0。Python 指定任何非 0 和非空(null)值为 True,0 或者 null 为 False。

如:

```
>>>True ==1
True
>>>False ==0
True
>>>True +False +2
3
```

5.4　数据类型:列表

5.4.1　列表

序列是 Python 中最基本的数据结构。序列中的每个元素都分配一个数字——它的位置或索引,第一个索引是 0,第二个索引是 1,以此类推。序列类型最常见的是列表和元组。

序列可以进行的操作包括索引、切片、加、乘、检查成员。此外,Python 已经内置确定序列的长度以及确定最大和最小的元素的方法。

列表是一组有序存储的数据。例如,菜单就是一种列表。其主要特点如下:

(1) 列表是一个有序序列。

(2) 列表可以包含任意类型的对象。

(3) 列表是可变的:可以添加或删除列表成员,可以直接修改列表成员。

(4) 列表存储的是对象的引用,而不是对象本身。

5.4.2　列表基本操作

1. 创建列表

创建一个列表,可以使用方括号将逗号分隔的不同的数据项括起来或使用 list()函数。

list()方法语法:

```
list(seq)
```

作用:将元组 seq 转换为列表。

如：

```
>>> ['physics', 'chemistry', 1997, 2000]
['physics', 'chemistry', 1997, 2000]
>>> list('abcd')
['a', 'b', 'c', 'd']
```

2. 访问列表中的值

可以使用下标索引来访问列表中的值，也可以使用方括号的形式截取字符，如下：

```
>>> x = [1, 2, 3, 4, 5, 6, 7]
>>> print ('x[1:5]:', x[1:5])
x[1:5]: [2, 3, 4, 5]
```

3. 修改或添加列表元素

（1）直接修改列表元素。如：

```
>>> x = [1, 2, 3, 4, 5, 6, 7]
>>> x[2]='a'
>>> print ("x[1:5]: ", x[1:5])
x[1:5]:  [2, 'a', 4, 5]
```

（2）添加单个对象。使用 append()方法可以在列表末尾添加一个对象，append()方法语法：

```
list.append(obj)
```

作用：将对象 obj 添加到列表 list。

如：

```
>>> x = [1, 2, 3, 4, 5, 6, 7]
>>> x.append('a')
>>> x
[1, 2, 3, 4, 5, 6, 7, 'a']
```

（3）添加多个对象。使用 extend()方法可以在列表末尾添加多个对象，extend()方法语法：

```
list.extend(seq)
```

作用：将 seq 添加到列表 list。

如：

```
>>> x=[1,2]
>>> x.extend(['a','b'])
>>> x
[1, 2, 'a', 'b']
```

（4）插入对象。使用 insert() 方法可以在指定位置插入对象，insert() 方法语法：

```
list.insert(index, obj)
```

作用：在索引位置 index 处插入对象 obj。

如：

```
>>>x=[1,2]
>>>x.insert(1,'a')
>>>x
[1, 'a', 2]
```

4. 删除列表元素

（1）按值删除对象。使用 remove() 方法可以删除指定对象，remove() 方法语法：

```
list.remove(obj)
```

作用：删除对象 obj。

如：

```
>>>x=[1,2,4,3]
>>>x.remove(2)
>>>x
[1, 4, 3]
```

（2）按位置删除对象。使用 pop() 方法可以删除指定位置的对象，pop() 方法语法：

```
list.pop(obj=list[-1])
```

作用：删除对象 obj，省略位置时，如果为空，则默认为 −1（最后一个元素），并且返回该元素的值。

如：

```
>>>x=[1,2,3,4]
>>>x.pop()
4
>>>x.pop(1)
2
```

（3）使用 del 语句删除对象。使用 del 语句可以删除指定对象，语法：

```
del list[index]
```

作用：index 可以是单个元素索引值，也可以是连续几个元素的索引值。

如：

```
>>>x=[1,2,3,4,5]
>>>del x[0]
>>>x
[2, 3, 4, 5]
```

```
>>>del x[2:4]
>>>x
[2, 3]
```

5. 求长度

可用 len( )函数求列表长度。如：

```
>>>len([1, 2, 3])
3
>>>len([1,2,('a'),[3,4]])
4
```

6. 合并

加法运算可用于合并。如：

```
>>>[1, 2, 3] + ['a',5, 6]
[1, 2, 3, 'a', 5, 6]
```

7. 重复

乘法运算可用于创建具有重复值的列表。如：

```
>>>['@'] * 4
['@', '@', '@', '@']
>>>[1,2] * 3
[1, 2, 1, 2, 1, 2]
```

8. 是否属于列表

使用 in 操作符判断元素是否存在于列表中。

```
>>>2 in [1,2,3]
True
>>>5 in[1,2,3]
False
```

9. 遍历列表中的对象

使用 for…in 可用于遍历列表中的对象。

【例 5-6】 下面程序 06.py 的作用是计算平均分。

```
d=[95,85,59,74]
sum=0.0
for x in d:
    sum+=x
print(sum/4)
```

10. 索引

列表与字符串类似,可以通过对象在列表中的位置来索引。如：

```
>>>x=[1,2,('a','abc'),[3,4]]
```

```
>>>x[0]
1
>>>x[2]=10
>>>x
[1, 2, 10, [3, 4]]
```

11. 分片

列表与字符串类似,可以通过分片来获得列表中的部分对象。

格式:

str1=str[起始位置:结束位置:[偏移步长]]

作用:将 str 中指定区间的元素复制到 str1 中,注意 str[m,n]取的是 str[m]至 str[n−1]。偏移步长为负数时,按逆序获得对象。

如:

```
>>>x=list(range(1,10))
>>>x
[1, 2, 3, 4, 5, 6, 7, 8, 9]
>>>x[1:5]
[2, 3, 4, 5]
>>>x[5:10]
[6, 7, 8, 9]
>>>x[2:7:2]
[3, 5, 7]
>>>x[7:2:-2]
[8, 6, 4]
```

12. 矩阵

可以通过嵌套列表来表示矩阵。如:

```
>>>x=[[1,2,3],[4,5,6],[7,8,9]]
>>>x[0]
[1, 2, 3]
>>>x[0][0]
1
```

13. 复制列表

使用 copy()方法可以删除复制列表对象。如:

```
>>>x=[1,2,3]
>>>y=x.copy()
>>>y
[1, 2, 3]
```

14. 列表排序

使用 sort()方法可以将列表对象排序,若列表中包含多种类型则会出错。

如：

```
>>>x=[10,2,3]
>>>x.sort()
>>>x
[2, 3, 10]
>>>x=['b','c','a']
>>>x.sort()
>>>x
['a', 'b', 'c']
>>>x=[10,'c','a']
>>>x.sort()
Traceback (most recent call last):
  File "<pyshell#60>", line 1, in <module>
    x.sort()
TypeError: unorderable types: str() <int()
```

15. 反转对象顺序

使用 reverse()方法可以将列表对象位置反转。如：

```
>>>x=[1,2,3]
>>>x.reverse()
>>>x
[3, 2, 1]
```

5.5　数据类型：元组

5.5.1　元组

元组可以看作不可变的列表,具有列表的大多数特点。元组常量用圆括号表示,如：(1,2)、('a','b','c')等。其主要特点如下：

（1）元组是一个有序序列。

（2）元组可以包含任意类型的对象。

（3）元组是不可变的：不能添加或删除元组成员。

（4）与列表类似,元组存储的是对象的引用,而不是对象本身。

5.5.2　元组基本操作

1. 创建元组

创建一个元组,可以使用圆括号将逗号分隔的不同的数据项括起来或使用 tuple()函数将列表转换为元组。元组中只包含一个元素时,需要在元素后面添加逗号来消除歧义。如：

```
>>>tuple()
()
>>>(2,)
(2,)
>>>(1,2,3,'a',[1,2])
(1, 2, 3, 'a', [1, 2])
>>>(1,2,3,'a',(1,2))
(1, 2, 3, 'a', (1, 2))
>>>tuple('abcd')
('a', 'b', 'c', 'd')
```

2. 求长度

可用 len()函数求元组长度。如：

```
>>>len((1, 2, 3))
3
>>>len((1,2,('a'),[3,4]))
4
```

3. 合并

加法运算可用于合并。如：

```
>>>(1, 2, 3) +('a',5, 6)
(1, 2, 3, 'a', 5, 6)
```

4. 重复

乘法运算可用于创建具有重复值的元组。如：

```
>>>(1,2) * 3
(1, 2, 1, 2, 1, 2)
```

5. 是否属于元组

使用 in 操作符判断元素是否存在于元组中。如：

```
>>>2 in (1,2,3)
True
```

6. 遍历元组中的对象

使用 for…in 语句遍历元组中的对象。

【例 5-7】 下面程序 07.py 的作用是求 10!。

```
m=1
for x in range(1,11):
    m *=x
print(m)
```

7. 索引

可以通过对象在元组中的位置来索引。如：

```
>>>x=tuple(range(0,9))
>>>x[0]
0
```

8. 分片

可以通过分片来获得元组中的部分对象。

格式：

str1=str[起始位置:结束位置:[偏移步长]]

作用：将 str 中指定区间的元素复制到 str1 中。偏移步长为负数时，按逆序获得对象。

如：

```
>>>x=tuple(range(10))
>>>x
(0, 1, 2, 3, 4, 5, 6, 7, 8, 9)
>>>x[1:5]
(1, 2, 3, 4)
>>>x[5:10]
(5, 6, 7, 8, 9)
>>>x[2:7:2]
(2, 4, 6)
>>>x[7:2:-2]
(7, 5, 3)
```

9. 矩阵

可以通过嵌套元组来表示矩阵。如：

```
>>>x=((1,2,3),(4,5,6),(7,8,9))
>>>x(0)
(1, 2, 3)
>>>x(0)(0)
1
```

10. 返回指定值在元组出现的次数

可以通过 count() 返回指定值在元组出现的次数。如：

```
>>>x=(1,2)*3
>>>x
(1, 2, 1, 2, 1, 2)
>>>x.count(2)
3
```

11. 查找指定值

可以通过 index() 查找指定值。

格式：

```
index(value,[start,[end]])
```

作用：返回指定值 value 的 start 至 end 范围内第一次出现的位置。

如：

```
>>>x=(1,2) * 3
>>>x
(1, 2, 1, 2, 1, 2)
>>>x.index(2)
1
>>>x.index(2,2,7)
3
```

5.6 数据类型：字典

5.6.1 字典

字典是一种无序的映射的集合，包含一系列"键：值"对。字典常量用花括号表示。如：

```
d={ 'Adam': 95, 'Lisa': 85, 'Bart': 59, 'Paul': 74 }
```

其主要特点如下：

(1) 字典的键通常采用字符串，但也可以用数字、元组等不可变的类型。

(2) 字典值可以是任意类型。

(3) 字典也可称为关联数组或散列表，它通过键映射到值。字典是无序的，它通过键来索引映射的值，而不是通过位置来索引。

(4) 字典是可变映射，通过索引来修改键映射的值。

(5) 字典长度可变，可以添加或删除"键：值"对。

(6) 字典可以任意嵌套，即键映射的值可以是一个值。

(7) 字典存储的是对象的引用，而不是对象本身。

5.6.2 字典基本操作

1. 创建字典

Python 有 3 种方法可以创建字典。

（1）使用大括号。如：

```
>>>d={'x':1,'y':2}
>>>d
{'y': 2, 'x': 1}
```

（2）使用函数 dict()。如下例中，d1 使用赋值格式的键值对来创建字典，d2 使用列表来创建字典：

```
>>>d1=dict(x=1,y=2)
>>>d1
{'y': 2, 'x': 1}
>>>d2=dict((['x',1],['y',2]))
>>>d2
{'y': 2, 'x': 1}
```

（3）使用内置方法 fromkeys()创建字典。fromkeys()方法语法格式：

```
dict.fromkeys(seq[, value]))
```

参数 seq 为字典键值列表；value 为可选参数，设置键序列（seq）相同的值，默认为None。如：

```
>>>d1={}.fromkeys(('x','y'),-1)
>>>d1
{'y': -1, 'x': -1}
>>>d2={}.fromkeys('A','B')
>>>d2
{'A': 'B'}
```

2. 求长度

可用 len()函数求字典长度，即"键：值"对的个数。如：

```
>>>len({'y': -1, 'x': -1})
2
```

3. 是否属于字典

使用 in 操作符判断某个键是否存在于字典中。如：

```
>>>d={ 'Adam': 95, 'Lisa': 85, 'Bart': 59, 'Paul': 74 }
>>>'bart' in d
False
>>>'Bart' in d
True
```

4. 索引

字典通过键在来索引映射的值。如：

```
>>>d={'mother':'妈妈','father':'爸爸'}
```

```
>>>d['father']
'爸爸'
```

可以通过索引修改映射值。如：

```
>>>d={ 'Adam': 95, 'Lisa': 85, 'Bart': 59, 'Paul': 74 }
>>>d['Adam']=75
>>>d
{'Adam': 75, 'Paul': 74, 'Lisa': 85, 'Bart': 59}
```

5. 删除字典对象

(1) 通过 clear() 方法删除所有对象。如：

```
>>>d={'Name': 'Zara', 'Age': 7}
>>>print ("Start Len : %d" %  len(d))
Start Len : 2
>>>d.clear()
>>>print ("End Len : %d" %  len(d))
End Len : 0
```

(2) 通过 pop() 方法删除指定给定键所对应的值，返回这个值并从字典中把它移除。如：

```
>>>x={'a':1,'b':2}
>>>x.pop('a')
1
>>>x
{'b': 2}
```

(3) 通过 popitem() 方法随机返回并删除字典中的一对键和值（项）。为什么是随机删除呢？因为字典是无序的，没有所谓的最后一项或是其他顺序。如果遇到需要逐一删除项的工作，用 popitem() 方法效率很高。如：

```
>>>x={'a':1,'b':2}
>>>x.popitem()
('b', 2)
>>>x
{'a': 1}
```

6. 复制字典中的对象

字典通过 copy() 方法复制对象。如：

```
>>>d1={'Name': 'Zara', 'Age': 7}
>>>d2=d1.copy()
>>>d2
{'Name': 'Zara', 'Age': 7}
```

7. 返回指定键的映射值

字典通过 get() 方法返回指定键的值，如果值不在字典中返回默认值 None。

语法：

```
dict.get(key, default=None)
```

参数 key 为字典中要查找的键，default 表示如果指定键的值不存在时，返回该默认值。如：

```
>>>d={'Name': 'Zara', 'Age': 7}
>>>print ("Value : %s" %  d.get('Age'))
Value : 7
>>>print ("Value : %s" %  d.get('Sex'))
Value : None
```

8. 返回指定键的映射值或设置默认键值对

字典的 setdefault()方法和 get()方法类似，如果键不存在于字典中，将会添加键并将值设为默认值。

语法：

```
dict.setdefault(key, default=None)
```

参数 key 为查找的键值，default 表示键不存在时，设置的默认键值。如：

```
>>>d={'Name': 'Zara', 'Age': 7}
>>>d.setdefault('Age')
7
>>>d.setdefault('Sex')
>>>d
{'Name': 'Zara', 'Age': 7, 'Sex': None}
```

9. 添加键值对

字典的 update()方法可以为字典添加键值对。

语法：

```
dict.update(other)
```

参数 other 表示添加到指定字典 dict 里另一个字典或用赋值格式表示的元组。如：

```
>>>d={'Name': 'Zara', 'Age': 7}
>>>d.update({'age':3,'sex':'male'})
>>>d
{'Name': 'Zara', 'Age': 7, 'sex': 'male', 'age': 3}
```

10. 以列表返回可遍历的(键，值) 元组数组

字典的 items()方法可以以列表返回可遍历的(键,值) 元组数组。如：

```
>>>dict={'Name': 'Zara', 'Age': 7}
>>>print ("Value : %s" %  dict.items())
Value : dict_items([('Name', 'Zara'), ('Age', 7)])
```

11. 以列表返回一个字典所有的键

字典的 keys()方法可以以列表返回一个字典所有的键。如：

```
>>>d={'Name': 'Zara', 'Age': 7}
>>>print ("Value : %s" %  d.keys())
Value : dict_keys(['Name', 'Age'])
```

12. 以列表返回字典中的所有值

字典的 values()方法可以以列表返回字典中的所有值。如：

```
>>>d={'Name': 'Zara', 'Age': 7}
>>>print ("Value : %s" %  dict.values())
Value : dict_values(['Zara', 7])
```

5.7　数据类型：集合

5.7.1　集合

集合(set)类型有可变集合和不可变集合两种。创建集合 set、添加、删除、交集、并集、差集的操作都是非常实用的方法。

集合没有顺序的概念,所以不能用切片和索引操作。

5.7.2　集合基本操作

1. 创建集合

使用 set()和 frozenset()函数创建可变集合和不可变集合,如：

```
>>>set('boy')
{'y', 'o', 'b'}
>>>frozenset('boy')
frozenset({'y', 'o', 'b'})
```

2. 求集合长度

可以使用 len()函数来获取集合长度,即元素的个数,如：

```
>>>a=set('boy')
>>>len(a)
3
```

3. 添加集合元素

(1) 使用 add 方法。add 方法是把要传入的元素作为一个整体添加到集合中,如：

```
>>>a=set('boy')
```

```
>>>a.add('python')
>>>a
{'y', 'o', 'b', 'python'}
```

（2）使用 update 方法。update 方法是把要传入的元素拆分，作为个体传入到集合中，如：

```
>>>a=set('boy')
>>>a.update('python')
>>>a
{'y', 'o', 't', 'h', 'b', 'p', 'n'}
```

4. 删除集合元素

使用 remove() 方法可以删除指定集合元素。如：

```
>>>a=set(['y', 'o', 'b'])
>>>a.remove('y')
>>>a
{'o', 'b'}
```

5. 是否属于集合

使用 in 操作符判断指定键的元素是否存在于集合中。如：

```
>>>a=set(['Adam', 'Lisa', 'Bart', 'Paul'])
>>>'bart' in a
False
>>>'Bart' in a
True
```

6. 遍历集合中的对象

使用 for…in 语句遍历集合中的对象。

【例 5-8】 下面程序 08.py 的作用是求 5!。

```
s=set([1,2,3,4,5])
m=1
for x in s:
    m *=x
print(m)
```

7. 集合的并集、交集、差集和对称差集

集合支持一系列标准操作，包括并集、交集、差集和对称差集。如下所示：

```
a=t | s        #t 和 s 的并集
b=t & s        #t 和 s 的交集
c=t-s          #求差集（项在 t 中，但不在 s 中）
d=t ^ s        #对称差集（项在 t 或 s 中，但不会同时出现在二者中）
```

如：

```
>>>s1=set([1,2,4])
>>>s2=set([2,3])
>>>s=s1|s2
>>>s
{1, 2, 3, 4}
>>>s=s1&s2
>>>s
{2}
>>>s=s1-s2
>>>s
{1, 4}
>>>s=s1^s2
>>>s
{1, 3, 4}
```

8. 子集和超集

对于两个集合 A 与 B,如果集合 A 的任何一个元素都是集合 B 的元素,就说集合 A 包含于集合 B,或集合 B 包含集合 A,也说集合 A 是集合 B 的子集。

如果集合 A 的任何一个元素都是集合 B 的元素,而集合 B 中至少有一个元素不属于集合 A,则称集合 A 是集合 B 的真子集。

空集是任何集合的子集。任何一个集合是它本身的子集。空集是任何非空集合的真子集。

如果一个集合 S2 中的每一个元素都在集合 S1 中,且集合 S1 中可能包含 S2 中没有的元素,则集合 S1 就是 S2 的一个超集。

Python 用比较操作符检查某集合是否是其他集合的超集或子集。

(1) 符号(<=)用来判断子集:当 A<=B 值为 True 时,A 是 B 的子集。

(2) 符号(<)用来判断真子集:当 A<B 值为 True 时,A 是 B 的真子集。

(3) 符号(>=)用来判断超集:当 A>=B 值为 True 时,A 是 B 的超集。

(4) 符号(>)用来判断真超集:当 A>B 值为 True 时,A 是 B 的真超集。

(5) 符号(==)用来判断是否相等:当 A==B 值为 True 时,A 等于 B。

(6) 符号(!=)用来判断是否不相等:当 A!=B 值为 True 时,A 不等于 B。

5.8 运算符和表达式

5.8.1 运算符

Python 语言支持以下类型的运算符:算术运算符、位运算符、赋值运算符、字符串运算符、比较(关系)运算符、逻辑运算符、成员运算符、身份运算符等基本运算符。

在前面已经介绍过算术运算符、位运算符、赋值运算符、字符串运算符,下面介绍其他几种运算符。

1. 比较运算符

比较运算符用来比较两个对象之间的关系，其结果为 True 或 False。Python 中的比较运算符见表 5.12 所示。

表 5.12 比较运算符

运算符	含义	优先级	示　例	结　果
==	等于	同一级	"ABC"=="ABR"	False
!=	不等于		20!=10	True
>	大于		"ABC">"ABR"	False
>=	大于等于		"ab">="学习"	False
<	小于		20<10	False
<=	小于等于		"20"<="10"	False
			"abc"<>"ABC"	True

2. 逻辑运算符

逻辑运算符是用来进行逻辑运算的运算符，通常用来表示较复杂的关系。逻辑运算符及其含义见表 5.13 所示。

表 5.13 逻辑运算符及示例

运算符	逻辑表达式	含　义	优先级	示　例
Not	Not x	非（取反）：如果 x 为 True，返回 False。如果 x 为 False，返回 True	1	not(1 and 2)返回 False
And	x And y	与：如果 x 和 y 中之一为 False，x 和 y 返回 False；如果 x 为 True，则返回 y 的计算值	2	(0 and 2)返回 0 (2 and 0)返回 0 (1 and 2)返回 2
Or	x Or y	或：如果 x 为 True，返回 x 的值，否则返回 y 的计算值	3	(1 or 2)返回 1 (0 or 2)返回 2

3. 成员运算符

成员运算符及其含义见表 5.14 所示。

表 5.14 成员运算符及示例

运算符	含　义	优先级	示　例

in	如果在指定的序列中找到值返回 True，否则返回 False	同一级	>>> list = [1, 2, 3, 4, 5]
			>>> 10 in list
			False
			>>> 10 not in list
			True

not in	如果在指定的序列中没有找到值返回 True，否则返回 False		

4. 身份运算符

身份运算符及其含义见表 5.15 所示。

表 5.15　身份运算符及示例

运算符	含　义	优先级	示　例
is	is 是判断两个标识符是不是引用自一个对象	同一级	＞ ＞＞＞ a ＝ 100 ＞＞＞ b＝100 ＞＞＞ print(a is b) True ＞＞＞ print(a is not b) False
is not	is not 是判断两个标识符是不是引用自不同对象		

5. 运算符的优先级

运算符优先级见表 5.16 所示,按从上到下的顺序,优先级依次从高到低,用括号(优先级最高)可以改变计算顺序。

表 5.16　运算符的优先级

运　算　符	描　述
**	幂运算
~、+ 、-	按位取反(按操作数的二进制数运算,1 取反为 0,0 取反为 1)、一元加号、一元减号
* 、/、//、%	乘法、除法、整商、求余数(模运算)
+、-	加法、减法
＜＜、＞＞	向左移位、向右移位
&	按位与(将两个操作数按相同位置的二进制位进行操作,相同时结果为 1,否则为 0)
^	按位异或(将两个操作数按相同位置的二进制位进行操作,不相同时结果为 1,否则为 0)
|	按位或(将两个操作数按相同位置的二进制位进行操作,只要有一个为 1 结果即为 1,否则为 0)
＝＝、!＝、＜＞、＞、＞＝、＜、＜＝	比较运算符
＝、+＝、-＝、*＝、/＝、%＝、**＝、//＝	赋值运算符
is、is not	身份运算符
in、not in	成员运算符
not、and、or	逻辑运算符

💡 **注意**:幂运算符**,如果左侧有正负号,那么幂运算符优先,如果右侧有正负号,那么一元运算符优先。

例如,－3**2＝－9 相当于－3^2,而 3 * * －2＝1/9,相当于 3^{-2}。

【例 5-9】　试分析下面程序 09.py 的运行结果。

【源程序】

a＝20

```
b=10
c=15
d=5
e=0
e=(a +b) * c / d
print ("Value of (a +b) * c / d  is ", e)
e=((a +b) * c) / d
print ("Value of ((a +b) * c) / d  is ", e)
e=(a +b) * (c / d)
print ("Value of (a +b) * (c / d)  is ", e)
e=a +(b * c) / d
print ("Value of a + (b * c) / d  is ", e)
```

【运行结果】

```
Value of (a +b) * c / d is  90.0
Value of ((a +b) * c) / d is  90.0
Value of (a +b) * (c / d)  is  90.0
Value of a + (b * c) / d  is  50.0
```

5.8.2 表达式

表达式是指用运算符将运算对象连接起来的式子,在 Python 中表达式是语句的一种。如,"3+2"这是一个表达式,同时也是一条语句。Python 中的语句也称为命令,例如print ("hello python")就是一条语句。

表达式在书写时,需遵循以下书写规则。

(1) 乘号不能省略。例如 3x+5 应写成 3 * x+5。

(2) 括号必须成对出现。

(3) 函数参数必须用圆括号括起来。

(4) 遇到分式的情况,要注意分子、分母是否应加上括号,以免引起运算次序的错误。

例如,已知数学表达式 $\dfrac{\sqrt{5(x+2y)+3}}{(xy)^4-1}$,写成表达式为:

```
>>>import math
math.sqrt(5 * (x+2 * y)+3)/((x * y)^4-1)
```

(5) 不要随意加空格:例如不要在括号后马上出现空白;逗号、分号、冒号前面不要有空白;函数名与参数括号之间不要有空白等。

5.9 程序设计语言的基本控制结构

1996 年,计算机科学家 Boehm 和 Jacopini 提出并从数学上证明,任何一个算法,都能以三种基本控制结构表示,即顺序结构、选择结构(分支结构)和循环结构。

5.9.1　顺序结构

顺序结构是一类最基本和最简单的结构,其形式是"执行语句1,然后执行语句2",如图5.9所示。

顺序结构的特点:程序按照语句在代码中出现的顺序自上而下地逐条执行;顺序结构中的每一条语句都被执行,而且只能被执行一次。就像我们一颗颗地将珠子串成项链,也好像我们一层一层地爬上楼梯,等等。

前面介绍变量和数值运算符时,已经介绍过了简单的赋值语句和Python语言支持的赋值运算符的使用,这里不再赘述,仅补充Python语言赋值语句的其他方法。

图5.9　顺序结构

1. 通过赋值语句实现序列赋值

Python序列包括字符串、列表和元组。Python语言的特性就是简洁高效,序列解包就是将序列中存储的值指派给各个变量,在给多个Python变量命名同时赋值时是很有效率的一种方法。

方法如下:

```
x,y,z=序列
```

例如,可以为多个变量同时赋值。

```
>>>a, b, c=1, 2, 3
>>>print(a,b,c)
1 2 3
```

又如:

```
>>>x,y,z={1,2,3}
>>>x
1
>>>y
2
>>>z
3
```

如果想交换变量的值也是可以的:

```
>>>a, b=b, a
>>>print (a, b, c)
2 1 3
```

2. 多目标赋值

多目标赋值可以一次性将一个值指派给多个变量。方法如下:

变量 1=变量 2=变量 3=值

比如：

```
>>x=y=z=10
>>>x
10
>>>y
10
>>>z
10
```

【例 5-10】 输入圆半径,计算圆的周长和面积。

【源程序 10-seq.py】

```
r=float(input('输入圆的半径:'))
C=2*3.14*r
S=3.14*r*r
print("圆的周长为:", "%10.2f"%C)
print("圆的面积为:","%10.2f"%S)
```

【运行结果】

```
输入圆的半径:1.2
圆的周长为:        7.54
圆的面积为:        4.52
```

5.9.2 选择结构

选择结构又称分支结构,包括单分支、双分支和多分支。它是根据判定条件的真假来确定应该执行哪一条分支的语句序列。

1. if 语句(单分支结构)

语法格式如下:

```
if  <条件表达式>:
    <if 块>
```

作用:

当<条件表达式>为真时,则执行后面的<if 块>,否则继续执行和 if 对齐的下一条语句。if 和与其对齐的下一条语句是顺序执行关系,其流程图如图 5.10 所示。

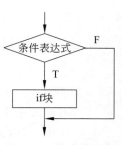

注意:

- "<>"中的内容为必要项,不能省略。
- <条件表达式>可以是关系表达式、逻辑表达式或算术表

图 5.10 单分支结构

达式。Python 程序语言指定任何非 0 和非空(null)值为 True,0 或者 null 为
False。

- <条件表达式>后的冒号注意不能少。
- <if 块>可以是单个语句,也可以是多个语句,但必须缩进并纵向对齐,同一级别
  的语句缩进量要相同。

【例 5-11】 输入学生分数(Score),显示成绩评定结果。
【源程序 11-if. py】

```
score=int(input("请输入分数:"))
if score>=60:
    print("你及格了!")
    print("继续努力!")
```

【运行结果】

```
请输入分数:78
你及格了!
继续努力!
```

2. if···else 语句(双分支结构)

语法格式如下:

```
if  <条件表达式>:
    <if 块>
else:
    <else 块>
```

作用:

当<条件表达式>为真时,则执行后面的<if 块>,否则执行<else 块>,然后执行
与 if 对齐的下一条语句,其流程如图 5.11 所示。

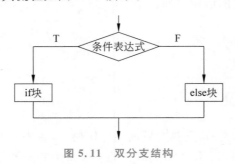

图 5.11 双分支结构

💡 注意:

- else 后的冒号注意不能少。
- <if 块>和<else 块>必须缩进并纵向对齐,同一级别的语句缩进量要相同。
- 以下三种写法是等价的:

第一种：

```
if a>b:
    c=a
else:
    c=b
```

第二种：if 表达式

```
c=a if a>b else b
```

第三种：使用二维列表

```
c=[b,a][a>b]
```

【例 5-12】 修改例 5-11,显示不及格的情况。

【源程序 12-if. py】

```
score=int(input("请输入分数:"))
if score>=60:
    print("你及格了!")
    print("继续努力!")
else:
    print("你不及格!")
    print("请注意补考通知!")
```

【运行结果 1】

```
请输入分数:78
你及格了!
继续努力!
```

【运行结果 2】

```
请输入分数:56
你不及格!
请注意补考通知!
```

3. if…elif…else 语句(多分支结构)

语法格式如下：

```
if  <条件 1>:
    <语句块 1>
elif  <条件 2>:
    <语句块 2>
...
elif  <条件 n>:
    <语句块 n>
else:
```

<语句块 n+1>

作用：首先判断条件 1，如果为 False，再判断条件 2，依次类推，直到找到一个为 True 的条件。当找到一个为 True 的条件时，就会执行相应的语句块，然后执行继续执行和 if 对齐的下一条语句。如果测试条件都不是 True，则执行 Else 语句块，其流程如图 5.12 所示。

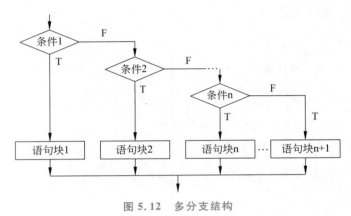

图 5.12　多分支结构

💡 **注意：**

- 条件的最后的 else 后的冒号不能少。
- 同一级别的语句缩进量要相同。

【例 5-13】　修改例 5-12，使其给出优、良、中、及格和不及格 5 种等级的成绩评定。
【源程序 13-if.py】

```python
score=int(input("请输入分数:"))
if score>=90:
    print("优")
elif score>=80:
    print("良")
elif score>=70:
    print("中")
elif score>=60:
    print("及格")
else:
    print("你不及格!")
    print("请注意补考通知!")
```

【运行结果 1】

请输入分数:95
优

【运行结果 2】

请输入分数:85
良

【运行结果 3】

请输入分数:76
中

【运行结果 4】

请输入分数:65
及格

【运行结果 5】

请输入分数:55
你不及格!
请注意补考通知!

4. 分支结构嵌套

一个控制结构内部包含另一个控制结构叫作结构嵌套。在分支处理的语句块中包含分支语句,称为分支结构嵌套。

💡 **注意**:使用嵌套结构时,一定要将一个完整的结构嵌套在另一个结构内部,并注意缩进层次。

【例 5-14】 修改例 5-13,使其在给出优、良、中、及格和不及格 5 种等级的成绩评定前,首先判断分数是否为 0~100 范围内的有效数值型数据。

【源程序 14-if. py】

```python
score=input("请输入分数:")
if score.isnumeric() and 0<=int(score)<=100:
    score=int(score)
    if score>=90:
        print("优")
    elif score>=80:
        print("良")
    elif score>=70:
        print("中")
    elif score>=60:
        print("及格")
    else:
        print("你不及格!")
        print("请注意补考通知!")
else:
    print("输入有误!")
```

【运行结果 1】

请输入分数:-8
输入有误!

【运行结果 2】

请输入分数:1231231
输入有误!

【运行结果 3】

请输入分数:90
优

5.9.3 循环结构

顺序结构、选择结构在程序执行时,每个语句只能执行一次,循环结构则可以使计算机在一定条件下反复多次执行同一段程序(称为循环体),从而简化程序。Python 支持的循环结构语句有 for 和 while 两种结构。for 语句用来遍历序列对象内的元素,并对每个元素运行循环体。while 语句提供了编写通用循环的方法。

🐂 **注意**:如果循环条件总为真,则会不停地执行循环体,构成死循环,所以在循环体中一定要包含对条件表达式的修改操作,使循环体能结束。

1. for 循环

(1) for 循环的常用格式。for 循环的常用格式如下:

```
for <variable >in range(begin,end,step):
    <循环体>/<语句块>
```

参数说明如下:

- < variable >是合法的标识符。
- begin 表示其起始值,end 表示终止值,step 表示步长,均为整数。step 若为正数则初值应小于等于终值;若为负数则初值应大于等于终值;默认值为 1。
- for 行末的冒号不能少。
- <循环体>/<语句块>:是需要执行的一组语句,缩进对齐。

作用: < variable >以 step 为步长,取 begin 至 end 之间的每一个数(不包括 end),执行循环体。

【例 5-15】 输入 n 的数值,求 1+2+3+…+n 的值以及 n 的阶乘。

【源程序 15-for. py】

```
n=int(input("请输入 n:"))
s1=0
for i in range(1,n+1):
```

```
        s1=s1 +i
print ('1+2+3+…+', n, '=', s1)
s2=1
for i in range(1,n+1):
        s2=s2 * i
print (n,"!=",s2)
```

【运行结果】

```
请输入 n:10
1+2+3+…+ 10= 55
10!=3628800
```

（2）带 else 语句的 for 循环。带 else 语句的 for 循环格式如下：

```
for <变量>in <可迭代对象集合>:
        <循环体>/<语句块 1>
else:
        <语句块 2>
```

参数：可迭代对象是指可按次序逐个读取的对象。例如列表、元组。

作用：＜变量＞依次取 ＜可迭代对象集合＞中的每一个值,然后执行循环体。集合中的元素取完后,执行 else 后面的＜语句块 2＞,然后执行与 for 、else 对齐的后面的语句。如果由于某种原因,没有取完集合中的元素就跳出循环,不会执行 else 后面的＜语句块 2＞。else 和＜语句块 2＞可以省略。

【例 5-16】 求一组数：23，59，1，20，15，5，3 的和及平均值。

【源程序 16-for. py】

```
list=[23,59,1,20,15,5,3]  #使用列表
k=0
s=0
for i in list:
        s=s+i
        k=k+1
print("和     为:",s)
print("平均值为:",s/k)
```

【运行结果】

```
和     为: 126
平均值为: 18.0
```

2. while 循环

当知道要执行多少次循环时,最好使用 for 语句;在不知道循环需要执行多少次,但已知重复的条件时,宜用 while 循环。

语法格式如下：

```
while <循环条件>:
    <循环体>
else:
    <语句块>
```

作用：当<循环条件>为 True 时,执行<循环体>中的语句,执行完后,再检查<循环条件>是否为 True,直到<循环条件>为 False,结束循环,执行 else 后的<语句块>,然后继续执行和 while 对齐的下面的语句。如果从<循环体>内的语句退出循环,不会执行 else 后的<语句块>。else 和其后的<语句块>可以省略。流程如图 5.13 所示。

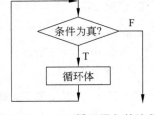

图 5.13　while 循环语句的流程

【例 5-17】　利用下列公式计算 e 的近似值。要求最后一项的值小于 10^{-6} 即可。

$$e \approx 1 + 1/1! + 1/2! + \cdots + 1/n!$$

【源程序 17-while. py】

```
e=1
u=1
n=1
while(u>1.0E-6):
    u=u/n
    e=e+u
    n=n+1
print("e≈",e)
```

【运行结果】

```
e≈2.7182818011463845
```

3. 循环嵌套

Python 语言允许在一个循环体里面嵌入另一个循环。循环和分支之间也可以相互嵌套。

【例 5-18】　编写程序,打印九九乘法口诀表。

【源程序 18-for. py】

```
for i in range(1,10):
    a=''
    for j in range(1,i+1):
        a+=str(j)+'*'+str(i)+'='+str(i*j)+''
    print(a)
```

【运行结果】

```
1*1=1
1*2=2 2*2=4
```

```
1 * 3=3 2 * 3=6 3 * 3=9
1 * 4=4 2 * 4=8 3 * 4=12 4 * 4=16
1 * 5=5 2 * 5=10 3 * 5=15 4 * 5=20 5 * 5=25
1 * 6=6 2 * 6=12 3 * 6=18 4 * 6=24 5 * 6=30 6 * 6=36
1 * 7=7 2 * 7=14 3 * 7=21 4 * 7=28 5 * 7=35 6 * 7=42 7 * 7=49
1 * 8=8 2 * 8=16 3 * 8=24 4 * 8=32 5 * 8=40 6 * 8=48 7 * 8=56 8 * 8=64
1 * 9=9 2 * 9=18 3 * 9=27 4 * 9=36 5 * 9=45 6 * 9=54 7 * 9=63 8 * 9=72 9 * 9=81
```

4. 循环中的特殊语句 pass、break、continue 和循环 else 分句

(1) pass 语句。pass 是空语句,pass 不做任何事情,一般用作占位语句,仅用于保持程序结构的完整性。

【例 5-19】 对列表 x 中的数值求和,舍弃其中数值为 2 的元素,并将得到的结果输出。

【源程序 19-pass.py】

```python
x=[1,2,3]
y=0
for item in x:
    if item==2:
        pass
    else:
        print('The number is:',item)
        y+=item
print('****************')
print('The sum is:',y)
```

【运行结果】

```
The number is: 1
The number is: 3
****************
The sum is: 4
```

(2) break 语句。break 语句用来终止循环语句,即循环条件没有 False 条件或者序列还没被完全递归完,就停止执行循环语句。

break 语句用在 while 和 for 循环中。如果使用嵌套循环,break 语句将停止执行最深层的循环,并开始执行下一行代码。

【例 5-20】 在列表 x 查找一个能被 3 整除的数,如果找到,显示这个数及其位置。

【源程序 20-break.py】

```python
x=[11,22,50,73,81,99,100]
k=0;
y=1
for item in x:
    if item%3==0:
        y=item
```

```
        break
    k=k+1;
if(y!=1):
    print('找到能被 3 整除的数',y,"它是第",k+1,"个数")
else:
    print("没有找到能被 3 整除的数")
```

【运行结果】

找到能被 3 整除的数 81 它是第 5 个数

（3）continue 语句。continue 语句用于结束当前的一次循环,跳过当前循环的剩余语句,进入下一次循环,而 break 语句用于跳出整个循环。continue 语句用在 while 和 for 循环中。

【例 5-21】 有若干成绩,统计及格人数与所有及格学生的平均成绩。

【源程序 21-continue. py】

```
x=[98,72,80,45,30,89,92,54,48,82,67,76]
sum=0
k=0;
for item in x:
    if(item<60):
        continue
    sum=sum+item
    k=k+1;
if(k!=0):
    print("及格人数",k,"人,平均成绩是",sum/k)
```

【运行结果】

及格人数 8 人,平均成绩是 82.0

（4）循环的 else 语句。循环的 else 语句是 Python 特有的,作用是捕捉循环的"另一条"出路,当循环条件不成立或循环正常结束时执行 else 分句中的语句。

【例 5-22】 对输入的每一个数,判断是否为素数。

程序分析:

方法 1:是对于每一个数 a,逐个检查从 a//2 到 2 的每一个数是否能被整除,如果能则表明此数不是素数,结束循环;否则要继续检查。"while k>1"这个循环结束时,表明 a 是素数,执行该循环的 else 子句。

方法 2:判断素数的方法,用一个数分别去除从 2 到 sqrt(这个数),如果能被整除,则表明此数不是素数,反之是素数。

【源程序 22. py】

```
print("方法 1:本程序检验一个数是不是素数.")
a=int(input('请输入一个大于 1 的自然数(0 表示结束):'))
```

```
while(a!=0):
    k=a//2
    while k>1:
        if a%k==0:
            print(a,'不是素数,含有因子',k)
            break
        k=k-1
    else:
        print(a,'是素数')
    a=int(input('请输入一个大于 1 的自然数(0 表示结束):'))

print("方法 2:本程序检验一个数是不是素数.")
m=int(input('请输入一个大于 1 的自然数(0 表示结束):'))
while(m!=0):
    leap=1
    from math import sqrt
    k=int(sqrt(m +1))
    for i in range(2,k +1):
        if m %i==0:
            leap=0
            print(m,'不是素数,含有因子',i)
            break
    if leap==1:
        print(m,'是素数')
    leap=1
    m=int(input('请输入一个大于 1 的自然数(0 表示结束):'))
```

【运行结果】

方法 1:本程序检验一个数是不是素数.
请输入一个大于 1 的自然数(0 表示结束):23
23 是素数
请输入一个大于 1 的自然数(0 表示结束):25
25 不是素数,含有因子 5
请输入一个大于 1 的自然数(0 表示结束):0
方法 2:本程序检验一个数是不是素数.
请输入一个大于 1 的自然数(0 表示结束):23
23 是素数
请输入一个大于 1 的自然数(0 表示结束):25
25 不是素数,含有因子 5
请输入一个大于 1 的自然数(0 表示结束):0

5.9.4 异常处理语句

1. 什么是异常

程序执行中产生的错误称为异常。Python 用异常对象(Exception Object)来表示异

常情况。出现异常后,如果异常对象未被处理或捕捉,程序就会用所谓的回溯(Traceback,一种错误信息)终止执行。如:

```
>>>x
Traceback (most recent call last):
  File "<pyshell#1>", line 1, in <module>
    x
NameError: name 'x' is not defined
```

2. 异常捕捉

(1) 异常捕获与处理的一般格式。异常捕获可以使用 try/except 语句。try/except 语句用来检测 try 语句块中的错误,从而让 except 语句捕获异常信息并处理。如果你不想在异常发生时结束程序,只需在 try 里捕获它。

语法格式:

```
try:
    <语句 1>                  #可能出现的错误
except <名字 1>:              #捕获异常"名字 1"
    <语句 2>
except(<名字 2>,<名字 3>):    #捕获异常"名字 2"和"名字 3"
    <语句 3>
except <名字 4>as e:          #捕获异常"名字 4", e 作为其实例
    <语句 4>
except <名字 4>as e:          #捕获其他所有异常
    <语句 5>
else:
    <语句 6>                  #无异常
finally:
    <语句 7>                  #不管是否发生异常,保证执行
```

作用:

每当运行时检测到语句 1 中的错误时,就会引发异常,从而跳到 try 的异常处理器,即异常对应的 except 分句,而后继续 except 之后的语句。

如果在 try 后的语句里发生了异常,却没有匹配的 except 子句,异常将被递交到上层的 try,或者到程序的最上层(这样将结束程序,并打印默认的出错信息)。

如果在 try 子句执行时没有发生异常,Python 将执行 else 语句后的语句(如果有 else 的话),然后控制流通过整个 try 语句。

无论是否发生了异常,只要提供了 finally 语句,以上 try/except/else/finally 代码块执行的最后一步总是执行 finally 所对应的代码块。

(2) 按异常类名捕获异常。Python 内置很多异常类,如表 5.17 所示,可以通过这些名称捕获异常。

表 5.17　Python 内置的异常类

异 常 名 称	描　　述
BaseException	所有异常的基类
SystemExit	解释器请求退出
KeyboardInterrupt	用户中断执行(通常是输入^C)
Exception	常规错误的基类
StopIteration	迭代器没有更多的值
GeneratorExit	生成器(generator)发生异常来通知退出
StandardError	所有的内建标准异常的基类
ArithmeticError	所有数值计算错误的基类
FloatingPointError	浮点计算错误
OverflowError	数值运算超出最大限制
ZeroDivisionError	除(或取模)零(所有数据类型)
AssertionError	断言语句失败
AttributeError	对象没有这个属性
EOFError	没有内建输入,到达 EOF 标记
EnvironmentError	操作系统错误的基类
IOError	输入/输出操作失败
OSError	操作系统错误
WindowsError	系统调用失败
ImportError	导入模块/对象失败
LookupError	无效数据查询的基类
IndexError	序列中没有此索引(index)
KeyError	映射中没有这个键
MemoryError	内存溢出错误(对于 Python 解释器不是致命的)
NameError	未声明/初始化对象 (没有属性)
UnboundLocalError	访问未初始化的本地变量
ReferenceError	弱引用(Weak reference)试图访问已经垃圾回收了的对象
RuntimeError	一般的运行时错误
NotImplementedError	尚未实现的方法
SyntaxError	Python 语法错误
IndentationError	缩进错误
TabError	Tab 和空格混用

异 常 名 称	描　　　述
SystemError	一般的解释器系统错误
TypeError	对类型无效的操作
ValueError	传入无效的参数
UnicodeError	Unicode 相关的错误
UnicodeDecodeError	Unicode 解码时的错误
UnicodeEncodeError	Unicode 编码时错误
UnicodeTranslateError	Unicode 转换时错误
Warning	警告的基类
DeprecationWarning	关于被弃用的特征的警告
FutureWarning	关于构造将来语义会有改变的警告
OverflowWarning	旧的关于自动提升为长整型(long)的警告
PendingDeprecationWarning	关于特性将会被废弃的警告
RuntimeWarning	可疑的运行时行为(runtime behavior)的警告
SyntaxWarning	可疑的语法的警告
UserWarning	用户代码生成的警告

【例 5-23】　输入两个整数,打印它们相除之后的结果。对输入的不是整数或除数为零的情况,进行异常处理。

【源程序 23. py】

```
k=0
while(k<3):
    try:
        x=int(input('请输入第一个整数:'))
        y=int(input('请输入第二个整数:'))
        print('x/y=',x/y)
    except ValueError:
        print('请输入一个整数。')
    except ZeroDivisionError:
        print('除数不能为零。')
    k=k+1
```

【运行结果】

```
请输入第一个整数:1
请输入第二个整数:0
除数不能为零。
```

请输入第一个整数:a
请输入一个整数。
请输入第一个整数:1
请输入第二个整数:2
x/y=0.5

（3）使用异常实例。如果希望在 except 语句中访问异常对象本身，或因为某种原因想记录下错误，可以给 except 语句增加一个参数变量，写成"except（ValueError，ZeroDivisionError)as e："。

【例 5-24】 带参数变量的异常捕捉。

【源程序 24. py】

```
k=0
while(k<3):
    try:
        x=int(input('请输入第一个整数:'))
        y=int(input('请输入第二个整数:'))
        print('x/y=',x/y)
    except (ValueError,ZeroDivisionError)as e:
        print(e)
    k=k+1
```

【运行结果】

```
请输入第一个整数:1
请输入第二个整数:0
division by zero
请输入第一个整数:a
invalid literal for int() with base 10: 'a'
请输入第一个整数:1
请输入第二个整数:2
x/y=0.5
```

（4）捕捉所有异常。有时有可能漏掉一些异常，所以如果想捕捉所有异常，可以在except 分句中省略任何异常类名。

【例 5-25】 异常全捕捉，except 分句中不带任何异常类。

【源程序 25. py】

```
k=0
while(k<3):
    try:
        x=int(input('请输入第一个整数:'))
        y=int(input('请输入第二个整数:'))
        print('x/y=',x/y)
    except:            #捕获所有异常
        print("输入错误")
```

```
        k=k+1
```

【运行结果】

```
请输入第一个整数:(此处按下 Ctrl+C)
输入错误
请输入第一个整数:qq
输入错误
请输入第一个整数:1
请输入第二个整数:0
输入错误
```

3. 自定义异常类

通过创建一个新的异常类,程序可以命名它们自己的异常。异常应该是通过直接或间接的方式典型的继承自 Exception 类。

(1)自定义异常和抛出异常(引发异常)。首先要自己定义一个异常类,一般格式如下:

```
Class SomeCustomException(Exception)
    Pass
```

其中 SomeCustomException 是自定义异常的名称;Exception 是自定义异常年继承的基类。

(2)抛出异常(引发异常)。使用 raise 语句自己触发异常。raise 语法格式如下:

```
raise <class>
```

或

```
raise <instance>
```

第一种形式创建并隐式地创建实例;第二种形式最常见,直接提供一个实例,要么是 raise 语句自带的,要么是在 raise 语句之前创建的。

【例 5-26】 输入与输出一个人的姓名、年龄、月收入(输出年收入),根据每个项目的约束条件,人为地引发异常。在这里约定姓名字符串长度必须是 2~20,年龄在 18~60 之间,月工资大于 800,否则引发异常。

【源程序 26.py】

```
class StrExcept(Exception):
    pass
class MathExcept(Exception):
    pass
while True:
    try:
        x=input('请输入你的名字(2-20字符):')
        if len(x)<2 or len(x)>20:
            raise StrExcept
```

```
        y=int(input('请输入你的年龄(18-60):'))
        if y<18 or y>60:
            raise MathExcept
        z=int(input('请输入你的月工资(大于 800):'))
        if z<800:
            raise MathExcept
        print('姓名:',x)
        print('年龄:',y)
        print('年收入:',z*12)
        break
    except StrExcept :
        print('输入名称异常')
    except MathExcept:
        print('输入数值异常')
    except Exception as e:
        print('输入异常',e)
```

【运行结果】

请输入你的名字(2-20 字符):张
输入名称异常
请输入你的名字(2-20 字符):张三
请输入你的年龄(18-60):10
输入数值异常
请输入你的名字(2-20 字符):张三
请输入你的年龄(18-60):q
输入异常 invalid literal for int() with base 10: 'q'
请输入你的名字(2-20 字符):张三
请输入你的年龄(18-60):20
请输入你的月工资(大于 800):500
输入数值异常
请输入你的名字(2-20 字符):张三
请输入你的年龄(18-60):20
请输入你的月工资(大于 800):1000
姓名:张三
年龄:20
年收入:12000

（3）assert 语句(断言)。assert 语句是指期望用户指定的条件满足,当条件不满足时触发 AssertionError 异常,所以 assert 语句可视为条件式的 raise 语句。语法格式:

```
assert <test>,[data]
```

参数<test>是逻辑表达式,[data]通常是个字符串,是当<test>为 False 时提示的信息,可以省略。

作用:用来收集用户定义的约束条件,而不是捕捉内在的程序设计错误。

【例 5-27】 求 x 与 y 的最大公约数，使用 assert 语句来约束 x、y 取值为大于 1 的正整数。

【源程序 27.py】

```
while True:
    try:
        x=int(input('请输入第一个数:'))
        y=int(input('请输入第二个数:'))
        assert x>1 and y>1,'x 与 y 的取值必须大于 1'
        a=x
        b=y
        if a<b:
            a,b=b,a
        while b!=0:
            temp=a%b
            a=b
            b=temp
        else:
            print('%s 和 %s 的最大公约数为:%s'%(x,y,a))
            break
    except Exception as e:
        print('捕捉到异常:\n',e)
```

【运行结果】

```
请输入第一个数:-5
请输入第二个数:5
捕捉到异常:
x 与 y 的取值必须大于 1
请输入第一个数:a
捕捉到异常:
invalid literal for int() with base 10: 'a'
请输入第一个数:15
请输入第二个数:45
15 和 45 的最大公约数为:15
```

5.10 函数与模块

当程序较复杂时，常常使用函数或模块将它分成几部分来编写、保存和使用。

函数是组织好的，可重复使用的，用来实现单一或相关联功能的代码段。函数能提高应用的模块性和代码的重复利用率。Python 提供了许多内建函数，比如 print()。

模块用于有逻辑地组织 Python 代码段。把相关的代码分配到一个模块里能让你的代码更好用、更易懂。简单地说，模块就是一个保存了 Python 代码的文件。模块能定义函数、类和变量。模块里也能包含可执行的代码。

5.10.1　函数的定义

1. 函数定义的一般格式

定义一个函数的一般格式为：

```
def 函数名([形式参数表])
    <函数体>
    [return  <表达式>]
```

参数说明：

（1）函数名不应当与内置函数或变量重名，不能以数字开头。

（2）形式参数表：是用逗号分隔开的多个参数，也可以省略。

（3）函数体内所有语句必须相对于第一行缩进。

（4）return ＜表达式＞：可以省略，表示退出函数时的返回值。不带参数值的 return 语句返回 None。此语句一旦执行表示函数运行结束，下一步程序流程返回调用此函数的程序段。

【例 5-28】　编写函数求出区间[i,j]内所有整数的和。

【源程序 28. py】

```
def mySum( i, j ):
    s=0
    for k in range(i,j+1):
        s=s +k
    return s
print(mySum(1,100))
```

【运行结果】

```
5050
```

2. 函数的 return 语句可以返回多个值

在 Python 中，函数的 return 语句可以返回多个值。比如下例中的函数返回了 2 个值，这是许多高级语言不具备的功能。

【例 5-29】　编写函数，计算三门课程总分和平均值。

【源程序 29. py】

```
def calc_grade( math, english, chinese):
    Sum=math +english +chinese
    Avg=float(Sum/3)
    return Sum, Avg
sumOfGrade, GPA=calc_grade( 88, 76, 85)
```

```
print('成绩总和:',sumOfGrade)
print('平均成绩:',GPA)
```

【运行结果】

```
成绩总和：249
平均成绩：83.0
```

3. lambda 函数的定义

定义 lambda 函数的一般格式为：

函数名=lambda [参数 1 [,参数 2,…,参数 n]]:表达式

作用：返回表达式的值。lambda 函数拥有自己的命名空间,且不能访问自有参数列表之外或全局命名空间里的参数。虽然 lambda 函数看起来只能写一行,却不等同于 C 或 C++ 的内联函数,后者的目的是调用小函数时不占用栈内存从而增加运行效率。如：

```
>>>g=lambda x,y:x+y
>>>g(1,2)
3
```

也可以使用默认值：

```
>>>g=lambda x,y=0:x+y
>>>g(1)
1
```

下例中没有使用函数名,所以 lambda 有时也称为匿名函数：

```
>>>(lambda x,y:x+y)(1,2)
3
```

5.10.2 函数的调用

1. 函数调用的格式

函数调用的一般格式为：

函数名(<实际参数表>)

定义函数时使用的参数,因为值不确定,因此称为形式参数,简称为形参;调用函数时使用的参数,因为值确定,因此称为实际参数,简称为实参。

2. 函数出现的位置

函数被调用时,其出现的位置主要有以下三种。

（1）作为单独的语句出现。

【例 5-30】 函数作为单独的语句出现。

【源程序 30.py】

```
def printme(str):
    "打印任何传入的字符串"
    print(str)
    return
printme("我在调用用户自定义函数!")
```

【运行结果】

我在调用用户自定义函数!

（2）出现在表达式中。

【例 5-31】 函数出现在表达式中。

【源程序 31.py】

```
def printme(str):
    "打印任何传入的字符串"
    print(str)
    return
a=printme("张三")
```

【运行结果】

张三

（3）作为实参出现在其他函数中。

【例 5-32】 一个函数作为实参出现在其他函数中。

【源程序 32.py】

```
def demo(a, b, c=3, d=100):
    return sum((a,b,c,d))
print(demo(1, 2, 3, 4))
```

【运行结果】

10

3. 参数传递

调用函数时可使用的参数类型有以下四种,分别对应不同的参数传递方式:

- 必备参数(按位置传递)。
- 关键字参数(按关键字传递)。
- 默认参数。
- 可变长参数。

（1）按位置传递。按位置传递是指调用函数时,实参的个数、顺序和形参从左至右一一对应。如定义了以下一个函数:

```
def f(name,age,sex):
```

```
print('name:',name,'age:',age,'sex:',sex)
```

如果按位置传递,需如下调用:

```
f('lili',20,'女')
```

(2) 关键字参数(按关键字传递)。按关键字传递是指调用函数时,实参要写成"形参=数值"的形式。比如,前面代码如果按关键字传递,需如下调用:

```
f(age=20,name='lili', sex='女')
```

也可以两种方式混合使用:

```
f('lili', age=20,sex='女')
```

【例 5-33】 参数传递。

【源程序 33. py】

```
def f(name,age,sex):
    print('name:',name,'age:',age,'sex:',sex)
print (f('lili',20,'女'))
print(f(age=20,name='lili',sex='女'))
print(f('lili', age=20,sex='女'))
```

【运行结果】

```
name: lili age: 20 sex:女
None
name: lili age: 20 sex:女
None
name: lili age: 20 sex:女
None
```

(3) 默认参数。在定义函数时,可以用赋值符号给某些形参指定默认值,调用函数时,如果这些参数的值如果没有传入,则被认为是默认值。

注意:
- 如果一个函数的某个参数指定了默认值,则这个参数后的所有参数都必须指定默认值。
- 默认值参数必须放在无默认值参数后面。

比如,下面语句是正确的:

```
def f(a1,a2=2,a3=3)
```

而下面语句是错误的:

```
def f(a1,a2=2,a3)
```

【例 5-34】 在屏幕上输出 m 行 n 列的由某种符号构成的空心矩形。

【源程序 34. py】

```python
def drawRect( m, n=5, char='*' ):
    for i in range(0,n):
        print(char,end="")
    print()
    for i in range(1,m-1):
        print(char,end="")
        for j in range(1,n-1):
            print(' ',end="")
        print(char)
    for i in range(0,n):
        print(char,end="")
    print()
def main():
    drawRect(3)
    drawRect(n=8,m=3,char='@')
    row=int(input("请输入矩形行数:"))
    col=int(input("请输入矩形列数:"))
    drawRect(row,col,'&')
main()
```

【运行结果】

```
*****
*   *
*****
@@@@@@@@
@      @
@@@@@@@@
请输入矩形行数:5
请输入矩形列数:5
&&&&&
&   &
&   &
&   &
&&&&&
```

(4) 可变长参数。可变长参数传递是指传入的参数个数是可变的,可以是 0 个或任意个。包括元组和字典两种变长参数。

含有可变长参数的函数的定义格式:

def 函数名(参数 1,参数 2,… * 元组变长参数,字典变长参数):

其中,元组变长参数可以接收一组任意长的数据,字典变长参数可以接收以"参数1=数据1,参数 2=数据 2,…"形式赋值的参数。如:

```
f(1,'li','a','b','c',x=1,y=2,z=3).
```

5.10.3　变量的作用域

一个程序的所有的变量并不是在哪个位置都可以访问的。访问权限决定于这个变量是在哪里赋值的。变量的作用域决定了在哪一部分程序可以访问哪个特定的变量名称。两种最基本的变量作用域有：局部变量和全局变量。

1. 局部变量

在一个函数中定义的变量一般只能在该函数内部使用,这种只能在程序的特定部分使用的变量称为局部变量。

2. 全局变量

在一个文件中所有函数之外定义的变量可以供该文件中的任何函数使用,这种变量称为全局变量。

【例 5-35】　全局变量和局部变量。

【源程序 35. py】

```
g=5
def myadd():
    c=3
    return g+c
print(myadd())
print(g)
print(c)
```

【运行结果】

```
8
5
Traceback (most recent call last):
  File "F:/eg/35.py", line 7, in <module>
    print(c)
NameError: name 'c' is not defined
```

本例中,g 和 myadd 都是全局的,c 是局部的,只能在函数中使用,因此 print(c)时出现错误。

以下几种情况在使用时请注意：

(1) 如果全局变量和函数中的局部变量重名,则在函数中只有局部变量起作用。函数外,全局变量还正常地起作用。

【例 5-36】　全局变量和局部变量重名。

【源程序 36. py】

```
g=5
```

```
def test():
    g=3
    print(g)
test()
print(g)
```

【运行结果】

```
3
5
```

（2）只要在函数中对某个变量赋值，都在函数中创建了一个局部变量，而任何变量不能在创建之前被使用。如：

```
def test():
    print(g)    #错误,局部变量(下一句定义)在赋值前被使用
    g=3
```

又如：

```
def test():
    g=g+1       #错误,赋值语句创建了左边的局部变量 g,
                #右侧的 g+1 相当于在变赋值前使用了变量 g
```

（3）可以在函数中用 global 声明全局变量。

【例 5-37】 在函数中用 global 声明全局变量。

【源程序 37. py】

```
g=5
def test():
    global g
    g=g+1
    return g
print(test())
print(g)
```

【运行结果】

```
6
6
```

（4）函数的定义会产生变量的作用域。

【例 5-38】 内嵌函数时变量作用域的产生。

【源程序 38. py】

```
def f1():
    x=y=2
    def f2():
        y=3
```

```
        print('f2 函数内 x=', x)
        print('f2 函数内 y=', y)
    f2()
    print('f1 函数内 x=', x)
    print('f1 函数内 y=', y)
f1()
```

【运行结果】

```
f2 函数内 x=2
f2 函数内 y=3
f1 函数内 x=2
f1 函数内 y=2
```

本例中,x 是函数 f1 的变量,同时在函数 f2 中仍然有效,类似于一个全局变量,所以 f2 函数内 x = 2。另外,在函数 f2 中定义了局部变量 y,所以在 f2 中的局部变量 y 取代了函数 f1 中的同名变量 y,使得 f2 函数内 y = 3。

综上所述,如果该变量在函数中用 global 语句声明为全局变量,则无论是否在函数中对其进行了赋值操作,该变量都将作为全局变量。否则:

(1) 如果在函数内部对该变量进行了赋值操作,此变量就是一个局部变量,其他任何使用该变量的语句一定要在赋值语句后。

(2) 如果在函数内部未对该变量进行了赋值操作,那么对于该函数来说,此变量就是全局变量。

5.10.4　导入模块

要使用模块中的函数,需要导入模块,通常使用 import 语句和 from…import 语句两种方法。

1. import 语句

想使用 Python 源文件,只需在另一个源文件里执行 import 语句,格式如下:

import 模块 1[, 模块 2[,... 模块 N]

使用模块的格式如下:

模块名.函数名(参数)

例如:

```
>>>import math
>>>math.sqrt(9)
3.0
>>>math.sin(2)
0.9092974268256817
```

大学计算机——计算文化与计算思维基础

2. from…import 语句

格式如下：

```
from 模块名 import 函数名或变量名 1[,函数名或变量名 2[,…函数名或变量名 N]]
```

作用：from 语句用于从模块中导入指定的模块成员到当前命名空间中。如果使用 from 模块名 import ＊,就会把一个模块的所有内容全都导入到当前的命名空间。

使用模块的格式如下：

函数名(参数)

例如：

```
>>>from math import sqrt,sin
>>>sqrt(9)
3.0
>>>sin(2)
0.9092974268256817
```

又如,要导入模块 fib 的 fibonacci 函数,使用如下语句：

```
from fib import Fibonacci
```

5.10.5　Python 标准库中的常用模块

Python 提供了丰富的函数库,限于篇幅有限,仅按作用分类简介。

1. 科学计算

(1) math。math 模块是为 Python 提供的内置数学类函数库,支持整数和浮点数运算。例如：

```
>>>import math
>>>math.cos(math.pi / 4)
0.7071067811865476
```

(2) random。random 模块提供了生成随机数的工具。例如：

```
>>>import random
>>>random.choice(['apple', 'pear', 'banana'])
'apple'
>>>random.sample(range(100), 10)
[39, 26, 69, 35, 36, 11, 43, 37, 75, 95]
>>>random.random()
0.9217946862396417
>>>random.randrange(6)
5
```

(3) Matplotlib。Matplotlib 是用 Python 实现的类 Matlab(Matlab 和 Mathematica、

Maple 并称为三大数学软件,在数学类科技应用软件中在数值计算方面首屈一指)的第三方库,用以绘制一些高质量的数学二维图形。

(4) SciPy。SciPy 是一个集成了多种数学算法和方便的函数的 Python 模块,旨在实现 MATLAB 的所有功能。

(5) NumPy。NumPy 是基于 Python 的科学计算第三方库,提供了矩阵、线性代数、傅里叶变换等的解决方案。

2. 网页处理

(1) BeautifulSoup。BeautifulSoup 具有强大的容错功能,是一个网页处理非常强大的模块。

(2) PyQuery。PyQuery 库是 jQuery 的 Python 实现,可以用于解析 HTML 网页内容。

3. 图形界面与图形绘制

(1) turtle 模块。turtle 模块(小写的 t)提供了一个称为 Turtle 的函数(大写的 T),是 Python 一个简单的绘图工具。

(2) tkinter 模块。tkinter 是 Python 中可用于构建 GUI(Graphical User Interface,图形化用户界面,也称图形用户接口)的众多工具集之一。

(3) PyQt。PyQt 是一个创建 GUI 应用程序的工具包,是 Python 编程语言和 Qt 库的成功融合。Qt 库是一个跨平台的 C++ 图形用户界面库,是目前最强大的库之一。

(4) wxpython。wxpython 是 Python 下一套优秀的 GUI 编程框架。允许 Python 程序员很方便地创建完整的、功能键全的 GUI 用户界面。

4. Web 框架

(1) Django。Django 是一个开放源代码的 Web 应用框架,由 Python 写成,采用了 MVC 的软件设计模式,即模型 M、视图 V 和控制器 C。

(2) web2py。web2py 是一个小巧灵活的 Web 框架,虽然简单但是功能强大。

5. 其他

(1) datetime 模块。datetime 模块支持日期和时间算法的同时,实现的重点放在更有效的处理和格式化输出。例如:

```
>>>from datetime import date
>>>now=date.today()
>>>now
datetime.date(2017, 5, 9)
>>>now.strftime("%m-%d-%y. %d %b %Y is a %A on the %d day of %B.")
'05-09-17. 09 May 2017 is a Tuesday on the 09 day of May.'
```

(2) os 模块。os 模块提供了不少与操作系统相关联的函数。

```
>>>import os
>>>os.getcwd()          #返回当前的工作目录
'C:\\Python35'
```

建议使用 import os 风格而非 from os import ＊。这样可以保证随操作系统不同而有所变化的 os.open() 不会覆盖内置函数 open()。

在使用 os 这样的大型模块时内置的 dir() 和 help() 函数非常有用:

```
>>>import os
>>>dir(os)
['F_OK', 'MutableMapping', 'O_APPEND', 'O_BINARY', 'O_CREAT', 'O_EXCL', 'O_
NOINHERIT', 'O_RANDOM', 'O_RDONLY', 'O_RDWR', 'O_SEQUENTIAL', 'O_SHORT_LIVED',
'O_TEMPORARY', 'O_TEXT', 'O_TRUNC', 'O_WRONLY', 'P_DETACH', 'P_NOWAIT', 'P_
NOWAITO', 'P_OVERLAY', 'P_WAIT', 'R_OK', 'SEEK_CUR', 'SEEK_END', 'SEEK_SET',
'TMP_MAX','W_OK', 'X_OK', '_DummyDirEntry', '_Environ', '__all__', '__builtins__',
'__cached__', '__doc__', '__file__', '__loader__', '__name__', '__package__', '__
spec__', '_dummy_scandir', '_execvpe', '_exists', '_exit', '_get_exports_list',
'_putenv', '_unsetenv', '_wrap_close', 'abort', 'access', 'altsep', 'chdir',
'chmod', 'close', 'closerange', 'cpu_count', 'curdir', 'defpath',
'device_encoding', 'devnull', 'dup', 'dup2', 'environ', 'errno', 'error', 'execl',
'execle', 'execlp', 'execlpe', 'execv', 'execve', 'execvp', 'execvpe', 'extsep',
'fdopen', 'fsdecode', 'fsencode', 'fstat', 'fsync', 'ftruncate', 'get_exec_
path', 'get_handle_inheritable', 'get_inheritable', 'get_terminal_size',
'getcwd','getcwdb', 'getenv', 'getlogin', 'getpid', 'getppid', 'isatty', 'kill',
'linesep', 'link', 'listdir', 'lseek', 'lstat', 'makedirs', 'mkdir', 'name',
'open', 'pardir', 'path', 'pathsep', 'pipe', 'popen', 'putenv', 'read',
'readlink', 'remove', 'removedirs', 'rename', 'renames', 'replace', 'rmdir',
'scandir','sep', 'set_handle_inheritable', 'set_inheritable', 'spawnl',
'spawnle','spawnv', 'spawnve', 'st', 'startfile', 'stat', 'stat_float_times',
'stat_result','statvfs_result', 'strerror', 'supports_bytes_environ',
'supports_dir_fd','supports_effective_ids', 'supports_fd', 'supports_follow_
symlinks', 'symlink', 'sys', 'system', 'terminal_size', 'times', 'times_result',
'truncate','umask', 'uname_result', 'unlink', 'urandom', 'utime', 'waitpid',
'walk', 'write']
```

(3) glob 模块。glob 模块用于从指定的目录中搜索中文件列表。如:

```
>>>import glob
>>>glob.glob('f:\eg\＊.py')
['f:\\eg\\01+input.py', 'f:\\eg\\01.py', 'f:\\eg\\02.py', 'f:\\eg\\03.py', 'f:\
\eg\\04.py', …]
```

又如:

```
>>>glob.glob('d:\＊.doc')
['d:\\f1.doc', 'd:\\syg.doc']
```

(4) sys 模块。sys 模块提供了一系列有关 Python 运行环境的变量和函数。

【例 5-39】 使用 sys.argv 获取当前正在执行的命令行参数的参数列表(list)。

【源程序 39. py】

```
import sys
#获取脚本名字
print 'The name of this program is: %s' % (sys.argv[0])
#获取参数列表
print 'The command line arguments are:'
for i in sys.argv:
    print i
#统计参数个数
print 'There are %s arguments.'% (len(sys.argv)-1)
```

【运行结果】

```
The name of this program is: F:/eg/39.py
The command line arguments are:
F:/eg/39.py
There are 0 arguments.
```

【例 5-40】 sys. exit(n)使用实例(调用 sys. exit(n)可以中途退出程序,当参数非 0 时,会引发一个 SystemExit 异常,从而可以在主程序中捕获该异常)。

【源程序 40. py】

```
import sys
print 'running…'
try:
    sys.exit(1)
except SystemExit:
    print 'SystemExit exit 1'
print 'exited'
```

【运行结果】

```
running…
SystemExit exit 1
exited
```

(5) MySQLdb。Python 连接 MySQL 的模块。MySQL 是一个小型关系型数据库管理系统,被广泛地应用在 Internet 上的中小型网站中。

(6) PyGame。PyGame 是基于 Python 的多媒体开发和游戏软件开发模块。

(7) sh。sh 可以让用户像执行函数一样执行 Shell 终端命令,方便调用系统中的命令,以及调用任何程序。

(8) cx_Freeze。cx_Freeze 是一组脚本和模块,用来将 Python 脚本封装成可执行程序,是跨平台的方便简洁的打包工具。

(9) 数据压缩模块。zlib、gzip、bz2、zipfile 和 tarfile 模块直接支持通用的数据打包和压缩格式。如:

```
>>>import zlib
>>>s=b'witch which has which witches wrist watch'
>>>len(s)
41
>>>t=zlib.compress(s)
>>>len(t)
37
```

(10) 性能度量模块。有些用户对了解解决同一问题的不同方法之间的性能差异很感兴趣。Python 提供了度量工具,为这些问题提供了直接答案。

例如,使用元组封装和拆封来交换元素看起来要比使用传统的方法要诱人得多,timeit 证明了现代的方法更快一些。

```
>>>from timeit import Timer
>>>Timer('t=a; a=b; b=t', 'a=1; b=2').timeit()
0.57535828626024577
>>>Timer('a,b=b,a', 'a=1; b=2').timeit()
0.54962537085770791
```

(11) jieba 模块。jieba 是 Python 中第三方中文分词函数库,需要通过 pip 命令安装。支持三种分词模式:

- 精确模式:试图将句子最精确地切开,适合文本分析。
- 全模式:把句子中所有的可以成词的词语都扫描出来,速度非常快,但是不能解决歧义。
- 搜索引擎模式:在精确模式的基础上,对长词再次切分,提高召回率,适合用于搜索引擎分词。

篇幅有限,不详述。

如:

```
#encoding=utf-8
import jieba

seg_list=jieba.cut("我来到北京清华大学",cut_all=True)
print "Full Mode:", "/ ".join(seg_list)              #全模式
seg_list=jieba.cut("我来到北京清华大学",cut_all=False)
print "Default Mode:", "/ ".join(seg_list)           #精确模式
seg_list=jieba.cut("他来到了网易杭研大厦")             #默认是精确模式
print ", ".join(seg_list)
seg_list=jieba.cut_for_search("小明硕士毕业于中国科学院计算所,后在日本京都大学深造") #搜索引擎模式
print ", ".join(seg_list)
```

运行结果如下:

【全模式】:我 / 来到 / 北京 / 清华 / 清华大学 / 华大 / 大学

【精确模式】：我 / 来到 / 北京 / 清华大学

【新词识别】：他，来到，了，网易，杭研，大厦　　　（此处，"杭研"并没有在词典中,但是也被Viterbi算法识别出来了）

【搜索引擎模式】：小明，硕士，毕业，于，中国，科学，学院，科学院，中国科学院，计算，计算所，后，在，日本，京都，大学，日本京都大学，深造

(12) PIL 模块。PIL 是 Python 中第三方具有强大图像处理的函数库,需要通过 pip 命令安装。它不仅包含了丰富的像素、色彩操作功能,还可以用于图像归档和批量处理。

(13) pyinstaller 模块。pyinstaller 是将 python 语言脚本(.py)打包成可执行文件的第三方函数库,需要通过 pip 命令安装。可以用于 Windows、Linux、Mac OS X 等操作系统。

(15) requests 模块。requests 是一个简洁且简单处理 HTTP 请求的第三方函数库,需要通过 pip 命令安装,其最大优点是程序编写过程更接近正常 URL 访问过程。

(16) beautifulsoup4 模块。beautifulsoup4 是一个解析和处理 HTML 和 XML 的第三方函数库,需要通过 pip 命令安装,它和 requests 模块是最主流的网页处理模块。

5.10.6　查看 Python 模块和函数帮助文档的方法

Python 的一个优势是有着大量自带和在线的模块(module)资源,可以提供丰富的功能。模块和函数数量庞大,在使用这些模块的时候,如果每次都去网站找在线文档会过于耗费时间,结果也不一定准确。因此这里介绍 Python 自带的查看帮助功能,可以在编程时不中断地迅速找到所需模块和函数的使用方法。

1. 通用帮助函数

help()是 Python 的通用的查询帮助,可以查到几乎所有的帮助文档。在 Python 命令行中键入 help(),可以看到:

```
>>>help()
Welcome to Python 3.5's help utility!

If this is your first time using Python, you should definitely check out
the tutorial on the Internet at http://docs.python.org/3.5/tutorial/.

Enter the name of any module, keyword, or topic to get help on writing
Python programs and using Python modules.  To quit this help utility and
return to the interpreter, just type "quit".

To get a list of available modules, keywords, symbols, or topics, type
"modules", "keywords", "symbols", or "topics".  Each module also comes
with a one-line summary of what it does; to list the modules whose name
or summary contain a given string such as "spam", type "modules spam".
```

进入 help 帮助文档界面,根据屏幕提示可以继续键入相应关键词进行查询,继续键入 modules 可以列出当前所有安装的模块:

```
help>modules
Please wait a moment while I gather a list of all available modules...

AutoComplete          _pyio              filecmp          pyscreeze
AutoCompleteWindow  _random            fileinput        pytweening
...

Enter any module name to get more help.  Or, type "modules spam" to search
for modules whose name or summary contain the string "spam".
```

可以继续键入相应的模块名称得到该模块的帮助信息。

2. 模块帮助查询

如果不希望这样层级式地向下查询,也可以直接查询特定的模块和函数帮助信息,注意使用时需要首先导入该模块。

(1) 查看.py 结尾的普通模块 help(module_name)。例如,要查询 math 模块,可以如下操作:

```
>>>import math        #导入 math 模块
>>>help(math)
Help on built-in module math:

NAME
    math

DESCRIPTION
    This module is always available.  It provides access to the
    mathematical functions defined by the C standard.

FUNCTIONS
    acos(...)
        acos(x)

        Return the arc cosine (measured in radians) of x.
...
```

(2) 查看内建模块 sys. bultin_modulenames。例如:

```
>>>import sys      #导入 sys 模块
>>>sys.builtin_module_names
('_ast', '_bisect', '_codecs', '_codecs_cn', '_codecs_hk', '_codecs_iso2022',
'_codecs_jp', '_codecs_kr', '_codecs_tw', '_collections', '_csv', '_datetime',
'_functools', '_heapq', '_imp', '_io', '_json', '_locale', '_lsprof', '_md5',
```

```
'_multibytecodec', '_opcode', '_operator', '_pickle', '_random', '_sha1',
'_sha256', '_sha512', '_signal', '_sre', '_stat', '_string', '_struct',
'_symtable', '_thread', '_tracemalloc', '_warnings', '_weakref', '_winapi',
'array', 'atexit', 'audioop', 'binascii', 'builtins', 'cmath', 'errno',
'faulthandler', 'gc', 'itertools', 'marshal', 'math', 'mmap', 'msvcrt', 'nt',
'parser', 'sys', 'time', 'winreg', 'xxsubtype', 'zipimport', 'zlib')
```

3. 查询函数信息

（1）查看模块下所有函数。语法格式：

```
dir(module_name)
```

同样需要首先导入该模块,例如：

```
>>>import math
>>>dir(math)
['__doc__', '__loader__', '__name__', '__package__', '__spec__', 'acos', 'acosh
', 'asin', 'asinh', 'atan', 'atan2', 'atanh', 'ceil', 'copysign', 'cos', 'cosh',
'degrees', 'e', 'erf', 'erfc', 'exp', 'expm1', 'fabs', 'factorial', 'floor',
'fmod', 'frexp', 'fsum', 'gamma', 'gcd', 'hypot', 'inf', 'isclose', 'isfinite',
'isinf', 'isnan', 'ldexp', 'lgamma', 'log', 'log10', 'log1p', 'log2', 'modf',
'nan', 'pi', 'pow', 'radians', 'sin', 'sinh', 'sqrt', 'tan', 'tanh', 'trunc']
```

（2）查看模块下特定函数信息 help(module_name. func_name)。例如,查看 math 下的 sin()函数：

```
>>>help(math.sin)
Help on built-in function sin in module math:

sin(…)
    sin(x)

    Return the sine of x (measured in radians).
```

（3）查看函数信息的另一种方法 print(func_name. _ _doc_ _)。语法格式：

```
print(func_name._ _doc_ _)
```

其中_ _doc_ _前后是两个短下画线。
例如,查看内建函数 print 用法：

```
>>>print(print._ _doc_ _)
print(value, …, sep=' ', end='\n', file=sys.stdout, flush=False)

Prints the values to a stream, or to sys.stdout by default.
Optional keyword arguments:
file:  a file-like object (stream); defaults to the current sys.stdout.
sep:   string inserted between values, default a space.
```

```
end:   string appended after the last value, default a newline.
flush: whether to forcibly flush the stream.
```

5.11 常用算法策略的 Python 实现

第 4 章中介绍了一些常用的算法设计策略,下面分别用 Python 实现其中一些实例。

1. 枚举法

【例 5-41】 求 1～1000 中,所有能被 17 整除的数。

【源程序 41. py】

```
for i in range(1,1001):
    if i%17==0:
        print(i,end=' ')
```

【运行结果】

```
17 34 51 68 85 102 119 136 153 170 187 204 221 238 255 272 289 306 323 340 357 374 391
408 425 442 459 476 493 510 527 544 561 578 595 612 629 646 663 680 697 714 731 748 765
782 799 816 833 850 867 884 901 918 935 952 969 986
```

【例 5-42】 百鸡买百钱问题。

这是中国古代《算经》中的问题:鸡翁一,值钱五;鸡母一,值钱三;鸡雏三,值钱一,百钱买百鸡,问翁、母、雏各几何? 即已知公鸡 5 元/只,母鸡 3 元/只,小鸡 3 只/1 元,要用一百元钱买一百只鸡,问可买公鸡、母鸡、小鸡各几只?

问题分析:设公鸡为 x 只,母鸡为 y 只,小鸡为 z 只,则问题化为一个三元一次方程组:

$$x+y+z=100$$
$$5x+3y+z/3=100$$

由于共一百元钱,而且这里 x、y、z 为正整数(不考虑为 0 的情况,即至少买 1 只),那么可以确定:x 的取值范围为 1～20,y 的取值范围为 1～33。

【源程序 42. py】

```
for x in range(1,20+1):
    for y in range(1,33+1):
        z=100-x-y
        if (5*x+3*y+z/3)==100:
            print("公鸡{0}只,母鸡{1}只,小鸡{2}只。".format(x,y,z))
```

【运行结果】

公鸡 4 只,母鸡 18 只,小鸡 78 只。
公鸡 8 只,母鸡 11 只,小鸡 81 只。

公鸡 12 只, 母鸡 4 只, 小鸡 84 只。

2. 回溯法

【例 5-43】 八皇后问题。

在国际象棋中, 皇后是最有权力的一个棋子; 只要别的棋子在它的同一行或同一列或同一斜线(正斜线或反斜线)上时, 它就能把对方棋子吃掉。那么, 在 8×8 的格的国际象棋上摆放八个皇后, 使其不能相互攻击, 即任意两个皇后都不能处于同一列、同一行或同一条斜线上面, 问共有多少种解法。比如,(1, 5, 8, 6, 3, 7, 2, 4)就是其中一个解。

【源程序 43. py】

```python
#八皇后问题的 Python 解法(只求出其中一种可行解):
def place(x, k):
#判断第 k 个皇后当前的列位置 x[k]是否与其他皇后冲突
    for i in range(1, k):
        if x[i]==x[k] or abs(x[i] -x[k])==abs(i -k):
            return False
    return True


def n_queens(n):
    #计算 n 皇后的其中一个解,将解向量返回
    k=1
    #解向量
    x= [0 for row in range(n +1)]
    x[1]=0
    while k >0:
        #在当前列加 1 的位置开始搜索
        x[k]=x[k] +1

        while (x[k] <=n) and (not place(x, k)):#当前列位置是否满足条件
            #不满足条件,继续搜索下一列位置
            x[k]=x[k] +1
        if x[k] <=n:
            #是最后一个皇后,完成搜索
            if k==n:
                break
            else:
                #不是,则处理下一行皇后
                k=k +1
                x[k]=0
        #已判断完 n 列,均没有满足条件
        else:
            #第 k 行复位为 0,回溯到前一行
            x[k]=0
            k=k -1
```

```
    return x[1:]
```

```
#主函数
#打印出 n 皇后的一个解
print(n_queens(8))
```

【运行结果】

```
[1, 5, 8, 6, 3, 7, 2, 4]
```

3. 递推法(迭代法、辗转法)

【例 5-44】 猴子吃桃子问题。

小猴在一天摘了若干个桃子,当天吃掉一半多一个;第二天接着吃了剩下的桃子的一半多一个;以后每天都吃尚存桃子的一半零一个,到第 7 天早上要吃时只剩下一个了,问小猴那天共摘下了多少个桃子?

问题分析:设第 i+1 天剩下 x_{i+1} 个桃子。

因为第 i+1 天吃了:$0.5x_i+1$,所以第 i+1 天剩下

$$x_i-(0.5x_i+1)=0.5x_i-1$$

因此得

$$x_{i+1}=0.5x_i-1$$

即得到本题的数学模型:$x_i=(x_{i+1}+1)*2$,其中 i=6,5,4,3,2,1。

【源程序 44. py】

```
x=1
for day in range(6,0,-1):
    x=(x +1) * 2
print(x)
```

【运行结果】

```
190
```

4. 递归法

【例 5-45】 利用递归方法求 5!。

程序分析:递归公式 $f(n)=n*f(n-1)$。

【源程序 45. py】

```
def fact(j):
    sum=0
    if j==0:
        sum=1
    else:
        sum=j * fact(j-1)
    return sum
```

```
for i in range(5):
    print('%d!=%d'%(i,fact(i)))
```

【运行结果】

```
0!=1
1!=1
2!=2
3!=6
4!=24
```

【例 5-46】 输出前 10 个斐波那契(Fibonacci)数列。

无穷数列 $1,1,2,3,5,8,13,21,34,55,\cdots$,称为斐波那契数列。它可以递归地定义为:

$$F(n)=\begin{cases} 1 & n=0 \\ 1 & n=1 \\ F(n-1)+F(n-2) & n>1 \end{cases}$$

【源程序 46.py】

```
def fib(n):
    if n==1:
        return [1]
    if n==2:
        return [1, 1]
    fibs=[1, 1]
    for i in range(2, n):
        fibs.append(fibs[-1]+fibs[-2])
    return fibs
#输出前 10 个斐波那契数列
print (fib(10))
```

【运行结果】

```
[1, 1, 2, 3, 5, 8, 13, 21, 34, 55]
```

【例 5-47】 汉诺(Hanoi)塔问题。

古代有一个梵塔,塔内有三个座 A、B、C,其中 A 座上有 64 个圆盘,圆盘大小不等,大的在下,小的在上。现要求将塔座 A 上的 64 个圆盘移到塔座 B 上,并仍按同样顺序叠置。在移动圆盘时应遵守以下移动规则:

(1) 每次只能移动 1 个圆盘;

(2) 任何时刻都不允许将较大的圆盘压在较小的圆盘之上;

(3) 在满足移动规则 1 和 2 的前提下,可将圆盘移至 A、B、C 中任一塔座上。

【源程序 47.py】

```
count=1
```

```
def main():
    n_str=input('请输入盘子个数:')
    n=int(n_str)
    Hanoi(n,'A','C','B')
def Hanoi(n, A, C, B):
    global count
    if n <1:
        print('False')
    elif n==1:
        print ("%d:\t%s ->%s" % (count, A, C))
        count +=1
    elif n >1:
        Hanoi (n -1, A, B, C)
        Hanoi (1, A, C, B)
        Hanoi (n -1, B, C, A)
if(_ _name_ _=="_ _main_ _"):
    main()
```

【运行结果】

请输入盘子个数:3
1:A ->C
2:A ->B
3:C ->B
4:A ->C
5:B ->A
6:B ->C
7:A ->C

5. 分治法

【例 5-48】 使用分治法解决斐波那契数(Fibonacci)数列问题。

【源程序 48. py】

```
def fibonacci(n):
    if n<2:
        return 1
    return fibonacci(n-1) +fibonacci(n-2)


n=int(input('请输入 n:'))
for i in range(n+1):
    print(fibonacci(i),end=' ')
```

【运行结果】

请输入 n:11

1 1 2 3 5 8 13 21 34 55 89 144

【例 5-49】 循环赛日程表问题。

设有 n=2^K 个运动员要进行网球循环赛,现要设计一个满足以下要求的比赛日程表:

(1) 每个选手必须与其他 n-1 个选手各赛一次;

(2) 每个选手一天只能赛一次;

(3) 循环赛一共进行 n-1 天。

请按此要求将比赛日程表设计成有 n 行和 n-1 列的一个表。在表中的第 i 行,第 j 列处填入第 i 个选手在第 j 天所遇到的选手。其中 $1 \leqslant i \leqslant n, 1 \leqslant j \leqslant n-1$。

【源程序 49. py】

```python
#循环赛日程安排 Python 程序
import math
#n=8
n=int(input('请输入参赛人数 n,必须是 2 的某次幂:'))
m=int(math.log(n,2))    #2 的 k 次幂
c  =[[0 for i in range(n)] for i in range(n)]


def init_c(n,c):        #n*n 矩阵初始化
    for i in range(n):        #初始化第 1 列
        c[i][0]=i+1
    for j in range(n):        #初始化第 1 行
        c[0][j]=j+1


def copy(tox,toy,x,y,r): #x,y 源块坐标,tox,toy 对应目标块坐标,r 矩阵块阶数
    for i in range(r):        #如 r=4,则左上(x,y)=(1,1),右下(tox,toy)=(3,3)
        for j in range(r):#左下(x,y)=(3,1),右上(tox,toy)=(1,3)
            c[tox+i][toy+j]=c[x+i][y+j];


def table(n):
    init_c(n,c)
    for r in [2 ** i for i in range(m)]:
        for i in range(0,n,2 * r): #1,2,4,先 1*1 的复制,再 2*2 的复制,再 4*4 的复制

            copy(r,r+i,0,i,r);        #左上角复制到右下角
            copy(r,i,0,r+i,r);        #右上角复制到左下角

table(n);    #填充 n*n 的比赛日程矩阵 c,其中第一列为参赛人员。
for i in range(n):        #输出矩阵 c
    for j in range(n):
        print(c[i][j],end=' ')
    print('')
```

【运行结果】

请输入参赛人数 n,必须是 2 的某次幂:8
1 2 3 4 5 6 7 8
2 1 4 3 6 5 8 7
3 4 1 2 7 8 5 6
4 3 2 1 8 7 6 5
5 6 7 8 1 2 3 4
6 5 8 7 2 1 4 3
7 8 5 6 3 4 1 2
8 7 6 5 4 3 2 1

【例 5-50】　二分查找又称折半查找,优点是比较次数少,查找速度快,平均性能好;其缺点是要求待查表为有序表,且插入删除困难。因此,折半查找方法适用于不经常变动而查找频繁的有序列表。

算法:首先,假设表中元素是按升序排列,将表中间位置记录的关键字与查找关键字比较,如果两者相等,则查找成功;否则利用中间位置记录将表分成前、后两个子表,如果中间位置记录的关键字大于查找关键字,则进一步查找前一子表,否则进一步查找后一子表。重复以上过程,直到找到满足条件的记录,使查找成功,或直到子表不存在为止,此时查找不成功。

【源程序 50. py】

```python
def bin_search(data_list, val):
    low=0                             #最小数下标
    high=len(data_list) -1            #最大数下标
    while low <=high:
        mid= (low +high) // 2         #中间数下标
        if data_list[mid]==val:       #如果中间数下标等于 val, 返回
            return mid
        elif data_list[mid] >val:     #如果 val 在中间数左边, 移动 high 下标

            high=mid -1
        else:                         #如果 val 在中间数右边, 移动 low 下标
            low=mid +1
    return #val 不存在, 返回 None
R= [1,2,3,4,5,6,7,8]
key=3
indexNum=bin_search(R,key)
print("原始序列为:"+str(R))
print("Key 为:"+str(key))
if indexNum== (-1):
    print("未找到!")
else:
    print("key 的位置为:"+str(indexNum+1))
```

【运行结果】

原始序列为:[1, 2, 3, 4, 5, 6, 7, 8]
Key 为:3
key 的位置为:3

6. 贪心算法

【例 5-51】 付款问题。

假设有面值为 5 元、2 元、1 元、5 角、2 角、1 角的货币,需要找给顾客 4 元 6 角现金。如何找给顾客零钱,使付出的货币张数最少?

贪心法求解步骤:为使付出的货币张数最少,首先选出 1 张面值不超过 4 元 6 角的最大面值的货币,即 2 元,再选出 1 张面值不超过 2 元 6 角的最大面值的货币,即 2 元,再选出 1 张面值不超过 6 角的最大面值的货币,即 5 角,再选出 1 张面值不超过 1 角的最大面值的货币,即 1 角,总共付出 4 张货币。

【源程序 51. py】

```python
#<程序:找零钱_贪心>
v=[50,20,10,5,2,1]
n=[0,0,0,0,0,0]
def change():
    T_str=input('要找给顾客的零钱,单位:角:')
    T=int(T_str)
    greedy(T)
    for i in range(len(v)):
        print('要找给顾客',v[i],'角的张数:',n[i])
    s=0
    for i in n:
        s=s+i
    print('找给顾客的张数最少为:',s)
def greedy(T):
    if T==0:return
    elif T>=v[0]:
        T=T-v[0]; n[0]=n[0]+1
        greedy(T)
    elif v[0]>T>=v[1]:
        T=T-v[1]; n[1]=n[1]+1
        greedy(T)
    elif v[1]>T>=v[2]:
        T=T-v[2]; n[2]=n[2]+1
        greedy(T)
    elif v[2]>T>=v[3]:
        T=T-v[3]; n[3]=n[3]+1
        greedy(T)
    elif v[3]>T>=v[4]:
```

```
            T=T-v[4]; n[4]=n[4]+1
            greedy(T)
        else:
            T=T-v[5]; n[5]=n[5]+1
            greedy(T)

if(__name__=="__main__"):
    change()
```

【运行结果】

要找给顾客的零钱,单位:角:46
要找给顾客 50 角的张数:0
要找给顾客 20 角的张数:2
要找给顾客 10 角的张数:0
要找给顾客 5 角的张数:1
要找给顾客 2 角的张数:0
要找给顾客 1 角的张数:1
找给顾客的张数最少为:4

7. 动态规划法

【例 5-52】 三角数塔问题。

图 4.9 是一个由数字组成的三角形,顶点为根结点,每个结点有一个整数值。从顶点出发,可以向左走或向右走,要求从根结点开始,请使用动态规划法找出一条路径,使路径之和最大,只要输出路径的和。

【源程序 52.py】

```
#三角数塔矩阵
#矩阵 t 存放三角数塔
t=[
[9,  0, 0,0, 0],
[12,15, 0,0, 0],
[10, 6, 8,0, 0],
[2, 18, 9,5, 0],
[19, 7,10,4,16]
]
#最大路径矩阵 m 每个结点有两个分量,如:[n,(i,j)],其中 n 存放结点最大路径值,(i,j)存放
最大路径下一个结点。
m=[[[0,(j,i)] for i in range(5)] for j in range(5)]    #最大值路径记录

for i in range(5):                                    #更新第 4 层
    m[4][i][0]=t[4][i]

for i in range(3,-1,-1):                              #依次更新第 3、2、1、0 层
    for j in range(0,i+1):
```

```
    m[i][j][0]=max(m[i+1][j][0], m[i+1][j+1][0]) +t[i][j] #更新路径最大值
    if m[i+1][j][0] >=m[i+1][j+1][0]:          #记录最大路径下一个结点
        m[i][j][1]=(i+1,j)
    else:
        m[i][j][1]=(i+1,j+1)
#(0,0)位路径初始结点,m[0][0][0]存放路径最大值,m[0][0][1]指向最大路径下一个结点
print('路径最大值为:',m[0][0][0])
print('最大值路径为:(0,0)',end=' ')
i,j=0,0
#打印最大路径,从(0,0)开始
while (i,j) !=m[i][j][1]:
    print('->',m[i][j][1],end=' ')
    i,j=m[i][j][1][0], m[i][j][1][1]
```

【运行结果】

```
路径最大值为: 59
最大值路径为:(0,0) -> (1, 0) -> (2, 0) -> (3, 1) -> (4, 2)
```

> **说明:**
>
> ```
> if m[i+1][j][0] >=m[i+1][j+1][0]:
>     m[i][j][1]=(i+1,j)
> else:
>     m[i][j][1]=(i+1,j+1)
> ```
> 上面 if…else 语句也可以写成以下简洁的形式:
> ```
> m[i][j][1]=(i+1,j)  if m[i+1][j][0] >=m[i+1][j+1][0]  else  (i+1,j+1)
> ```

5.12   图形界面与图形绘制

Python 不仅具有高效的程序设计的功能,而且可以容易地编写图形用户界面
(Graphical User Interface,GUI),另外还自带一个简单快捷的绘图模块 turtle(海龟作图)。

5.12.1   常用 Python GUI 库

Python 提供了多个图形开发界面的库,几个常用 Python GUI 库如下。

(1) tkinter:tkinter 模块是 Python 的标准 GUI 库。Python 使用 tkinter 可以快速
地创建 GUI 应用程序,可以在大多数的 UNIX 平台下使用,同样可以应用在 Windows 和
Macintosh 系统中。

(2) wxPython:wxPython 是一款开源软件,是 Python 语言的一套优秀的 GUI 图
形库,允许 Python 程序员很方便地创建完整的、功能键全的 GUI 用户界面,它与 MFC

的架构相似。

（3）Jython：Jython 程序可以与 Java 无缝集成。除了一些标准模块，Jython 使用 Java 的模块。Jython 几乎拥有标准的 Python 中不依赖于 C 语言的全部模块。比如，Jython 的用户界面可以使用 Swing、AWT 或者 SWT。Jython 可以被动态或静态地编译成 Java 字节码。

另外，目前应用较多的是 PyQt，它是一个创建 GUI 应用程序的工具包，是 Python 编程语言和 Qt 库的成功融合。Qt 库是一个跨平台的 C++ 图形用户界面库，是目前最强大的库之一。PyQt 由 Phil Thompson 开发。PyQt 实现了一个 Python 模块集，有超过 300 类，将近 6000 个函数和方法，是一个多平台的工具包，可以运行在所有主要操作系统上，包括 UNIX，Windows 和 Mac。

5.12.2 tkinter 入门

tkinter 是 Python 中可用于构建 GUI(Graphical User Interface，图形化用户界面，也称图形用户接口)的众多工具集之一。

1. tkinter 编程

由于 tkinter 是内置到 Python 的安装包中，只要安装好 Python 之后就能导入 tkinter 库，而且 IDLE 也是用 tkinter 编写而成，对于简单的图形界面，tkinter 能应付自如。

如：

```
>>>from tkinter import *
>>>window=Tk()
>>>window.mainloop()
```

以上代码可以显示一个空白窗口。可以将其看成是应用程序的最外层容器，创建其他插件(widget)的时候就需要用到它。如果关闭屏幕上的窗口，则相应的窗口对象就会被销毁。所有的应用程序都只有一个主窗口；此外，还可以通过 TopLevel 小插件来创建额外的窗口。tkinter 小插件包括 Button、Canvas、CheckButton、Entry、Frame、Label、ListBox、Menu、Message、MenuButton、Text、TopLevel 等。

2. tkinter 组件

tkinter 的提供各种控件，如按钮，标签和文本框等，见表 5.18。

表 5.18 tkinter 组件

控 件	描 述
Button	按钮控件；在程序中显示按钮
Canvas	画布控件；显示图形元素如线条或文本
CheckButton	多选框控件；用于在程序中提供多项选择框
Entry	输入控件；用于显示简单的文本内容
Frame	框架控件；在屏幕上显示一个矩形区域，多用来作为容器

控　　件	描　　述
Label	标签控件；可以显示文本和位图
ListBox	列表框控件；在 Listbox 窗口小部件是用来显示一个字符串列表给用户
MenuButton	菜单按钮控件，由于显示菜单项
Menu	菜单控件；显示菜单栏，下拉菜单和弹出菜单
Message	消息控件；用来显示多行文本，与 label 比较类似
RadioButton	单选按钮控件；显示一个单选的按钮状态
Scale	范围控件；显示一个数值刻度，为输出限定范围的数字区间
Scrollbar	滚动条控件，当内容超过可视化区域时使用，如列表框
Text	文本控件；用于显示多行文本
TopLevel	容器控件；用来提供一个单独的对话框，和 Frame 比较类似
Spinbox	输入控件；与 Entry 类似，但是可以指定输入范围值
PanedWindow	窗口布局管理的插件，可以包含一个或者多个子控件
LabelFrame	简单的容器控件。常用于复杂的窗口布局
tkMessageBox	用于显示应用程序的消息框

3. 标准属性

标准属性也就是所有控件的共同属性，如大小、字体和颜色等等，见表 5.19。

表 5.19　标准属性

属　　性	描　　述	属　　性	描　　述
Dimension	控件大小	Relief	控件样式
Color	控件颜色	Bitmap	位图
Font	控件字体	Cursor	光标
Anchor	锚点		

4. 几何管理

tkinter 控件有特定的几何状态管理方法，管理整个控件区域组织，包括三种几何管理类：pack()（包装）、grid()（网格）和 place()（位置）。

pack 是三种布局管理中最常用的。另外两种布局需要精确指定控件具体的显示位置，而 pack 布局可以指定相对位置，精确的位置会由 pack 系统自动完成。pack 几何管理采用块的方式组织配件，在快速生成界面设计中广泛采用，若干组件简单的布局，采用 pack 的代码量最少。pack 几何管理程序根据组件创建生成的顺序将组件添加到父组件中去。

grid 几何管理采用类似表格的结构组织配件，使用起来非常灵活，用其设计对话框和带有滚动条的窗体效果最好。grid 采用行列确定位置，行列交汇处为一个单元格。每一列中,列宽由这一列中最宽的单元格确定。每一行中,行高由这一行中最高的单元格决定。

place 布局管理可以显式地指定控件的绝对位置或相对于其他控件的位置。要使用 place 布局,调用相应控件的 place()方法就可以了。所有 tkinter 的标准控件都可以调用 place()。

【例 5-53】 从右向左布局按钮。

【源程序 53. py】

```
from tkinter import *
root=Tk()                              #创建根窗口
bt1=Button(text="button1")             #创建按钮 1
bt1.pack(side='right')                 #显示按钮 1,靠右
bt2=Button(text="button2")             #创建按钮 1
bt2.pack(side='top')                   #显示按钮 2,靠右
```

【运行结果】 如图 5.14 所示。

【例 5-54】 通用消息对话框的使用。

【源程序 54. py】

图 5.14　从右向左布局按钮

```
#-*-coding: utf-8-*-#在文件头写上这行文字,提示文
```
档是统一使用的 utf8 编码,使语句中能够插入中文。
```
import tkinter
from tkinter import messagebox
def cmd():
    global n
    global buttontext
    n +=1
    if n==1:
        messagebox.askokcancel('Python Tkinter', '确定/取消')
        buttontext.set('询问')
    elif n==2:
        messagebox.askquestion('Python Tkinter', '询问')
        buttontext.set('是/否')
    elif n==3:
        messagebox.askyesno('Python Tkinter', '是/否')
        buttontext.set('错误')
    elif n==4:
        messagebox.showerror('Python Tkinter', '错误')
        buttontext.set('显示消息')
    elif n==5:
        messagebox.showinfo('Python Tkinter', '显示消息')
        buttontext.set('警告')
    else:
        n=0
```

```
            messagebox.showwarning('Python Tkinter', '警告')
            buttontext.set('确定/取消')
n=0
root=tkinter.Tk()
buttontext=tkinter.StringVar()
buttontext.set('确定/取消')
button=tkinter.Button(root, textvariable=buttontext, command=cmd)
button.pack()
root.mainloop()#进入事件循环
```

【运行结果】 如图 5.15 所示。

图 5.15 通用消息对话框的使用

【例 5-55】 创建一个与 Python 的 IDLE 相同的主菜单项,单击菜单,在交互窗口中显示"主菜单"。

【源程序 55. py】

```
from tkinter import *
root=Tk()
root['width']=400
root['height']=200
#单击菜单项时的处理函数
def h1():
    print('main menu')
menubar=Menu(root)   #创建主菜单
    #添加菜单项,每项菜单的命令执行都是 h1
for item in ['File','Edit','Format','Run','Options','Windows','Help']:
    menubar.add_command(label=item,command=h1)
#将 menubar 设置为 root 窗口的菜单(主菜单)
root['menu']=menubar
root.mainloop()
```

【运行结果】 如图 5.16 所示。

5.12.3 绘图模块 turtle 的使用

turtle 模块(小写的 t)提供了一个叫做 Turtle 的函数(大写的 T),是 Python 一个简

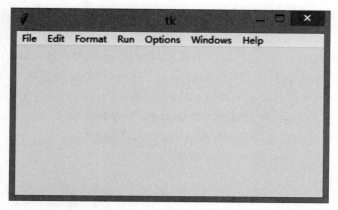

图 5.16 创建一个与 Python 的 IDLE 相同的主菜单项

单的绘图工具。

它提供了一个海龟,你可以把它理解为一个机器人,只听得懂有限的指令。绘图窗口的原点(0,0)在窗口中间。默认情况下,海龟向正右方移动。

操纵海龟绘图有着许多的命令分为两种:一种为运动命令,一种为画笔控制命令。

(1) 运动命令如下:

- forward(d):向前移动距离 d。
- backward(d):向后移动距离 d。
- right(degree):向右转动多少度。
- left(degree):向左转动多少度。
- goto(x,y):将画笔移动到坐标为(x,y)的位置。
- stamp():绘制当前图形。
- speed(speed):画笔绘制的速度,范围[0,10]间的整数。
- undo():撤销上一个 turtle 动作。

(2) 画笔控制命令:

- down():画笔落下,移动时绘制图形。
- up():画笔抬起,移动时不绘制图形。
- begin_fill():准备开始填充图形。
- end_fill():填充完成。
- setheading(degree):海龟朝向,degree 代表角度。
- isvisible():返回当前 turtle 是否可见。
- showturtle():显示箭头。
- hideturtle():隐藏箭头显示。
- screensize(w,h):设置 turtle 窗口的长和宽。
- clear():清空 turtle 窗口,但是 turtle 的位置和状态不会改变。
- reset():恢复所有设置。
- pensize(width):画笔的宽度。
- pencolor(colorstring):画笔的颜色。

- fillcolor(colorstring)：绘制图形的填充颜色。
- turtle.filling()：返回当前是否在填充状态；true 为 filling，false 为 not filling。
- circle(radius，extent)：绘制一个圆形，其中 radius 为半径，extent 为度数，例如若 extent 为 180，则画一个半圆；如要画一个圆形，可不必写第二个参数。
- write(s,font＝("font-name"，font_size，"font_type"))：写文本，s 为文本内容，font 是字体的参数，里面分别为字体名称，大小和类型。
- mainloop()告诉窗口等待用户操作，窗口不自动关闭。

【例 5-56】 画一个边长为 60 的三角形。

【源程序 56.py】

```
#-*-coding:utf-8-*-
import turtle
a=60
turtle.forward(a)
turtle.left(120)
turtle.forward(a)
turtle.left(120)
turtle.forward(a)
turtle.left(120)
```

【运行结果】 如图 5.17 所示。

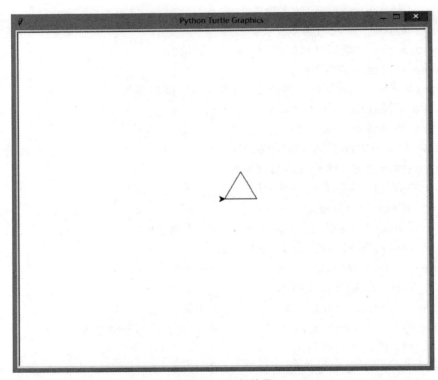

图 5.17 运行结果

大学计算机——计算文化与计算思维基础

【例 5-57】 多个圆形的美丽聚合。

【源程序 57. py】

```
#<程序:多个圆形的美丽聚合>
from turtle import *
reset()
speed('fast')
IN_TIMES=40
TIMES=20
for i in range(TIMES):
    right(360/TIMES)
    forward(200/TIMES)    #这一步是做什么用的?
    for j in range(IN_TIMES):
        right(360/IN_TIMES)
        forward (400/IN_TIMES)
write(" Click me to exit", font=("Courier", 12, "bold") )
s=Screen()
s.exitonclick()
```

【运行结果】 如图 5.18 所示。

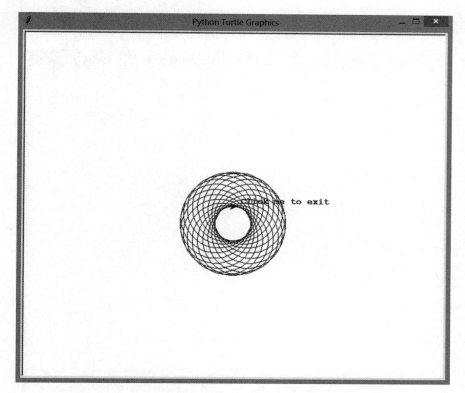

图 5.18 运行结果

【例 5-58】 绘制 Python 蟒蛇轨迹。

【源程序 58. py】

```
import turtle #(乌龟)轨迹描绘函数库
def drawSnake(rad,angle,len,neckrad): #绘制蟒蛇函数
    for i in range(len):
        turtle.circle(rad,angle)          #圆形轨迹函数,参数 rad 描述圆形半径的位置
        turtle.circle(-rad,angle)         #rad 为负值,半径在乌龟右侧
        turtle.circle(rad,angle/2)        #参数 angle 表示乌龟沿圆形爬行的弧度值
        turtle.forward(rad)               #表示轨迹直线移动,参数表示移动距离
        turtle.circle(neckrad+1,180)
        turtle.fd(rad*2/3)
def main():
    turtle.setup(1300,800,0,0)     #启动图形窗口,参数分别为窗口的宽度、高度
                                   #窗口左上角点的横、纵坐标位置
    turtle.pensize(30)             #轨迹的宽度,参数为像素大小,这里为 30
    turtle.pencolor("blue")        #轨迹颜色,参数为字符串(英文或 16 进制颜色代码)
    turtle.seth(-40)               #轨迹运动方向,参数为角度(逆时针,以正东方向为 0 度)

drawSnake(40,80,5,30/2)            #绘制蟒蛇函数,用以绘制 python 蟒蛇
```

【运行结果】 如图 5.19 所示。

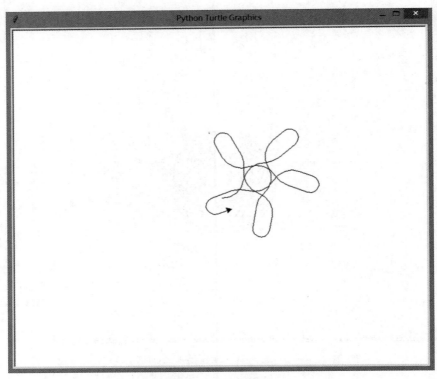

图 5.19 运行结果

5.13 文　　件

Python 使用内置的 file 对象文件对象来处理文件。

5.13.1 打开和关闭文件

1. 打开文件

必须先用 Python 内置的 open()函数打开一个文件,创建一个 file 对象,然后才可以使用相关的辅助方法调用它进行读写。

语法格式:

```
f=open(file_name [, access_mode])
```

其中 f 为引用文件对象的变量;file_name 变量是文件名字符串；access_mode 决定了打开文件的模式:只读,写入,追加等。这个参数是非强制的,默认文件访问模式为只读(r)。

文件读写模式如下:

(1) r:以只读方式打开文件。文件的指针将会放在文件的开头,这是默认模式。

(2) rb:以二进制格式打开一个文件用于只读(如图片或可执行文件等)。文件指针将会放在文件的开头。

(3) r+:打开一个文件用于读写。文件指针将会放在文件的开头。

(4) rb+:以二进制格式打开一个文件用于读写。文件指针将会放在文件的开头。

(5) w:打开一个文件只用于写入。如果该文件已存在则将其覆盖。如果该文件不存在,创建新文件。

(6) wb:以二进制格式打开一个文件只用于写入。如果该文件已存在则将其覆盖。如果该文件不存在,创建新文件。

(7) w+:打开一个文件用于读写。如果该文件已存在则将其覆盖。如果该文件不存在,创建新文件。

(8) wb+:以二进制格式打开一个文件用于读写。如果该文件已存在则将其覆盖。如果该文件不存在,创建新文件。

(9) a:打开一个文件用于追加。如果该文件已存在,文件指针将会放在文件的结尾。也就是说,新的内容将会被写入到已有内容之后。如果该文件不存在,创建新文件进行写入。

(10) ab:以二进制格式打开一个文件用于追加。如果该文件已存在,文件指针将会放在文件的结尾。也就是说,新的内容将会被写入到已有内容之后。如果该文件不存在,创建新文件进行写入。

(11) a+:打开一个文件用于读写。如果该文件已存在,文件指针将会放在文件的结尾。文件打开时会是追加模式。如果该文件不存在,创建新文件用于读写。

(12) ab+:以二进制格式打开一个文件用于追加。如果该文件已存在,文件指针将会放在文件的结尾。如果该文件不存在,创建新文件用于读写。

如:

```
f1=open("foo.txt", "wb")
```

2. 关闭文件

File 对象的 close()方法刷新缓冲区里任何还没写入的信息,并关闭该文件,这之后便不能再进行写入。当一个文件对象的引用被重新指定给另一个文件时,Python 会关闭之前的文件。用 close()方法关闭文件是一个很好的习惯。

语法格式:

```
fileObject.close();
```

如:

```
f1.close()    #关闭打开的文件
```

5.13.2　读写文本文件

文本文件读写方法如下:

- f. read([count]):读出文件,如果有 count,则读出 count 个字节。
- f. readline():读出一行信息(包括行尾符号)。
- f. readlines():读出所有行,也就是读出整个文件的信息。
- f. write(string):把 string 字符串写入到文件指针位置,返回写入的字符个数。
- f. writelines(list):把 list 中的字符串一行一行地写入文件指针位置,是连续写入文件,没有换行,返回写入的字符个数。
- f. seek(offset[,where]):把文件指针移动到相对于 where 的 offset 位置。where为 0 表示文件开始处,这是默认值;1 表示当前位置;2 表示文件结尾。
- f. tell():获得文件指针位置。
- for line in f:用迭代方式读文件,每次换一行。

💡 **注意**:绝对路径是从根目录出发的路径,相对路径是指从当前文件夹出发的路径,就是你编写的这个 py 文件所放的文件夹路径。我们常用"//"或"/"表示相对路径的分隔符,"\"表示绝对路径的分隔符。

假设当前的 py 文件夹所处的位置是:D:\user\public,那么以下三行代码的路径是:

```
open('aaa.txt')              #D:\user\public\aaa.txt
open('//data//bbb.txt')      #D:\user\public\data\bbb.txt
open('D:\user\ccc.txt')      #D:\user\ccc.txt
```

【例 5-59】 读文本文件。

【源程序 59. py】

```python
filehandler=open('e59.txt','r')    #以读方式打开当前路径中的文件

print ('read() function:')         #读取整个文件
print (filehandler.read())

print ('readline() function:')     #返回文件头,读取一行
filehandler.seek(0)
print (filehandler.readline())

print ('readlines() function:')    #返回文件头,返回所有行的列表
filehandler.seek(0)
print (filehandler.readlines())

print ('list all lines')           #返回文件头,显示所有行
filehandler.seek(0)
textlist=filehandler.readlines()
for line in textlist:
    print (line)
print()
print()

print ('seek(15) function')        #移位到第 15 个字符,从 16 个字符开始显示余下内容
filehandler.seek(15)
print ('tell() function')
print (filehandler.tell())         #显示当前位置

filehandler.close()                #关闭文件句柄
```

【运行结果】

```
read() function:
1.程序设计就是分析问题、设计算法、编码、调试与测试的过程。
2.Python 的设计哲学是"优雅""明确""简单"。

readline() function:
1. 程序设计就是分析问题、设计算法、编码、调试与测试的过程。

readlines() function:
['1、程序设计就是分析问题、设计算法、编码、调试与测试的过程。\n', '2、Python 的设计哲学
是"优雅""明确""简单"。\n']
list all lines
1. 程序设计就是分析问题、设计算法、编码、调试与测试的过程。
```

2. Python 的设计哲学是"优雅""明确""简单"。

```
seek(15) function
tell() function
15
```

【例 5-60】 写文本文件。

【源程序 60. py】

```
f=open('e60.txt','w')
f.write('Hello,')
f.writelines(['Hi','haha!'])        #多行写入
f.close()
#追加内容
f=open('e48.txt','a')
f.write('快乐学习,')
f.writelines(['快乐','生活。'])
f.close()

filehandler=open('e48.txt','r')    #以读方式打开文件
print (filehandler.read())         #读取整个文件
filehandler.close()
```

【运行结果】

Hello,Hihaha!快乐学习,快乐生活。

【例 5-61】 输入学生姓名、数学分数、英语分数生成文件 grade. txt,再读取文件信息,计算平均成绩。

【源程序 61. py】

```
def main():
    fp=open("grade.txt",'w')
    for i in range(2):
        name=input('姓名:')
        math=int(input('数学:'))
        english=int(input('英语:'))
        line=name +"  " +str(math) +" " +str(english) +'\n'
        fp.write(line)
    fp.close()

    ifile=open("grade.txt",'r')
    print("成绩单  \n----------------")
    for line in ifile:
        L=line.split()            #使用 split()函数将字符串以空格分开存入列表
        avg=(float(L[1]) +float(L[2]))/2
```

```
        print(L[0], L[1], L[2], avg)
    ifile.close()
main()
```

【运行结果】

```
姓名:张三
数学:89
英语:90
姓名:李四
数学:78
英语:75
成绩单
----------------
张三 89 90 89.5
李四 78 75 76.5
```

5.13.3　读写二进制文件

在 Windows 环境下,有时可能需要以二进制方式读写文件,比如图片和可执行文件。此时,只要在打开文件的方式参数中增加一个"b"即可。

【例 5-62】　读写二进制文件。

【源程序 62.py】

```
filehandler=open('e62.dat','wb')
filehandler.write(b'picture')
filehandler.close()
filehandler=open('e50.dat','rb')
print (filehandler.read())
filehandler.close()
```

【运行结果】

```
b'picture'
```
Python 语言博大精深,鉴于本书作为程序设计基础的内容,仅介绍了冰山一角。

基础知识练习

1. 简答题

(1) 简述 Python 的特点。

(2) Python 中缩进的作用是什么?

(3) 简单解释 Python 基于值的自动内存管理方式。

（4）列举出 Python 的 5 个数据类型。

（5）程序设计语言的基本控制结构有哪些？

（6）异常和错误有什么区别？

（7）什么是函数？什么是模块？

（8）导入模块通常使用哪些方法？

（9）查看 Python 的模块和函数帮助文档有哪些方法？

（10）简单解释文本文件与二进制文件的区别。

2. 运行结果题

（1）写出下面代码的运行结果。

```
s=0
for i in range(1,101):
    s +=i
else:
    print(1)
```

（2）写出下面代码的运行结果。

```
s=0
for i in range(1,101):
    s +=i
    if i==50:
        print(s)
        break
else:
    print(1)
```

（3）写出下面代码的运行结果。

```
def Sum(a, b=3, c=5):
    return sum([a, b, c])
print(Sum(a=8, c=2))
print(Sum(8))
print(Sum(8,2))
```

（4）写出下面代码的运行结果。

```
def Sum(*p):
    return sum(p)
print(Sum(3, 5, 8))
print(Sum(8))
print(Sum(8, 2, 10))
```

（5）写出下面代码的运行结果。

```
def demo(a, b, c=3, d=100):
    return sum((a,b,c,d))
```

```
print(demo(1, 2, 3, 4))
print(demo(1, 2, d=3))
```

（6）写出下面代码的运行结果。

```
def demo():
    x=5
x=3
demo()
print(x)
```

（7）运行以下程序，写出运行结果。

```
from turtle import *
def jumpto(x,y):                    #移动小乌龟不绘图
        up(); goto(x,y); down()
reset()                             #置小乌龟到原点处
colorlist=['red','green','yellow']
for i in range(3):
        jumpto(-50,50-i*50);width(5*(i+1));
        color(colorlist[i])    #设置小乌龟属性
        forward(100)           #绘图
s=Screen(); s.exitonclick()
```

（8）运行以下程序，写出运行结果。

```
from turtle import *
def jumpto(x,y):
    up(); goto(x,y); down()
    reset()
    jumpto(-25,-25)
    k=4
for i in range(k):
    forward(50)
    left(360/k)
    s=Screen(); s.exitonclick()
```

3. 编程题

（1）输入直角三角形的两个直角边的长度 a、b，求斜边 c 的长度。

（2）输入两个数，求它们的最大数。

（3）一个四位数，判断它是不是回文数。即 1221 是回文数，个位与千位相同，十位与百位相同。

（4）一球从 100 米高度自由落下，每次落地后反跳回原高度的一半；再落下，求它在第 10 次落地时，共经过多少米？第 10 次反弹多高？

（5）将一个列表逆序输出。

（6）求一个 3×3 矩阵对角线元素之和。

程序分析：利用双重 for 循环控制输入，再将 a[i][i] 累加后输出。

（7）打印出由 1、2、3、4 个数字组成的互不相同且无重复数字的三位数。

程序分析：可填在百位、十位、个位的数字都是 1、2、3、4。组成所有的排列后再去掉不满足条件的排列。

（8）两个乒乓球队进行比赛，各出三人。甲队为 a、b、c 三人，乙队为 x、y、z 三人。已抽签决定比赛名单。有人向队员打听比赛的名单。a 说他不与 x 比，c 说他不与 x、z 比，请编程找出三队赛手的名单。

（9）打印出如下图案（菱形）。

```
   *
  ***
 *****
*******
 *****
  ***
   *
```

程序分析：先把图形分成两部分来看待，前四行一个规律，后三行一个规律，利用双重 for 循环，第一层控制行，第二层控制列。

（10）编写函数，判断一个数字是否为素数，是则返回字符串 YES，否则返回字符串 NO，并编写主程序调用该函数。

（11）古典问题：有一对兔子，从出生后第 3 个月起每个月都生一对兔子，小兔子长到第三个月后每个月又生一对兔子，假如兔子都不死，问每个月的兔子总数为多少？

程序分析：兔子的规律为数列 1，1，2，3，5，8，13，21……

（12）两个变量互换值。

（13）有 5 个人坐在一起，问第五个人多少岁？他说比第 4 个人大 2 岁。问第 4 个人岁数，他说比第 3 个人大 2 岁。问第三个人，又说比第 2 人大两岁。问第 2 个人，说比第一个人大两岁。最后问第一个人，他说是 10 岁。请问第五个人多大？

> 提示：利用递归的方法，递归分为回推和递推两个阶段。要想知道第五个人岁数，需知道第四人的岁数，依次类推，推到第一人（10 岁），再往回推。

（14）输出第 10 个斐波那契（Fibonacci）数列。

无穷数列 1,1,2,3,5,8,13,21,34,55,…，被称为斐波那契数列。它可以递归地定义为：

$$F(n) = \begin{cases} 0 & n=0 \\ 1 & n=1 \\ F(n-1)+F(n-2) & n>1 \end{cases}$$

（15）某个公司采用公用电话传递数据，数据是四位的整数，在传递过程中是加密的，加密规则如下：每位数字都加上 5，然后用和除以 10 的余数代替该数字，再将第一位和第四位交换，第二位和第三位交换。

能力拓展与训练

拓展阅读

［1］嵩天，礼欣，黄天羽. Python 语言程序设计基础［M］.北京：高等教育出版社，2017.

［2］赵英良. Python 程序设计［M］.北京：人民邮电出版社，2016.

［3］董付国. Python 程序设计基础［M］.北京：清华大学出版社，2015.

［4］赫特兰. Python 算法教程［M］.北京：人民邮电出版社，2016.

第 **6** 章 数据思维——数据的组织、管理与挖掘

We are entering a new world in which data may be more important than software.

——Tim O'Reilly

(O'Reilly 媒体公司创始人兼 CEO,预言了开源软件、Web 2.0 等数次互联网潮流)

6.1 数据的组织和管理

第 2 章介绍了数值、西文字符、汉字和多媒体信息在计算机中的数据表示和编码。本章主要讲述相互有关联的数据的组织、管理和挖掘及面向数据组织和数据处理时的基本思维框架。本章内容的相关视频,读者可以参考中国大学视频公开课官方网站"爱课程"网(http://www.icourses.cn)河北工程大学《心连"芯"的思维之旅》课程中的第五讲。

信息是对客观世界中各种事物的运动状态和变化的反映。数据是信息的一种载体,是信息的一种表达方式,在计算机中信息是使用二进制进行编码的。数据是描述客观事物的数值、字符以及能输入机器且能被处理的各种符号集合。简言之,数据就是计算机化的信息。

计算机的程序是对信息(数据)进行加工处理。可以说,程序=算法+数据组织和管理,程序的效率取决于两者的综合效果。随着信息量的增大,数据的组织和管理变得非常重要,它直接影响程序的效率。

6.1.1 数据结构

1. 数据结构概念

数据结构是计算机存储、组织数据的方式。数据结构是指相互之间存在一种或多种特定关系的数据元素的集合。数据结构研究数据的逻辑结构和物理结构以及它们之间相互关系,并对这种结构定义相应的运算。通常情况下,精心选择的数据结构可以带来更高的运行或者存储效率。数据结构往往同高效的检索算法和索引技术有关。

2. 数据结构的分类

（1）按照数据元素相互之间的关系，通常分为集合、线性结构、树和图等4类基本结构，如图6.1所示。

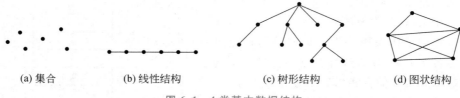

(a) 集合　　　　　(b) 线性结构　　　　(c) 树形结构　　　　(d) 图状结构

图 6.1　4 类基本数据结构

- 集合：数据元素除了同属于一种类型外，别无其他关系。
- 线性结构：数据元素之间存在一对一的关系。
- 树形结构：数据元素之间存在一对多的关系。
- 图状结构：数据元素之间存在多对多的关系。

（2）按照数据的线性程度，分为线性结构和非线性结构两大类型。

- 线性结构。线性结构的条件是：有且只有一个根结点；每一个结点最多有一个前件，也最多有一个后件。常见的线性结构有线性表、栈、队列和线性链表等。
- 非线性结构。不满足线性结构条件的数据结构称为非线性结构。常见的非线性结构有树和图。

（3）按照数据结构的层次不同，分为逻辑结构和存储结构两大类。

- 逻辑结构。逻辑结构是对数据集合中各数据元素之间所固有的逻辑关系的抽象描述。
- 存储结构。又称物理结构，是数据的逻辑结构在计算机存储空间中的存放形式。同一种逻辑结构的数据可以采用不同的存储结构，但会影响数据处理效率。

数据的存储结构主要有顺序、链式两种。顺序存储是把逻辑上相邻的结点存储在物理位置相邻的存储单元里，结点间的逻辑关系由存储单元的邻接关系来体现。链式存储不要求逻辑上相邻的结点在物理位置上也相邻，结点间的逻辑关系是由附加的指针字段表示的。

3. 集合（简单数据）

集合是指比较简单的数据，即少量、相互间没有太大关系的数据。比如，在进行计算某方程组的解时，中间的计算结果数据可以存放在内存中以便以后调用。在程序设计语言中，往往用变量来实现。

4. 线性数据（线性表）

简单说，线性数据是指同类的批量数据，也称线性表。比如，英文字母表（A、B、…、Z），1000 个学生的学号和成绩，3000 个职工的姓名和工资、一年中的四个季节（春、夏、秋、冬）等。

线性数据的组织方法在计算机中一般有两种：连续方式和非连续方式。在数据存储结构中称为顺序和链式。

（1）连续方式——顺序存储。连续方式是指将数据存放在内存中的某个连续区域。

如图 6.2 中，假设线性表中有 n 个元素，每个元素占 k 个单元，第一个元素的地址为 $loc(a_1)$，则第 i 个元素的地址 $loc(a_i)$ 为：$loc(a_i)=loc(a_1)+(i-1)\times k$，其中 $loc(a_1)$ 称为基地址。

存储地址	内存空间状态	逻辑地址
$loc(a_1)$	a_1	1
$loc(a_1)+k$	a_2	2
⋮	⋮	⋮
$loc(a_1)+(i-1)k$	a_i	i
⋮	⋮	⋮
$loc(a_1)+(n-1)k$	a_n	n
		空闲

图 6.2　顺序存储

顺序存储结构采用一组地址连续的存储单元依次存储各个元素，使得线性数据中在逻辑结构上相邻的数据元素存储在相邻的物理存储单元中，采用顺序存储结构的线性表通常称为顺序表。

顺序存储结构可以借助于高级程序设计语言中的一维数组来表示。

在此方式下，每当插入或删除一个数据，该数据后面的所有数据都必须向后或向前移动。因此，这种方式比较适合于数据相对固定的情况。

（2）非连续方式——链表结构。非连续方式是指将数据分散地存放在内存中，每个数据存放一个位置，这些位置一般不连续。

方法是：扩大每个数据的存储区域，该区域除了存放数据本身外，还存放其后面一个数据的位置信息。

数据元素的逻辑顺序是通过链表中的指针链接来实现的。在链式存储方式中，每个结点由两部分组成：一部分用于存放数据元素的值，称为数据域；另一部分用于存放指针，称为指针域，用于指向该结点的前一个或后一个结点（即前件或后件）。对于最后一个数据，就填上一个表示结束的特殊值，这种像链条一样的数据组织方法也称链表结构。设一个头指针 head 指向第一个结点。指定线性表中最后一个结点的指针域为"空"（NULL），如图 6.3 所示。

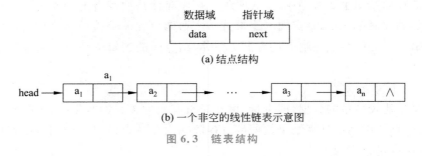

图 6.3　链表结构

【例 6-1】　线性表（A，B，C，D，E，F，G）的单链表存储结构，如图 6.4 所示，整个链表的存取需从头指针开始进行，依次顺着每个结点的指针域找到线性表的各个元素。

在此方式下，每当插入或删除一个数据，可以方便地通过修改相关数据的位置信息来完成。因此，这种方式比较适合于数据相对不固定的情况。

线性数据组织方式常用有栈和队列两种。

头指针 head 位置：16

存储地址	数据域	指针域
1	D	55
8	B	22
22	C	1
37	F	25
16	A	8
25	G	NULL
55	E	37

图 6.4　线性表（A，B，C，D，E，F，G）的单链表存储结构

● 栈

如果对线性数据操作增加如下规定：数据的插入和删除必须在同一端进行，每次只能插入或删除一个数据元素，则这种线性数据组织方式就称为栈结构。通常将表中允许进行插入、删除操作的一端称为栈顶（Top）。同时表的另一端被称为栈底（Bottom）。当栈中没有元素时称为空栈。

栈的插入操作被形象地称为进栈或入栈，删除操作称为出栈或退栈。

栈是先进后出的结构（First In Last Out，FILO），如图 6.5(a)所示。日常生活中铁路调度就是栈的应用，如图 6.5(b)所示。

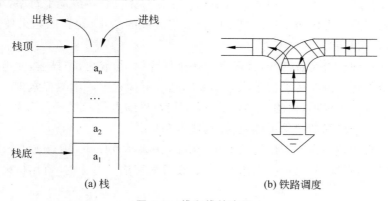

图 6.5　栈和栈的应用

● 队列

如果对线性数据操作增加如下规定：只允许在表的一端插入元素，而在另一端删除元素，则这种线性数据组织方式就称为队列。

队列具有先进先出（Fist In Fist Out，FIFO）的特性。在队列中，允许插入的一端称为队尾（rear），允许删除的一端则称为队头（front）。

队列运算包括：入队运算——从队尾插入一个元素；退队运算——从队头删除一个

元素。日常生活中排队就是队列的应用。

5.层次数据（树形数据）

如果要组织和处理的数据具有明显的层次特性，比如，家庭成员间辈分关系、一个学校的组织图，如图6.6所示，这时可以采用层次数据的组织方法，也形象地称为树形结构。

层次模型是数据库系统中最早出现的数据模型，是用树形结构来表示各类实体以及实体间的联系。层次数据库是将数据组织成树结构，并用"一对多"的关系联结不同层次的数据库。

严格地讲，满足下面两个条件的基本层次联系的集合称为树形数据模型或层次数据模型：

（1）有且只有一个结点没有双亲结点，这个结点称为根结点；

（2）根以外的其他结点有且只有一个双亲结点。如图6.7所示。

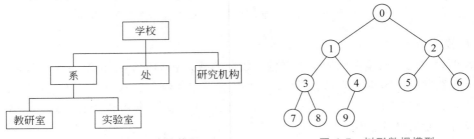

图6.6　学校组织层次结构图　　　　图6.7　树形数据模型

在第1章例1-1中，提到了国际象棋世界冠军"深蓝"。国际象棋、西洋跳棋与围棋、中国象棋一样都属于双人完备博弈。所谓双人完备博弈就是两位选手对垒，轮流走步，其中一方完全知道另一方已经走过的棋步以及未来可能的走步，对弈的结果要么是一方赢（另一方输），要么是和局。

对于任何一种双人完备博弈，都可以用一个博弈树（与或树）来描述，并通过博弈树搜索策略寻找最佳解。博弈树类似于状态图和问题求解搜索中使用的搜索树。搜索树上的第一个结点对应一个棋局，树的分支表示棋的走步，根结点表示棋局的开始，叶结点表示棋局的结束。一个棋局的结果可以是赢、输或者和局。

树在计算机领域中也有着广泛的应用，例如，在编译程序中，用树来表示源程序的语法结构；在数据库系统中，可用树来组织信息；在分析算法的行为时，可用树来描述其执行过程。

6.图状数据（网状数据）

有时，还会遇到更复杂一些的数据关系，满足下面两个条件的基本层次联系的集合称为图状数据模型或网状数据模型：

（1）允许一个以上的结点无双亲。

（2）一个结点可以有多于一个的双亲。

比如，在第4章国际会议排座位问题中，可以将问题转化为在图G中找到一条哈密顿回路的问题。

　　　　大学计算机——计算文化与计算思维基础

【例 6-2】 哥尼斯堡七桥问题。

17 世纪的东普鲁士有一座哥尼斯堡城,城中有一座奈佛夫岛,普雷格尔河的两条支流环绕其旁,并将整个城市分成北区、东区、南区和岛区 4 个区域,全城共有 7 座桥将 4 个城区相连起来,人们可以通过这 7 座桥到各城区游玩。

人们常通过这 7 座桥到各城区游玩,于是产生了一个有趣的数学难题:寻找走遍这 7 座桥,且只许走过每座桥一次,最后又回到原出发点的路径。该问题就是著名的"哥尼斯堡七桥问题",如图 6.8 所示。

1736 年,29 岁的欧拉向圣彼得堡科学院递交了《哥尼斯堡的七座桥》的论文,在解答问题的同时,开创了数学的一个新的分支——图论与几何拓扑。把它转化成一个几何问题——一笔画问题。与上例一样,欧拉抽象出问题最本质的东西,忽视问题非本质的东西(如桥的长度等),把每一块陆地考虑成一个点,连接两块陆地的桥以线表示,并由此得到了如图 6.9 所示的几何图形。若我们分别用 A、B、C、D 四个点表示为哥尼斯堡的四个区域。这样著名的"七桥问题"便转化为是否能够用一笔不重复的画出过此七条线的问题了。他不仅解决了此问题,且给出了要使得一个图形可以一笔画,必须满足如下两个条件:图形必须是连通的;途中的"奇点"个数是 0 或 2(奇点是指连到一点的边的数目是奇数条)。

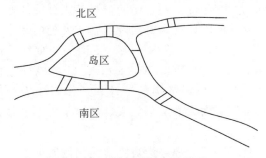

图 6.8 哥尼斯堡七桥问题

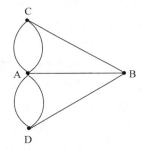

图 6.9 简化后的一笔画问题

由此判断"七桥问题"中 4 个点全是奇点,可知图不能一笔画出,也就是不存在不重复地通过所有桥。

"哈密尔顿回路问题"与"欧拉回路问题"的不同点是:"哈密尔顿回路问题"是访问每个结点一次,而"欧拉回路问题"是访问每条边一次。

欧拉的论文为图论的形成奠定了基础。图论是对现实问题进行抽象的一个强有力的数学工具,已广泛地应用于计算学科、运筹学、信息论、控制论等学科。

在实际应用中,有时图的边或弧上往往与具有一定意义的数有关,即每一条边都有与它相关的数,称为权,这些权可以表示从一个顶点到另一个顶点的距离或耗费等信息。我们将这种带权的图称为赋权图或网,如图 6.10 所示。

可以利用算法求出图中的最短路径、关键路径等,因此图可以用来解决多类问题:电路网络分析、线路的铺设、交通网络管理、工程项目进度安排、商业活动安排等,是一种应用极为广泛的数据结构。

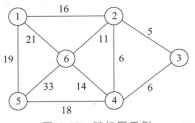

图 6.10 赋权图示例

网状模型与层次模型的区别在于：网状模型允许多个结点没有双亲结点；网状模型允许结点有多个双亲结点；网状模型允许两个结点之间有多种联系(复合联系)；网状模型可以更直接地去描述现实世界；层次模型实际上是网状模型的一个特例。

> **思考与探索**
>
> 　链式存储这种非连续方式中，每个数据都增加了存放位置信息的空间，所以是靠空间来换取数据频繁插入和删除等操作的时间的设计，这种空间和时间的平衡问题是计算机中算法和方法设计中的经常要考虑的问题。

7. 数据结构与算法

数据结构与算法之间存在着密切的关系。可以说不了解施加于数据上的算法需求就无法决定数据结构；反之算法的结构设计和选择又依赖于作为其基础的数据结构，即数据结构为算法提供了工具。算法是利用这些工具来解决问题的最佳方案。

（1）数据结构与算法的联系。数据结构是算法实现的基础，算法总是要依赖于某种数据结构来实现的。算法的操作对象是数据结构。算法的设计和选择要同时结合数据结构，简单地说数据结构的设计就是选择存储方式，如确定问题中的信息是用普通的变量存储还是用其他更加复杂的数据结构。算法设计的实质就是对实际问题要处理的数据选择一种恰当的存储结构，并在选定的存储结构上设计一个好的算法。不同的数据结构的设计将导致差异很大的算法。数据结构是算法设计的基础。算法设计必须考虑到数据结构，算法设计是不可能独立于数据结构的。另外，数据结构的设计和选择需要为算法服务。如果某种数据结构不利于算法实现它将没有太大的实际意义。知道某种数据结构的典型操作才能设计出好的算法。

总之，算法的设计同时伴有数据结构的设计，两者都是为最终解决问题服务的。

（2）数据结构与算法的区别。数据结构关注的是数据的逻辑结构、存储结构以及基本操作，而算法更多的是关注如何在数据结构的基础上解决实际问题。算法是编程思想，数据结构则是这些思想的逻辑基础。

6.1.2　文件系统和数据库

6.1.2.1　文件系统

在较为复杂的线性表中，数据元素(data elements)可由若干数据项组成，由若干数据项组成的数据元素称为记录(record)，由多个记录构成的线性表称为文件(file)。

以文件方式进行数据组织和管理，一般需要进行文件建立、文件使用、文件删除、文件复制和移动等基本操作，其中文件的使用必须经过打开、读、写、关闭这四个基本步骤。程序设计语言一般都提供了文件管理功能。

一旦数据的逻辑结构发生变化，就必须修改程序中对于文件结构的定义，而且应用程序的改变也会影响文件的数据结构的改变，因此，数据和程序缺乏独立性。

6.1.2.2 数据库系统

如果数据量非常大,关系也很复杂,这时可以考虑使用数据库技术来组织和管理。

数据管理技术是在 20 世纪 60 年代后期开始的,经历了人工管理、文件管理、数据库系统三个阶段,与前两个阶段相比,数据库系统具有以下特点:

- 数据结构化:在数据库系统中数据是面向整个组织的,具有整体的结构化。同时存取数据的方式可以很灵活,可以存取数据库中的某一个数据项、一组数据项、一个记录或者一组记录。
- 共享性高、冗余度低、易扩充:数据库系统中的数据不再面向某个应用而是面向整个系统,因而可以被多个用户、多个应用共享使用。使用数据库系统管理数据可以减少数据冗余度,并且数据系统弹性大,易于扩充,可以适用各种用户的要求。
- 数据独立性高:数据独立性包括数据的物理独立性和数据的逻辑独立性。物理独立性是指用户的应用程序与存储在磁盘上的数据库中的数据是相互独立的。数据的物理存储改变了,应用程序不用改变。逻辑独立性是指用户的应用程序与数据库的逻辑结构是相互独立的,数据的逻辑结构改变了,用户程序也可以不变。

利用数据库系统,可以有效地保存和管理数据,并利用这些数据得到各种有用的信息。

1. 数据库系统概述

数据库系统主要包括数据库(DataBase)和数据库管理系统(Database Management System)等。

(1)数据库。数据库是长期存储在计算机内的、有组织的、可共享的数据集合。数据库中的数据按一定的数据模型组织、描述和存储,具有较小的冗余度、较高的数据独立性和易扩展性,并可为各种用户共享。

(2)数据库管理系统 DBMS。数据库管理系统具有建立、维护和使用数据库的功能;具有面向整个应用组织的数据结构,高度的程序与数据的独立性,数据共享性高、冗余度低、一致性好、可扩充性强、安全性和保密性好、数据管理灵活方便等特点;具有使用方便、高效的数据库编程语言的功能;能提供数据共享和安全性保障。

数据库系统包括两部分软件——应用层与数据库管理层。

应用层软件负责数据库与用户之间的交互,决定整个系统的外部特征,例如采用问答或者填写表格的方式与用户交互,也可以采用文本或图形用户界面的方式等。

数据库管理系统负责对数据进行操作,例如数据的添加、修改等,是位于用户与操作系统之间的一层数据管理软件,主要有以下几个功能:

- 数据定义功能:提供数据定义语言,以对数据库的结构进行描述。
- 数据操纵功能:提供数据操纵语言,用户通过它实现对数据库的查询、插入、修改和删除等操作。
- 数据库的运行管理:数据库在建立、运行和维护时由 DBMS 统一管理、控制,以保证数据的安全性、完整性、系统恢复性等。

- 数据库的建立和维护功能：数据库的建立、转换，数据的转储、恢复，数据库性能监视、分析等，这些功能需要由 DBMS 完成。

（3）数据库管理员。数据库和人力、物力、设备、资金等有形资源一样，是整个组织的基本资源，具有全局性、共享性的特点，因此对数据库的规划、设计、协调、控制和维护等需要专门人员来统一管理，这些人员统称为数据库管理员。

2. 数据模型

各个数据以及它们相互间关系称为数据模型。数据库从结构上主要有 4 种数据模型，即层次型、网状型、关系型和面向对象模型。

关系模型是 1970 年 IBM 公司的研究员 E.F.Codd 首次提出的，是目前最重要的一种数据模型，它建立于严格的数学概念基础上，具有严格的数学定义。20 世纪 80 年代以来推出的数据库管理系统几乎都支持关系模型，关系数据库系统采用关系模型作为数据的组织方式。关系型数据模型应用最为广泛，例如 SQL Server、MySQL、Oracle、Access、Sybase、Excel 等都是常用的关系型数据库管理系统。

关系模式是对关系的描述，由关系名及其所有属性名组成的集合。格式为：关系名（属性 1，属性 2，……），比如，表 6.1 的学生成绩管理（学号，姓名，高数，英语，计算机）等等。

关系模型中数据的逻辑结构实际上就是一个二维表，它应具备如下条件：

（1）关系模型要求关系必须是规范化的。最基本的一个条件是：关系的每一个分量必须是不可分的数据项。

（2）表中每一列的名称必须唯一；且每一列除标志外，必须有相同的数据类型。

（3）表中不允许有内容完全相同的元组（行）。

（4）表中的行或列的位置可以任意排列，并不影响所表示的信息内容。

表 6.1　学生成绩表

学　　号	姓　名	高　　数	英　语	计　算　机
130840101	张三	90	87	92
130740103	李四	77	88	96
130840102	王五	89	97	87
...	...	...	...	...

思考与探索

从抽象到具体的实现思想：数据库技术来源于现实世界的数据及其关系的分析和描述。首先建立抽象的概念模型，然后将概念模型转换为适合计算机实现的逻辑数据模型，最后将数据模型映射为计算机内部具体的物理模型（存储结构）。

6.2 挖掘数据的潜在价值
——数据仓库与数据挖掘

　　从人类认知的历史来看,最早了解自然规律的手段就是观察和归纳,人类最早就是从数据中获取知识的。只是到了 17 世纪之后,由伽利略等逐步开创了现代实证主义研究的手段,观察研究就让位于实验。但是过去的观察手段比较落后,难以获得大量数据,而建立在小数据基础上的分析,其结论往往是不准确的,得到的结论也缺乏说服力。

　　现在随着信息技术的发展,获取数据的能力有了极大提高,进入了大数据时代,通过观察设备(传感器)作用于各种自然现象,社会活动和人类行为,产生了大量的数据,分析和处理这些数据,并且进行归纳和提炼。《大数据时代》的作者舍恩伯格写道:"大数据标志着'信息社会'终于名副其实。"当采用大数据的分析方法和处理手段来解决问题时,我们得到了一系列对于世界的新认知,极大地提高了我们认识能力,也丰富了我们的知识体系。这些成果包括 AlphaGo、语音识别、图像判断、自动驾驶等领域。

　　2011 年 5 月,全球知名咨询公司麦肯锡全球研究院发布了一份题为《大数据:创新、竞争和生产力的下一个新领域》的报告。该报告指出,数据已经渗透到每一个行业和业务职能领域,逐渐成为重要的生产因素;而人们对于大数据的运用预示着新一波生产率增长和消费者盈余浪潮的到来。

6.2.1 大数据

1. 大数据的概念

　　研究机构 Gartner 给出了这样的定义:大数据(Big data)是指无法在一定时间范围内用常规软件工具进行捕捉、管理和处理的数据集合,是需要新处理模式才能具有更强的决策力、洞察发现力和流程优化能力的海量、高增长率和多样化的信息资产。大数据不仅用来描述大量的数据,还涵盖了处理数据的速度。

　　大数据技术的战略意义不在于掌握庞大的数据信息,而在于对这些含有意义的数据进行专业化处理。

2. 大数据的特点

　　大数据具有 5 个层面的特点,可以用 5 个"V"来代表——Volume(大量)、Velocity(高速)、Variety(多样)、Veracity(真实)、Value(价值)。

　　(1) 数据量大(Volume)。大数据的起始计量单位至少是 P(1000 个 T)、E(100 万个 T)或 Z(10 亿个 T)。

　　(2) 速度快、时效高(Velocity)。大数据的处理速度快,时效性要求高。这是大数据区分于传统数据挖掘最显著的特征。

　　(3) 类型繁多(Variety)。大数据的数据类型繁多,包括网络日志、音频、视频、图片、地理位置信息等等,多类型的数据对数据的处理能力提出了更高的要求。

（4）真实性（Veracity）。只有真实而准确的数据才能让对数据的管控和治理真正有意义。

（5）使用价值和潜在价值（Value）。大数据的数据价值密度相对较低。以视频为例，连续不间断监控过程中，可能有用的数据仅仅有一两秒。如何通过强大的机器算法更迅速地完成数据的价值"提纯"，是大数据时代亟待解决的难题。

大数据时代对人类的数据驾驭能力提出了新的挑战，也为人们获得更为深刻、全面的洞察能力提供了前所未有的空间与潜力。

简言之，从各种各样类型的数据中，快速获得有价值信息的能力，就是大数据技术。

3. 大数据的应用

（1）大数据正在改善我们的生活。大数据不单单只是应用于企业和政府，同样也适用我们生活当中的每个人。我们可以利用穿戴的装备（如智能手表或者智能手环）生成最新的数据，这让我们可以根据我们热量的消耗以及睡眠模式来进行追踪。此外，还利用大数据分析来寻找属于我们的爱情，大多数时候交友网站就是大数据应用工具来帮助需要的人匹配合适的对象。

（2）业务流程优化。大数据也更多地帮助业务流程的优化。可以通过利用社交媒体数据、网络搜索以及天气预报挖掘出有价值的数据，其中大数据的应用最广泛的就是供应链以及配送路线的优化。在这两个方面，地理定位和无线电频率的识别追踪货物和送货车，利用实时交通路线数据制定更加优化的路线。人力资源业务也通过大数据的分析来进行改进，这其中就包括了人才招聘的优化。

（3）理解客户、满足客户服务需求。大数据的应用目前在这领域是最广为人知的。重点是如何应用大数据更好地了解客户以及他们的爱好和行为。企业非常喜欢搜集社交方面的数据、浏览器的日志、分析出文本和传感器的数据，为了更加全面的了解客户。在一般情况下，建立出数据模型进行预测。比如美国的著名零售商 Target 就是通过大数据分析，得到有价值的信息，精准得预测到客户在什么时候想要小孩，从而推断出什么时候买母婴用品。另外，通过大数据的应用，电信公司可以更好预测出流失的客户，沃尔玛则更加精准的预测哪个产品会大卖，汽车保险行业会了解客户的需求和驾驶水平，政府也能了解到选民的偏好。

（4）提高体育成绩。现在很多运动员在训练的时候应用大数据技术来分析。比如我们使用视频分析来追踪足球或棒球比赛中每个球员的表现，并且可以利用运动器材中的传感器技术获得比赛数据。很多精英运动队还追踪比赛环境外运动员的活动，通过使用智能技术来追踪其营养状况以及睡眠，以及社交对话来监控其情感状况。

（5）提高医疗和研发。大数据分析应用的计算能力可以让我们能够在几分钟内就可以解码整个 DNA，并且让我们可以制定出最新的治疗方案。同时可以更好地去理解和预测疾病。就好像人们戴上智能手表等可以产生的数据一样，大数据同样可以帮助病人对于病情进行更好的治疗。大数据技术目前已经在医院应用监视早产婴儿和患病婴儿的情况，通过记录和分析婴儿的心跳，医生针对婴儿的身体可能会出现不适症状做出预测，这样可以帮助医生更好地救助婴儿。

（6）金融交易。大数据在金融行业主要是应用金融交易。高频交易是大数据应用比较多的领域，其中大数据算法应用于交易决定。现在很多股权的交易都是利用大数据算法进行，这些算法现在越来越多地考虑了社交媒体和网站新闻来决定在未来几秒内是买入还是卖出。

（7）改善我们的城市。大数据还被应用改善我们日常生活的城市。例如基于城市实时交通信息、利用社交网络和天气数据来优化最新的交通情况。目前很多城市都在进行大数据的分析和试点。

（8）改善安全和执法。大数据现在已经广泛应用到安全执法的过程当中。想必大家都知道美国安全局利用大数据进行恐怖主义打击，甚至监控人们的日常生活，而企业则应用大数据技术进行防御网络攻击，警察应用大数据工具进行捕捉罪犯，信用卡公司应用大数据工具来槛车欺诈性交易。

（9）优化机器和设备性能。大数据分析还可以让机器和设备在应用上更加智能化和自主化。例如，很多公司利用大数据工具研发无人驾驶汽车，进行智能电话的优化等。

4. 大数据与云计算的关系

云计算是一种基于互联网的计算方式，通过这种方式，共享的软硬件资源和信息可以按需提供给计算机和其他设备。大数据与云计算的关系就像一枚硬币的正反面一样密不可分。大数据必然无法用单台的计算机进行处理，必须采用分布式架构。它的特色在于对海量数据进行分布式数据挖掘（SaaS），但它必须依托云计算的分布式处理、分布式数据库（PaaS）和云存储、虚拟化技术（IaaS）。

6.2.2　数据挖掘

1. 数据挖掘的作用

数据挖掘对许多领域都起到重要的作用。数据挖掘的应用领域非常广泛，比如金融（风险预测）、零售（顾客行为分析）、体育、电信、气象、电子商务等。数据挖掘可以适用于各种行业，并且为解决诸如欺诈甄别（fraud detection）、保留客户（customer retention）、消除摩擦（attrition）、数据库营销（database marketing）、市场细分（market segmentation）、风险分析（risk analysis）、亲和力分析（affinity analysis）、客户满意度（customer satisfaction）、破产预测（bankruptcy prediction）、职务分析（portfolio analysis）等业务问题提供了有效的方法。

【例 6-3】 "尿布与啤酒"的故事。

啤酒与尿布

在一家超市里，有一个有趣的现象：尿布和啤酒赫然摆在一起出售。但是这个奇怪的举措却使尿布和啤酒的销量双双增加了。这不是一个笑话，而是发生在美国沃尔玛连锁店超市的真实案例，并一直为商家所津津乐道。沃尔玛拥有世界上最大的数据仓库系统，为了能够准确了解顾客在其门店的购买习惯，沃尔玛对其顾客的购物行为进行购物篮分析，想知道顾客经常一起购买的商品有哪些。沃尔玛数据仓库里集中了其各门店的详细原始交易数据。在这些原始交易数据的基础上，沃尔玛利用数据挖掘方法对这些数据进行分析和挖掘。一个意外的发现是：跟尿布一起购买最多的商品竟是啤酒！经过大量实际调查和分析，揭示了一个隐藏在"尿布与啤酒"背后的美国人的一种行为模式：在美国，一些年轻的父亲下班后经常要到超市去买婴儿尿布，而他们中有30％～40％的人同时也为自己买一些啤酒。产生这一现象的原因是：美国的太太们常叮嘱她们的丈夫下班后为小孩买尿布，而丈夫们在买尿布后又随手带回了他们喜欢的啤酒。

按常规思维，尿布与啤酒风马牛不相及，若不是借助数据挖掘技术对大量交易数据进行挖掘分析，沃尔玛是不可能发现数据内在这一有价值的规律的。

2. 数据挖掘的概念

数据挖掘(Data Mining,DM)是在 1989 年 8 月美国底特律市召开的"第十一届国际联合人工智能学术会议"上正式提出的。从 1995 年开始，每年举行一次"知识发现(Knowledge Discovery in Database,KDD)国际学术会议"，把对 DM 和 KDD 的研究推入高潮。DM 还被译为数据采掘、数据开采、数据发掘等。

数据挖掘就是从大量数据中获取有效的、新颖的、潜在有用的、最终可理解的模式的非平凡过程，简单地说，数据挖掘就是从大量数据中提取或"挖掘"知识，又被称为数据库中的知识发现。

数据挖掘与传统的数据分析不同，数据挖掘是在没有确定假设的前提下去挖掘信息、发现知识，其目的不在于验证某个假定模式的正确性，而是自己在数据库中找到模型。比如，商业银行可以利用数据挖掘方法对客户数据进行科学的分析，发现其数据模式及特征、存在的关联关系和业务规律，并根据现有数据预测未来业务的发展趋势，对商业银行管理、制定商业决策、提升核心竞争力具有重要的意义和作用。

数据挖掘是 KDD 过程中对数据真正应用算法抽取知识的那一步骤，是 KDD 过程中的重要环节。人们往往不加区分地使用 KDD 和 DM。

3. 数据挖掘步骤

数据挖掘的大致步骤如下：

（1）研究问题域：包括掌握应预先了解的有关知识和确定数据挖掘任务。

（2）选择目标数据集：根据(1)的要求选择要进行挖掘的数据。

（3）数据预处理：将(2)的数据进行集成、清理、变换等，使数据转换为可以直接应用数据挖掘工具进行挖掘的高质量数据。

（4）数据挖掘：根据数据挖掘任务和数据性质选择合适的数据挖掘工具和挖掘模式。

（5）模式解释与评价：去除无用的或冗余的模式，将有趣的模式以用户能理解的方式表示，并储存或提交给用户。

（6）应用：用上述步骤得到的有趣模式（或知识）指导人的行为。

6.2.3 数据仓库

1. 数据仓库的概念

数据仓库早在 20 世纪 90 年代起就开始流行。由于它为最终用户处理所需要的决策信息提供了一种有效方法,因此数据仓库被广泛应用,并且得到很好的发展。

W. H . Inmon 在 *Building the Data Warehouse* 中定义数据仓库为:"数据仓库是面向主题的、集成的、随时间变化的、历史的、稳定的、支持决策制定过程的数据集合。"

数据仓库本身是一个非常大的数据库,它储存着由组织作业数据库中整合而来的数据,特别是指事务处理系统 OLTP(On-Line Transactional Processing)所得来的数据。将这些整合过的数据置放于数据仓库中,而公司的决策者则利用这些数据作决策;但是,这个转换及整合数据的过程,是建立一个数据仓库最大的挑战,因为将作业中的数据转换成有用的策略性信息是整个数据仓库的重点。总之,数据仓库应该具有这些数据:整合性数据、详细和汇总性的数据、历史数据、解释数据的数据。

2. 数据仓库与数据挖掘的关系

若将数据仓库比作矿井,那么数据挖掘就是深入矿井采矿的工作,数据挖掘是从数据仓库中找出有用信息的一种过程与技术。

数据挖掘需要高质量的数据,因此需要认真选择或者建立一种适合数据挖掘应用的数据环境。数据仓库能够满足数据挖掘技术对数据环境的要求。因为数据仓库是一个用以更好地支持企业或组织的决策分析处理的、面向主题的、集成的、不可更新的、随时间不断变化的数据集合。

数据挖掘和数据仓库的协同工作,一方面,可以迎合和简化数据挖掘过程中的重要步骤,提高数据挖掘的效率和能力,确保数据挖掘中数据来源的广泛性和完整性。另一方面,数据挖掘技术已经成为数据仓库应用中极为重要和相对独立的方面和工具。

为了数据挖掘也不必非得建立一个数据仓库,数据仓库不是必需的。建立一个巨大的数据仓库,把各个不同源的数据统一在一起,解决所有的数据冲突问题,然后把所有的数据导到一个数据仓库内,是一项巨大的工程。只是为了数据挖掘,可以把一个或几个事务数据库导到一个只读的数据库中,就把它当作数据集市,然后在其上进行数据挖掘。

大数据时代,数据挖掘是最关键的工作。数据挖掘是一种决策支持过程,它能够基于人工智能、机器学习、模式识别、统计学、数据库、可视化技术等,高度自动化地分析企业的数据,做出归纳性的推理,从中挖掘出潜在的模式,帮助决策者调整市场策略,减少风险,做出正确的决策。

❓ 思考与探索

从简单数据的处理到复杂数据的组织和管理以及数据的挖掘,人们逐渐认识到数据的价值,人们利用数据进行论证、决策和知识发现,这就是关于数据的思维,它已逐渐成为人们的一种普适思维方式。

基础知识练习

（1）什么是数据结构？常用的数据结构有哪些？

（2）什么是数据库系统？列举生活中所用到的数据库系统的实例。

（3）什么是大数据？

（4）什么是数据挖掘和数据仓库？

（5）数据库和数据仓库有哪些不同之处？

（6）简述数据的价值。

能力拓展与训练

1. 实践与探索

（1）Web 挖掘是针对包括 Web 页面内容、页面之间的结构、用户访问信息、电子商务信息等在内的各种 Web 数据，运用数据挖掘方法以帮助人们从网络中提取知识，为其提供决策支持。请运用所学知识和计算思维，尝试写一份关于"Web 挖掘及其应用"的研究报告。

（2）"对于大数据的运用预示着新一波生产率增长和消费者盈余浪潮的到来"，你对这句话是如何理解？并说明原因。

2. 拓展阅读

[1] 裘宗燕. 数据结构与算法：Python 语言描述［M］. 北京：机械工业出版社，2016.

[2] 王珊，萨师煊. 数据库系统概论(第 5 版)［M］. 北京：高等教育出版社，2016.

[3] 彭鸿涛，聂磊. 发现数据之美：数据分析原理与实践［M］. 北京：电子工业出版社，2014

第 7 章 网络化思维

计算机网络是计算机技术与通信技术相结合的产物,它将成为信息社会中最重要的基础设施,推动人类从工业社会走向信息社会。本章主要介绍计算机网络和Internet的基本知识。

7.1 计算机网络的基本知识

本节主要介绍计算机网络的概念、分类、组成及主要功能,局域网的基本技术、网络协议、网络的拓扑结构以及组网的基本技术。

7.1.1 计算机网络的基本概念

1. 计算机网络的定义与分类

所谓计算机网络,就是把分散布置的多台计算机及专用外部设备,用通信线路互连,并配以相应的网络软件所构成的系统。它将信息传输和信息处理功能相结合,为远程用户提供共享的网络资源,从而提高了网络资源的利用率、可靠性和信息处理能力。从不同的角度出发,计算机网络有不同的划分方法。

(1) 按网络的覆盖范围划分如下。

• 局域网(Local Area Network,LAN)。局域网的覆盖范围一般是几百米到几十公里,通常是处于同一座建筑物、同一所大学或方圆几公里地域内的专用网络。这种网络一般由部门或单位所有。

• 广域网(Wide Area Network,WAN)。广域网又称远程网。它的覆盖范围一般从几十公里到几千公里,通常遍布一个国家、一个洲甚至全球。广域网又被分为城域网(Metropolitan Area Network,MAN)、地区网、行业网、国家网和洲际网等。这种网络通常由政府或行业组建。

(2) 按网络的通信介质划分如下。

• 有线网:采用同轴电缆、双绞线、光纤等有线介质来传输数据的网络。

• 无线网:采用激光、微波等无线介质来传输数据的网络。

（3）按网络的数据传输方式划分如下。

- 交换网：在交换网中一个结点发出的数据，只有与它直接连接的结点可以直接接收；而通过中间结点与其间接相连的结点，则必须经过中间结点的"转发"才能获得数据，这个转发过程就称为"交换"。
- 广播网：广播网中一个结点发出的数据，不需要中间结点的交换，可以被网内所有结点接收到。

（4）按网络的拓扑结构划分。按网络的拓扑结构分为星形网、总线形网、环形网、树形网和网状形网。

（5）按网络的信号频带所占用的方式划分。按网络的信号频带所占用的方式分为基带网和宽带网。

（6）按信息交换方式划分。按信息交换方式分为线路交换网、分组交换网和混合交换网。

（7）按网络中使用的操作系统划分。按网络中使用的操作系统分为 NetWare 网、Windows NT 网和 UNIX 网。

2. 计算机网络的组成

计算机网络系统从逻辑功能来看是由通信子网和资源子网两层组成，如图 7.1 所示。这两部分通过通信线路相互连接。

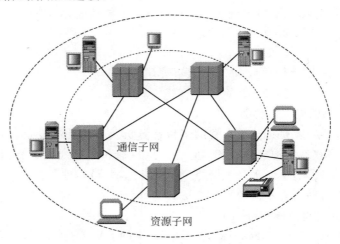

图 7.1　计算机网络的组成

（1）资源子网。资源子网由各种数据处理资源和数据存储资源组成，包括主机、智能终端、磁盘存储器、监控设备、I/O 设备等。资源子网的设备通过数据传输介质连接到通信接口装置（结点），各结点再按一定的拓扑结构连接成网络。

（2）通信子网。通信子网是由通信控制处理机和传输线路组成的独立的数据通信系统。它面向通信控制和通信处理，负担整个网络的数据传输、加工和变换等通信处理工作。

网络以资源共享为目的，用户通过终端对网络的访问被分为两类：本地访问和网络访问。本地访问是对本地主机资源的访问,在资源子网内部进行,不通过通信子网;网络访问是对异地主机资源的访问,必须通过通信子网。

3. 计算机网络的主要功能

(1) 数据通信。数据通信是计算机网络最基本的功能,是实现其他功能的基础。它主要是实现计算机与计算机,计算机与终端之间的数据传输。这样,地理位置分散的生产单位或部门可通过计算机网络连接起来,实现集中控制和管理。

(2) 资源共享。资源共享是使用网络的主要目的。计算机系统资源可分成数据资源、软件资源和硬件资源三大类,因此资源共享也分为数据共享、软件共享和硬件共享三类。数据共享是指共享网络中设置的各种专门数据库;软件共享是指共享各种语言处理程序和各类应用程序;硬件共享是指共享巨型计算机系统及其特殊外围设备,是共享其他资源的物质基础。通过资源共享,可使网络中各地区的资源互通有无,分工协作,大大地提高了系统的利用率。

(3) 负荷均衡,分布处理。计算机网络管理可以在各资源主机间分担负荷,使得在某时刻负荷特重的主机可通过网络将一部分任务送给远地空闲的计算机处理,尤其是对于地理跨度大的远程网,还可以利用时间差来均衡负荷不均的现象,合理使用网络资源。

在具有分布处理能力的计算机网络中,在网络操作系统的调度和管理下,一个计算机网络中的多台主机可以协同工作来解决一个依靠单台计算机无法解决的大型任务。这样,以往只有大型计算机才能完成的工作,现在可由多台微机或小型机构成的网络协同完成,而且费用低廉。

(4) 提高系统的可靠性和可用性。网络中的各台计算机可以彼此成为后备机。若网络中有单个部件或少量计算机失效,可由网络将信息传递给其他计算机代为处理,不影响用户的正常操作,还可以从其他计算机的备份数据库中恢复被破坏的数据。

4. 计算机网络的工作模式

计算机网络按其工作模式分主要有对等模式和客户机/服务器模式(C/S)两种。对等模式注重的是网络的共享功能,而C/S模式更注重的是文件资源管理和系统资源安全等方面。

(1) 客户机/服务器模式。客户机/服务器(Client/Server)系统由服务器和若干客户机构成。服务器是整个应用系统资源的存储和管理中心;各客户机则向服务器提出数据请求和服务请求,共同实现完整的应用。Internet正是利用客户机/服务器模式向上网用户提供各种服务。

以客户机请求服务器提供FTP服务为例,介绍客户机/服务器间的交互过程。全部过程需要通过多次交互才能实现,其中每一次交互都可以分为下列四步。

- 客户机发送请求包。用户执行FTP客户程序,并输入有关参数后,FTP客户程序把它装配成请求包,再通过传输协议软件把请求包发往服务器。
- 服务器接收请求包。服务器端的传输软件接收到请求包后,对该包进行检查,若无错,便将它提交给服务器上的FTP服务器软件处理。
- 服务器回送响应包。服务器上的FTP服务软件根据请求包中的请求,完成指定的处理或服务操作后,装配成一个响应包,由传输协议将它发往源客户机。

- 客户机接收响应包。客户机端的传输协议软件把收到的响应包转交给 FTP 客户程序，由 FTP 客户程序做出适当的处理后提交给用户。

从上面客户机/服务器间的交互过程可以看出，在客户机/服务器系统中最重要的应该是客户程序和服务程序，上述的"请求/响应"过程实际是客户程序和服务程序的连接过程。客户程序和服务程序之间的通信必须依赖特定的通信协议，这些协议在 TCP/IP 族中一般属于应用层协议。

Internet 所有服务软件都使用同一种通用的结构，采用客户机/服务器模式进行分布式处理。在分布式网络环境下，一个应用程序要么是客户，要么是提供服务的服务器。

（2）对等网。对等网也称工作组网。在对等网络中，计算机的数量通常不会超过几十台，所以对等网络相对比较简单。在对等网络中，各台计算机具有相同的功能，无主从之分，网上任意结点计算机既可以作为网络服务器，为其他计算机提供资源；也可以作为客户机，以分享其他服务器的资源；每个用户自己决定计算机上的哪些资源在网络上共享，没有负责管理整个网络的网络管理员。因为对等网不需要专门的服务器来做网络支持，也不需要其他组件来提高网络的性能，因此对等网非常适合家庭，校园和小型办公室。是一种投资少、见效快、高性价比、网络配置和维护简单的实用型小型网络系统。它的缺点也相当明显，即网络性能较低、数据保密性差、文件管理分散、计算机资源占用大。

思考与探索

计算机网络的内涵解析：（1）多个计算机系统的互连；（2）网络系统中各个计算机系统是相对独立的；（3）协议起举足轻重的作用；（4）从系统性角度认识计算机网络，包括通信、计算机、数学、物理等多学科的知识和技术。

7.1.2 计算机网络的传输介质

传输介质是通信中实际传送信息的载体。计算机网络中采用的传输介质可分为有线和无线两大类。双绞线、同轴电缆和光纤是常用的三种有线介质；卫星、无线电通信、红外线通信、激光通信以及微波通信传送信息的载体属于无线介质。

1. 有线传输介质

有线传输介质包括如下几种。

（1）双绞线（Twisted-Pair）。双绞线是一种经常使用的物理传输媒体。它是由两条互相绝缘、螺旋状缠绕在一起的铜线组成。将两条导线螺旋状地绞在一起可以减少线间的电磁干扰，并能保持恒定的特性阻抗。双绞线有非屏蔽和屏蔽两种类型。非屏蔽双绞线（Unshielded Twisted-Pair，UTP）中没有用作屏蔽的金属网，易受外部干扰，其误码率在 $10^{-5} \sim 10^{-6}$ 之间。普通电话线使用的就是非屏蔽双绞线。屏蔽双绞线（Shielded Twisted-Pair，STP）是在其外面加上金属包层来屏蔽外部干扰，其误码率在 $10^{-6} \sim 10^{-8}$ 之间。虽然抗干扰性能更好，但比 UTP 昂贵，而且安装也困难。

双绞线的特点是成本低，易于铺设，双绞线既能传输数字信号又能传输模拟信号，但容易受外部高频电磁波的影响,线路也有一定噪声。如果用于数字信号的传输,每隔2～3km需要加一台中继器或放大器,所以,双绞线一般用于建筑物内的局域网和电话系统。

(2)同轴电缆(Coaxial Cable)。同轴电缆比双绞线的屏蔽性更好,因此可以传输更远的距离。同轴电缆由中心导体、环绕绝缘层、金属屏蔽网(用密织的网状导体环绕)和最外层保护性的护套组成。中心导体可以是单股或多股导线。

同轴电缆又分为基带同轴电缆和宽带同轴电缆。基带同轴电缆(阻抗 50Ω)用来直接传输数字信号。同轴电缆的带宽取决于电缆的长度。1km 的电缆可达到 800Mbps 的数据传输速率,当长度增加时,传输率会降低,要使用中间放大器。宽带同轴电缆(阻抗 75Ω)用来传输模拟信号,数字信号需调制成模拟信号才能在宽带同轴电缆上传输。利用频分多路复用技术(FDM)实现同时传输多路信号。例如,电视广播采用的 CATV 电缆就是宽带同轴电缆。

同轴电缆的特点是价格适中,传输速度快,在高频下抗干扰能力强,传输距离较双绞线远,目前广泛应用于有线电视网络。

(3)光纤。光纤即光导纤维,是一根很细的可传导光线的纤维媒体,其半径仅几微米至一二百微米。光纤由缆芯、包层、吸收层和防护层四部分组成。缆芯是一股或多股光纤,通常为超纯硅、玻璃纤维或塑料纤维;包层包裹在缆芯的外面,对光的折射率低于缆芯;吸收层用于吸收没有被反射而被泄露的光;防护层对光纤起保护作用。

光纤是通过内部的全反射来传输一束经过编码的光信号。由于光纤的折射率大于包层,只要入射角大于某临界角,就会产生光的全反射,通过光在光纤内不断的反射来传输光信号。即使光纤弯曲或扭结,光束也能沿着缆芯传播。光信号在光纤中的传播损耗极低。用光纤传播信号之前,在发送端要通过发送设备将电信号转换为光信号;而在接收端则要把光纤传来的光信号再通过接受设备转换为电信号。

相对于双绞线和同轴电缆等金属传输媒体来说,光纤的优点是能在长距离内保持高速率传输;体积小,重量轻;低衰减,大容量;不受电磁波的干扰,且无电磁辐射;耐腐蚀等。缺点是价格昂贵,安装、连接不易。目前广泛应用于电信网络、有线电视、计算机网络和视频监控等行业。

2. 无线传输介质

无线传输介质非常适用于难于铺设传输线路的边远山区和沿海岛屿,也为大量便携式计算机入网提供了条件,目前常用的无线信道有无线电通信、微波通信、红外线通信和激光通信等。

(1)无线电通信。无线电通信在无线电广播和电视广播中已被广泛使用。国际电信联盟的 ITU-R 已将无线电的频率划分为若干波段。在低频和中频波段内,无线电波可以轻易地通过障碍物,但能量随着与信号源距离的增大而急剧减小,因而可沿地表传播,但距离有限;高频和超高频波段内的电波,会被距地表数百千米高度的电离层反射回地面,因而可用于远距离传输。

蓝牙(Bluetooth)是通过无线电介质来传输数据的,它是由东芝、爱立信、IBM、Intel和诺基亚于1998年5月共同提出的近距离无线数据通信技术标准。

(2)红外通信。红外通信是利用红外线进行的通信,已广泛应用于短距离的传输。

这项技术自 1974 年发明以来,得到市场的普及、推广与应用,如红外线鼠标,红外线打印机,红外线键盘、电视机和录像机的遥控器等。红外线不能穿透物体,在通信时要求有一定的方向性,即收发设备在视线范围内。红外通信很难被窃听或干扰,但是雨、雾等天气因素对它影响较大。此外,红外通信设备安装非常容易,不需申请频率分配,不授权也可使用。它也可以用于数据通信和计算机网络。红外线是波长在 750nm∼1mm 之间的电磁波,频率高于微波低于可见光。

（3）激光通信。激光通信原理与红外通信基本相同,但使用的是相干激光。它具有与红外线相同的特点,但不同之处是由于激光器件会产生低量放射线,所以需要加装防护设施;激光通信必须向政府管理部门申请,授权分配频率后方可使用。

（4）微波通信。微波通信也是沿直线传播,但方向性不及红外线和激光强,受天气因素影响不大。微波传输要求发送和接收天线精确对准,由于微波沿直线传播,而地球表面是曲面,天线塔的高度决定了微波的传输距离,因此可通过微波中继接力来增大传输距离。

WiFi 属于微波通信。WiFi 信号是由有线网提供的,只要接一个无线路由器,就可以把有线信号转换成 WiFi 信号。在这个无线路由器的电波覆盖的有效范围都可以采用 WiFi 连接方式进行联网。

卫星通信可以看成是一种特殊的微波通信。与一般地面微波通信不同的是,它使用地面同步卫星作为中继站来转发微波信号。

7.1.3　计算机网络的拓扑结构

拓扑结构是指网络中各结点之间相互连接的方式和形式。

局域网中常见的拓扑结构有星型、总线型、环型、树型和网状等 5 种。

1. 星型拓扑结构

星型拓扑结构是由网络中的每个站点通过点到点的链路直接与一个公共的中央结点连接而成,如图 7.2 所示。

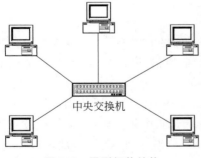

图 7.2　星型拓扑结构

星型拓扑结构中的中央结点可以与其他的结点直接通信,而当一个结点与另一个结点进行通信时,首先向中央结点发出请求,中央结点检测要连接的结点是否空闲,若空闲则建立连接,两个结点间便可以相互通信,通信完毕,由中央结点拆除链路。一旦建立了通信连接,可以没有延时地在连通的通道之间相互传送数据。由此可见,中央结点实行集中控制策略。中央结点相对复杂,工作量大;而其他结点的通信负担很小。星型拓扑结构多用于电话交换系统,在局域网中的使用也很多。

星型拓扑结构的特点如下。

（1）采用星型结构,每条链路只涉及到中央结点和一个工作站点,控制介质访问方法简单,因此访问协议简单;每条链路只连接一个设备,某个站点出现故障时,只影响它本身,不会影响整个网络;同时,发生故障易于检测、隔离,故障排除容易;中央结点和中央接线盒都集中在一起,便于维护和重置。

（2）星型结构过于依赖中央结点。由于周围各个结点之间不能直接通信,必须通过中央结点来转换,中央结点要完成信息转换和处理的功能,任务繁重。中央结点一旦出现故障,将导致整个网络的瘫痪;星型结构中的工作站总数受中央结点能力的限制;此外,由于每个结点与中央结点直接相连,电缆使用量大,线路利用率低。

2. 总线型拓扑结构

总线型拓扑结构采用一条传输线作为传输介质(称为总线),所有站点都通过相应的接口直接连接到总线上,如图 7.3 所示。

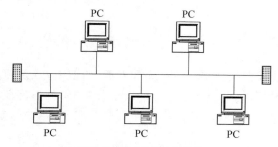

图 7.3　总线型拓扑结构

总线型拓扑结构的网络通常采用广播式传输,即连接在总线上的主机都是平等的,它们中的任何一台主机都允许把数据传送到总线上或从总线上接收数据。总线型拓扑结构中的每个站点发送信号时,先将源地址和目的地址的信息编入信号中,发出的信号均沿着传输介质传送,而且能被所有的站点接收。在网上的站点收到信息后,将其中包含的目的地址与本站点地址相比较,只有地址相同的站点才真正接收信息,否则不予理睬。

总线型拓扑结构的特点:网络中只有一条总线,电缆使用量少,易于安装,易于扩充;而且站点与总线之间的连接采用无源器件,网络的可靠性高;但由于总线型拓扑结构不是集中控制,对总线的故障很敏感,总线发生故障将导致整个网络瘫痪。

3. 环型拓扑结构

环型拓扑结构是由一组转发器和连接转发器的点到点链路组成的一个闭合环路,如图 7.4 所示。

在环型拓扑结构中,每个转发器与两条链路相连。转发器的作用是接收从一条链路传送来的数据,同时不经过任何缓冲,以同样的速率把接收的数据传送到另一条链路上。这种线路是单向的,即所有站点的数据只能按同一方向进行传输。数据的接收也是将传来的数据中包含的地址信息与本站点地址相比较,如果地址相同,则接收数据,否则不予接收。

环型拓扑结构的特点:电缆使用量小,线路利用率高,适合于光纤通信,由于在信号传输中采用有源传输(转发器),可使传输距离增大,但同时也使得整个网络的可靠性受有源器件的影响而降低;网络中的某一个结点发生故障,对整个网络都有影响;当工作站数

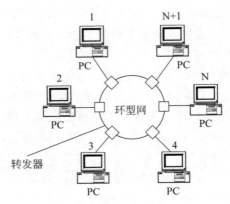

图 7.4 环型拓扑结构

量增加时,线路延时也将增加。

4. 树型拓扑结构

树型拓扑结构是总线型拓扑结构的扩充和发展,树型拓扑结构形状像一棵倒置的树,顶端是一个带分支的"根",每个分支还可延伸出子分支,如图 7.5 所示。

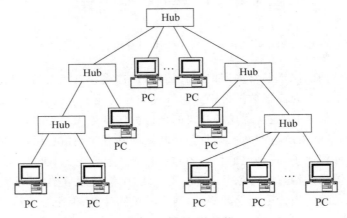

图 7.5 树型拓扑结构

树型拓扑结构是分层结构,这种结构可以一层一层地向下发展,越靠近"根"结点,要求处理能力越强。树型拓扑结构适合于上下级界限分明的单位,例如政府机构、军事单位等。

树型拓扑结构的传输方式是当某个站点发送信号时,首先"根"接收该信号,然后再由"根"重新发送到全网,而不需要转发器。

树型拓扑结构继承了总线形的优点,同时也有自身的特点。它扩展容易,出现故障容易隔离。然而它对"根"的依赖性大,如果"根"发生故障,则全网将不能正常工作,这点类似于星型拓扑结构。

5. 网状拓扑结构

网状拓扑结构的每一个结点与其他结点有不止一条的直接连接,如图 7.6 所示。

网状拓扑结构的优点如下。

（1）网络可靠性高，一般通信子网中任意两个结点交换机之间，存在着两条或两条以上的通信路径，这样，当一条路径发生故障时，还可以通过另一条路径把信息送至结点交换机。

（2）网络可组建成各种形状，采用多种通信信道，多种传输速率。

（3）网内结点共享资源容易。

（4）可改善线路的信息流量分配。

（5）可选择最佳路径，传输延迟小。

网状拓扑结构也有其缺点，一是控制复杂，软件复杂；二是线路费用高，不易扩充。

网状拓扑结构适用于网络结构复杂、对可靠性和传输速率要求较高的大型网络中。

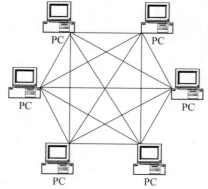

图 7.6　网状拓扑结构

7.1.4　计算机网络协议

1. 计算机网络协议

在计算机网络中，为使计算机之间或计算机与终端设备之间能有序而准确地传送数据，必须在数据传输顺序、格式和内容等方面有统一的标准、约定或规则，这组标准、约定或规则称为计算机网络协议。

网络协议主要由三个部分组成，称为网络协议三要素，即语义、语法和规则。

（1）语义。语义指对构成协议的协议元素的解释，即需要发出何种控制信息、完成何种协议以及做出何种应答。

（2）语法。语法用于规定双方对话的格式，即数据与控制信息的结构或格式。

（3）规则。规则用于规定双方的应答关系。

描述网络协议的基本结构是协议分层。通信协议被分成不同的层次，在每个层次内又分为若干子层，不同层次的协议完成不同的任务，各层次之间协调工作。

协议分层的方法很多，国际标准化组织（ISO）在 1978 年提出了"开放系统互连参考模型"（Open System Interconnection Reference Model，OSI/RM），所有的网络产品都必须按照 OSI/RM 模型划分层次。

2. OSI/RM 模型

OSI 按照分层的结构化技术，构造了顺序式的计算机网络七层协议模型，即物理层、数据链路层、网络层、传输层、会话层、表示层和应用层，如图 7.7 所示。每一层都规定有明确的接口任务和接口标准，不同系统对等层之间按相应协议进行通信，同一系统不同层之间通过接口进行通信。除最高层外，每层都向上一层提供服务，同时又是下一层的用户。

（1）物理层。物理层（或称实体层）是唯一涉及通信介质的一层，它提供与通信介质的连接，作为系统和通信介质的接口，把需要传输的信息转变为可以在实际线路上传送的

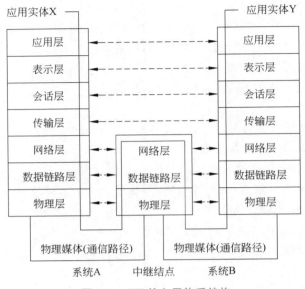

应用实体X ——

应用实体Y

应用层		应用层
表示层		表示层
会话层		会话层
传输层		传输层
网络层	网络层	网络层
数据链路层	数据链路层	数据链路层
物理层	物理层	物理层

物理媒体(通信路径)   物理媒体(通信路径)

系统A   中继结点   系统B

图 7.7　OSI 的七层体系结构

物理信号,使数据在链路实体间传输二进制位。

(2) 数据链路层。数据链路层的工作包含两部分:

一是将来自网络层的数据包添加辅助信息,即为数据包加上头部和尾部,即添加一些控制信息,包括封装信息、差错控制、流量控制、链路管理等。

二是收到物理层的比特流,将这些比特流正确地拆分成数据包,即将头部和尾部拆分出来。

数据传输的基本单位是帧(Frame)。

(3) 网络层。网络层用于源站点与目标站点之间的信息传输服务,其传输的基本单位是分组(Packet)。信息在网络中传输时,必须进行路由选择、差错检测、顺序及流量控制。

(4) 传输层。传输层为源主机与目标主机之间提供可靠的、合理的透明数据传输,其基本传输单位是报文(Message)。这里的通信是源主机与目标主机中的两个应用程序的通信。传输层的作用就是能够识别是哪个应用程序在进行信息传递。

(5) 会话层。会话层又称会晤层,它为不同系统内的应用之间建立、维护和结束会话连接。

(6) 表示层。表示层向应用层提供信息表示方式,对不同表示方式进行转换管理,提供标准的应用接口、公用信息服务。

(7) 应用层。应用层包括面向用户服务的各种软件,例如电子邮件服务、远程登录服务等。

例如,A 同学通过 QQ 给 B 同学发了消息"你好",我们来看这条消息的发送和接收过程。

* 首先 A 同学在应用层使用 QQ 软件发送了一条消息"你好";

大学计算机——计算文化与计算思维基础

- 在表示层中,将消息"你好"进行传输编码,有可能还包括加密的过程;
- 会话层主要进行端对端的连接。网络要通信,必须建立连接,不管有多远,中间有多少机器,都必须在两头(源和目的)间建立连接,一旦连接建立起来,就说已经是端到端连接了,即端到端是逻辑链路,这条路可能经过了很复杂的物理路线,但两端主机不管,只认为是有两端的连接,而且一旦通信完成,这个连接就释放了。下一层是传输层,主要包括端口和进程;
- 在传输层中,表示用什么进程连接通信,将这条消息被切割成多个部分,每一部分被传送到网络层中;
- 在网络层中,给每个数据包添加上一个头部和尾部,其中包含了传输目的地的 IP 地址等消息,然后数据包被传送到数据链路层;
- 数据链路层又给每个数据包添加上一个头部和尾部,其中包含了差错校验等消息,然后数据包被传送到物理层,并转化成了一段 01 二进制串;
- 在物理层将这段 01 串在物理介质上的传输,送到 B 同学的计算机、手机等设备;
- 在数据链路层中给每个数据包除去在这一层加的头部和尾部,然后数据包被传送到网络层;
- 在网络层中同样给每个数据包除去在这一层加的头部和尾部,然后数据包被传送到传输层,将多个数据包合成一个数据消息,并找到要传给的应用程序 QQ,再传送给应用层;
- 最后在 B 同学的 QQ 中显示消息"你好"。

> **思考与探索**
>
> 计算机网络的七层协议体现了分层求解问题的思想,即将复杂问题层层分解,每层仅实现一种相对独立、明确的功能,这是化解复杂问题的一种普适思维,也是计算机系统的基本思维模式。

7.1.5 计算机网络设备

网络设备是构成计算机网络的物质基础,不同的网络设备具有不同的功能和工作方式,针对不同的网络技术形态可能需要使用不同的网络设备。

1. 网络适配器

网络适配器又称为网络接口卡(Network Interface Card,NIC,简称网卡),是计算机与通信介质的接口,主要实现物理信号的转换、识别、传输,数据传输出错检测,硬件故障的检测。网络适配器通过有线传输介质建立计算机与局域网的物理连接,负责执行通信协议,在计算机之间通过局域网实现数据的快速传输。

2. 交换机

交换机(Switch)是一种用于电信号转发的网络设备,可以为接入交换机的任意两个网络结点提供独享的电信号通路。最常见的交换机是以太网交换机。其他常见的还有电话语音交换机、光纤交换机等。交换机不但可以对数据的传输进行同步、放大和整型处理,还提供对数据的完整性和正确性的保证。

交换机根据工作位置的不同,可以分为广域网交换机和局域网交换机。广域的交换机就是一种在通信系统中完成信息交换功能的设备,它应用在数据链路层。交换机有多个端口,每个端口都具有桥接功能,可以连接一个局域网或一台高性能服务器或工作站。实际上,交换机有时又称为多端口网桥。

3. 路由器

路由器(Router)是网络层的数据转发设备,是连接因特网中各局域网、广域网的设备,它会根据信道的情况自动选择和设定路由,以最佳路径,按前后顺序发送信号。路由器是互联网络的枢纽——"交通警察"。目前路由器已经广泛应用于各行各业,各种不同档次的产品已成为实现各种骨干网内部连接、骨干网间互联和骨干网与互联网互联互通业务的主力军。路由和交换机之间的主要区别就是交换机发生在 OSI 参考模型第二层(数据链路层),而路由发生在第三层,即网络层。这一区别决定了路由和交换机在移动信息的过程中需使用不同的控制信息,所以两者实现各自功能的方式是不同的。

路由器有一张表,称为路由表,它记录了从哪里来的数据该到哪里去。这里的"哪里来"和"哪里去"指的是 IP 地址。路由器工作原理示例如下:

(1) 工作站 A 将工作站 B 的地址 12.0.0.5 连同数据信息以数据包的形式发送给路由器 1。

(2) 路由器 1 收到工作站 A 的数据包后,先从包头中取出地址 12.0.0.5,并根据路径表计算出发往工作站 B 的最佳路径:R1→R2→R5→B;并将数据包发往路由器 2。

(3) 路由器 2 重复路由器 1 的工作,并将数据包转发给路由器 5。

(4) 路由器 5 同样取出目的地址,发现 12.0.0.5 就在该路由器所连接的网段上,于是将该数据包直接交给工作站 B。

(5) 工作站 B 收到工作站 A 的数据包,一次通信过程宣告结束。

4. 网关

网关(Gateway)又称网间连接器、协议转换器。网关在网络层以上实现网络互连,是最复杂的网络互连设备,仅用于两个高层协议不同的网络互连。网关既可以用于广域网互连,也可以用于局域网互连。网关是一种充当转换重任的计算机系统或设备。在使用不同的通信协议、数据格式或语言,甚至体系结构完全不同的两种系统之间,网关是一个翻译器。与网桥只是简单地传达信息不同,网关对收到的信息要重新打包,以适应目的系统的需求。

网关用于异种网络的互连,不仅有路由器的全部功能,还能对不同网络间的网络协议进行转换。

5. 网桥

网桥(Bridge)是数据链路层的互连设备,用于将两个相似的网络的互连,它具有放大信号的功能,对转发的信号还有寻址和路径选择的功能,即它不但能扩展网络的距离或范围,而且可提高网络的性能、可靠性和安全性。

6. 集线器

集线器(Hub)的主要功能是对接收到的信号进行再生整形放大,以扩大网络的传输距离,同时把所有结点集中在以它为中心的结点上。它工作于物理层。集线器与网卡、网线等传输介质一样,属于局域网中的基础设备。

7.1.6 局域网

计算机局域网是一个通信系统,它在一定的地理范围内,可使多个相互独立的设备在一个共享的介质上以一定的速率进行通信。由于它是通信网,所以它采用的协议主要是低三层的协议,并不是严格意义上的计算机网络。由于局域网的结构简单、功能强、使用灵活而且经济,受到了用户的欢迎。

1. 局域网的特点

局域网与广域网的不同主要有以下几个方面。

(1) 覆盖范围小:通常覆盖范围在 $0.1\sim25\text{km}$ 内,即为一座大楼或一组楼群。这就意味着最长的传输时间是一定的而且是已知的,从而可以采取特定的技术方案。根据覆盖的地理范围不同,技术解决方案也随着不同。

(2) 传输率高:局域网的传输率一般为 $1\sim100\text{Mb/s}$,千兆局域网的传输率更高。

(3) 误码率低:局域网的误码率一般为 $10^{-8}\sim10^{-11}$。

(4) 数据通信设备多:局域网的数据通信设备是广义的,包括计算机、终端和各种外围设备,也包含多媒体信息采集和处理系统。

(5) 局域网通常由某个组织单独拥有,也就是说该组织拥有组成某个局域网的所有互连设备。局域网的网络管理和使用完全由用户自己负责。

2. 局域网的组成

计算机局域网由网络硬件系统、网络软件系统和数据通信系统组成。其中,数据通信系统是连接网络基本模块的桥梁,它提供各种连接技术和数据交换技术,目前它已融入网络硬件系统和网络软件系统中。

(1) 网络硬件系统。网络硬件系统主要包括服务器和客户机、网卡、传输介质、网络互连设备等。

局域网中的计算机统称为主机(Host),根据它们在网络中的地位又分为服务器(Server)和客户机(Client)。

服务器是为所有客户机提供服务的机器,具有运行网络操作系统,提供硬盘、文件数据及打印机共享等服务功能,是网络控制的核心。一般采用速度快、容量大、可靠性好的计算机做服务器,例如大型机、小型机或高档微机。根据服务器的用途不同,又分为文件服务器、数据服务器、打印服务器、文件传输服务器、电子邮件服务器等。

客户机又称工作站(Working Station),即连接到网络上的个人计算机,具有独立处理能力。进入局域网后,工作站可向服务器发出请求,使用网络系统提供的服务。一般的微机和图形工作站都可用做客户机。

(2) 网络软件系统。局域网软件系统包括局域网采用的通信协议、网络操作系统和应用软件。

- 通信协议。局域网通信协议是局域网软件系统的基础,通常由网卡与相应驱动程序提供,用以支持局域网各结点间正确有序地通信。典型的局域网通信协议有 IEEE 802 系列协议。
- 网络操作系统。网络操作系统运行在网络服务器上,是局域网软件系统的核心。它使网络上的计算机能方便而有效地共享网络资源,为用户提供所需的各种服务软件和有关规程的集合。网络操作系统应具备以下特征。
  - 网络通信:网络操作系统应在客户机与服务器之间提供无差错的、透明的数据传输服务。
  - 共享资源管理:网络操作系统应支持网络资源共享,并能为应用程序及其数据文件提供标准化的保护。
  - 提供网络服务:包括电子邮件、文件传输、存取、管理和共享硬件资源等服务。
  - 网络管理:网络操作系统应保证存取数据的安全,保证数据在某些异常情况下的安全,并对系统设备进行故障检测等。
  - 互操作性:网络操作系统应支持与其他网络的连接。
  - 提供网络接口:网络操作系统应能改善与网络之间的界面。
- 应用软件。应用软件是指基于局域网操作系统基础上的应用程序。它为用户提供许多其他服务,满足用户的不同需求。

7.2　Internet 概述

Internet 是一个全球性的信息通信网络,是连接全球数百万台计算机的计算机网络的集合。它在世界范围内连接了不同专业、不同领域的组织机构和人员,成为人们打破时间和空间限制的有力手段。

7.2.1　Internet 的形成与发展

Internet 是通过 TCP/IP 及其相关协议把网络连接起来的全球性网络。它源于 1969 年美国国防部高级研究计划局协助开发的 ARPANET(Advanced Research Project Agency Network)。ARPANET 开始只有四个结点,分别位于美国的四所大学——加利福尼亚大学洛杉矶分校、史坦福大学研究学院、加利福尼亚大学和犹他州大学。建立该网络的目的是研究坚固、可靠并独立于各生产厂商的计算机网络所需要的有关技术。此后经历了从文本到图片,到现在语音、视频等阶段,带宽越来越快,功能越来越强。互联网的特征是:全球性、海量性、匿名性、交互性、成长性、扁平性、即时性、多媒体性、成瘾性、喧哗性。不应低估互联网的意义,它是人类迈向地球村坚实的一步。

1980 年 TCP/IP 协议正式投入使用。20 世纪 80 年代以来,由于 Internet 在美国的迅速发展和取得的巨大成功,世界各国也都纷纷加入到 Internet,使得 Internet 成为全球性的网络。

7.2.2 Internet 在中国的发展

我国于 1994 年开通了与 Internet 的专线连接。目前我国已与 Internet 连接的互联网络有中国公用计算机互联网(CHINANET)、中国教育和科研计算机网(CERNET)、中国科技网(CSTNET)和中国金桥信息网(ChinaGBN)等。

2017 年工业和信息化部最新发布的通信业经济运行情况显示,4G 用户总数达到 8.4 亿户,占移动电话用户总数的比重达到 61.1%;光纤接入用户总数达到 2.40 亿户,占固定宽带用户总数的比重超过四分之三。

1. 中国公用计算机互联网

1995 年底,由原邮电部组织和承建了中国公用计算机互联网(ChinaNet),并于 1996 年 6 月在全国正式开通,它是基于 Internet 技术,面向社会服务的公用计算机互联网络。ChinaNet 是一个由核心层、区域层和接入层组成的分层体系结构。它由骨干网和接入网组成,由中国电信经营。

2. 中国教育和科研计算机网

中国教育和科研计算机网(China Education and Research Network,CERNet),由清华大学、北京大学、上海交通大学、西安交通大学、东南大学、华南理工大学、华中理工大学、北京邮电大学、东北大学和电子科技大学等 10 所高校承担建设。该项目的目标是建设一个全国性的教育科研基础设施,把全国大部分高校连接起来,实现资源共享,由教育部管理。

3. 中国科技网

中国科技网(China Science and Technology NETwork,CSTNet)是以中关村教育与科研示范网络(NCFC)为基础建立起来的,它代表了中国 Internet 的发展历史,由中科院管理。该网是我国第一个连通 Internet 的网络(1994 年 4 月),现已拥有多条国际出口。

4. 中国金桥信息网

中国金桥信息网(China Golden Bridge Network,ChinaGBN)是由原吉通通讯公司和各省市信息中心等有关部门合作经营、管理的互联网络。它是我国国民经济信息化基础设施,是"三金"工程(金关、金卡、金税)的重要组成部分。中国金桥信息网于 1994 年由原电子工业部负责建设和管理。其网控中心建在国家信息中心,主要向政府部门和企业提供服务,由电子工业部负责管理。

7.2.3 Internet 提供的主要服务

Internet 提供的服务分为三类:通信(电子邮件、新闻组、对话等)、获取信息(文件传输、自动搜索、分布式文本检索、WWW 等)和共享资源(远程登录、客户机/服务器系统等)。

1. 环球网

环球网(World Wide Web,WWW)简称 Web,原意是"遍布世界的蜘蛛网",又称为全球信息网或万维网。目前,WWW 服务是互联网的主要服务形式。WWW 通过超文本把互联网上不同地址的信息有机地组织在一起,并以多媒体的表现形式,把文字、声音、动画、图片等展现在人们面前,为人们提供信息查询服务。通过 WWW,可以实现电子商务、电子政务、网上音乐、网上游戏、网络广告、远程医疗、远程教育、网上新闻等。

2. 文件传输

无论两台计算机相距多远,只要它们都连入互联网并且都支持文件传输协议(File Transfer Protocol,FTP),则这两台计算机之间就可以进行文件的传送。访问 FTP 服务器有两种方式:一种访问是注册用户登录到服务器系统;另一种是匿名(Anonymous)进入服务器系统。

3. 远程登录

远程登录(Telnet)是将一台用户主机以仿真终端方式,登录到一个远程主机的分时计算机系统,暂时成为远程计算机的终端,直接调用远程计算机的资源和服务。利用远程登录,用户可以实时使用远地计算机上对外开放的全部资源,可以查询数据库、检索资料,可以通过 Telnet 访问电子公告牌,在上面发表文章,或利用远程计算机完成只有巨型机才能做的工作。

4. 电子邮件

电子邮件是指在计算机之间通过网络即时传递信件、文档或图形等各种信息的一种手段。电子邮件是 Internet 最基本的服务,也是最重要的服务之一。

(1) 电子邮件的协议如下。

- SMTP 协议(Simple Mail Transmission Protocol)采用客户机/服务器模式,适用于服务器与服务器之间的邮件交换和传输。Internet 上的邮件服务器大都遵循 SMTP 协议。

- POP3(Post Office Protocol)是邮局协议的第三个版本,电子邮件客户端用它来连接 POP3 电子邮件服务器,访问服务器上的信箱,接收发给自己的电子邮件。当用户登录 POP3 服务器上相应的邮箱后,所有邮件都被下载到客户端计算机上,而在邮件服务器中不保存邮件的副本。

大多数的电子邮件服务软件都支持 SMTP 和 POP3。因此,许多公司或 ISP 都有一台提供 SMTP 和 POP3 功能的服务器。

(2) 电子信箱地址(E-mail 地址)。电子信箱地址是 Internet 网上用户所拥有的不与他人重复的唯一地址。电子信箱的格式为:

用户名@邮箱所在的邮件服务器的域名

其中@符号代表英语中的 at,@前面的部分为用户名;@后面部分表示用户信箱所在计算机的域名地址。如 hb_liming@yahoo.com.cn,用户名是 hb_liming,邮件信箱所在的主机域名地址是 yahoo.com.cn。

5. 即时通信

即时通信软件包括微信、QQ、飞信等,往往以网上电话、网上聊天的形式出现。即时通信比电子邮件使用还要方便和简单。

7.2.4　Internet 基本技术

Internet 与大多数计算机网络一样，是一个分组交换网。在 Internet 上传输的所有数据都以分组的形式传送。同一时刻在 Internet 上流动的信息来自多台计算机的分组。

1. 分组交换技术

在计算机网络中，结点与结点之间的通信采用两种交换方式，即线路交换方式和存储转发交换方式。存储转发方式又分为两种，即报文转发交换和分组转发交换。

分组交换又称为报文分组存储转发交换。它是指源结点在发送数据前先把报文按一定的长度分割成大小相等的报文分组，将每个报文分组与源地址、目标地址和控制信息按统一的规定格式打包，然后在网络中按照路径选择算法一站一站地传输。每个中间结点按照路径选择算法把分组发送给下一结点。由于每个分组都包含源地址和目标地址，所以各分组都能到达目标结点。因为它们所走的路径不同，各分组也不是按照编号顺序到达目标结点，所以目标结点需要将它们排序后再分离出所要传输的数据。

2. TCP/IP 协议

通信协议是计算机之间用来交换信息所使用的一种公共语言的规范和约定，其中包括发送信息的格式和意义。

TCP/IP 协议是针对 Internet 开发的体系结构和网络标准，其目的在于解决异种计算机网络的通信，为各类用户提供通用的、一致的通信服务。可见，TCP/IP 协议是一种通用的网络协议。TCP 协议（Transmission Control Protocol）是传输控制协议，IP 协议（Internet Protocol）是网络互联协议，是传输层和网络层的协议组合。TCP 协议将消息或文件分成包，以保证数据的传输质量，IP 协议负责给各种包加地址以便保证数据的传输。TCP/IP 协议是一个协议族而不是简单的两个协议，包括上百个各种功能的协议，如远程登录、文件传输、域名服务和电子邮件等协议。

TCP/IP 协议的核心思想是：对于 OSI，在传输层和网络层建立一个统一的虚拟逻辑网络，以屏蔽物理层和数据链路层有关部分的硬件差别，从而实现普遍的连通性。TCP/IP 协议将 OSI 按功能划分为 4 个层次，如图 7.8 所示。

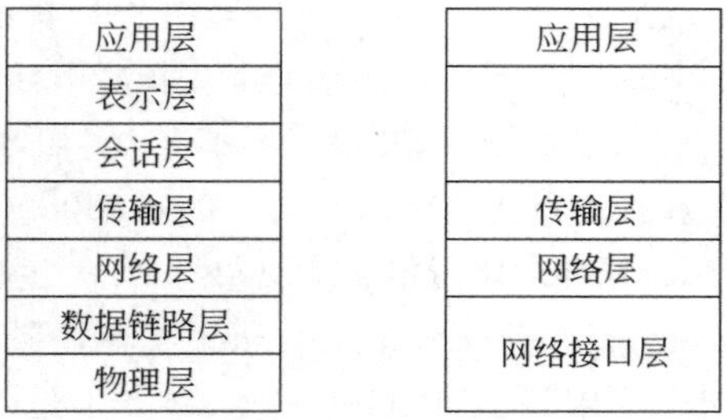

应用层
表示层
会话层
传输层
网络层
数据链路层
物理层

应用层
传输层
网络层
网络接口层

图 7.8　OSI 模型与 TCP/IP

（1）应用层。应用层提供各种应用服务，如简单电子邮件传输协议（SMTP）、文件传输协议（FTP）、网络远程访问协议（Telnet）、万维网的超文本传输协议（HTTP）等。

（2）传输层。传输层提供主机间的数据传送服务，负责对传输的数据进行分组并保证这些分组正确传输和接收。此层协议有传输控制协议（TCP）、用户数据报协议（UDP）等。

（3）网络层。网络层主要功能是路由选择，根据接收方的 IP 地址，确定数据包传输的路径，即下一路由器或计算机的 IP 地址。此层协议有：网络互连协议（IP），地址解析协议（ARP）等。

（4）网络接口层。网络接口层对实际的网络媒体的管理，定义如何使用实际网络（如Ethernet、令牌环网、FDDI 等）来传送数据。

TCP/IP 协议的数据传输过程如下。

- TCP 协议负责将计算机发送的数据分解成若干个数据报（Datagram），并给每个数据报加上报头，报头上有相应的编号和检验数据是否被破坏的信息，以保证接收端计算机能将数据还原成原来的格式。

  TCP 协议被称为一种端对端协议，当一台计算机需要与另一台远程计算机连接时，TCP 协议会让它们建立一个连接、发送和接收数据以及终止连接。

- IP 协议是负责为每个数据报的报头加上接收端计算机的地址，使数据能找到自己要去的目的地。

- 如果传输过程中出现数据丢失和数据失真等情况，TCP 协议会自动要求数据重传，并重组数据报。

3. IP 地址

Internet 上计算机的地址可以用两种形式表示，即 IP 地址和域名地址。

IP 地址（Internet Protocol Address）是一种在 Internet 上的给主机编址的方式，也称为网际协议地址。

常见的 IP 地址，分为 IPv4 与 IPv6 两大类。Internet 的每一个网络和每一台主机都分配一个唯一的地址。

IP 地址的格式是：网络地址＋主机地址。网络地址用来表示这个 IP 地址属于哪一个网络，就像电话号码中的区号。主机地址表示在这个网络中的具体位置，就像区号后面的电话号码。

（1）IPv4 地址。IP v4 地址长度为 32 位（bit），即由 4 个 8 位二进制数组成，每两个 8 位二进制数之间用圆点"."隔开。由于二进制数记忆、书写不便，因此又采用与之对应的 4 个十进制数表示，每个十进制数的取值范围为 0～255。例如，中国教育和科研计算机网网控中心的 IP 地址的二进制数表示为 1100101010.01110000.00000000.00100100，对应的十进制数的表示为 202.112.0.36，其网络号为 202.112.0，主机号为 36。

IETF（Internet Engineering Task Force，Internet 工程任务组）将 IP 地址分为 A、B、C、D、E 等五类，在商业应用中只用到 A、B、C 等三类，每类地址均由网络地址和主机地址组成。

- A 类地址。A 类地址网络地址占 8 位，首位固定为 0，其余 7 位分配给 126 个 A 类网（除去全 0 表示本地网，全 1 留作诊断用）；其余 24 位用于主机地址，每个 A 类网络可容纳的主机数为 16777214。故这种网络地址适用于主机数量很多的大型网络。它的 IP 地址表示范围为 1.0.0.1～127.255.255.254。

- B 类地址。B 类地址网络地址占用 16 位,前两位固定为 10,其余 14 位分配给 16 384 个 B 类网;主机地址也为 16 位,每个 B 类网络可容纳的主机数为 65 534。故这种网络地址适用于主机数量为中等规模的网络。它的 IP 地址的表示范围为 128.1.0.1～191.255.255.254。

- C 类地址。C 类地址网络地址占用 24 位,前三位固定为 110,其余 21 位分配 2097151 个 C 类网络;主机地址为 8 位,每个 C 类网络可容纳的主机数为 254。故这种网络地址适用于主机数量较少的网络,例如一般的局域网和校园网。它的 IP 地址的表示范围为 192.0.1.1～223.255.255.254。

- D 类和 E 类地址。D 类地址的第一个十进制数的范围为 224～239,用作多目的地信息的传输;E 类 IP 地址的第一个十进制数的范围为 240～254,仅作为 Internet 的实验和开发之用。

(2) IPv6 地址。目前,使用的 TCP/IP 协议为 IPv4。在 IPv4 中,全部 32 位的 IP 地址只有 42 亿(2^{32})个,2011 年 2 月 3 日 IPv4 位地址全部分配完毕。为了扩大地址空间,IETF 推出了 IPv6 重新定义地址空间。

IPv6 采用 128 位地址长度;IPv6 采用了一种全新的分组格式,简化了报头结构,减少了路由表长度,但是也导致了与 IPv4 不能兼容的问题;IPv6 简化了协议,提高了网络服务质量;IPv6 在安全性、优先级和支持移动通信方面也有一定的改进。

IPv6 采用“冒分十六进制”的方式,每 16 位为一组,写成 4 位十六进制数,组间用“:”分隔。地址的前导 0 可以不写,如:69DC:8864:FFFF:FFFF:0:1280:8C0A:FFFF。

由于 IPv4 和 IPv6 协议互不兼容,因此从 IPv4 到 IPv6 是一个逐渐过渡的过程。

4. 域名地址和 DNS

(1) 域名地址。由于用数字描述的 IP 地址难于记忆、使用不便,因此又按照与 IP 地址一一对应的关系,使用有一定意义的字符来确定一个主机在网络中的位置。这种分配给主机的字符串地址称为域名(Domain Name)。域名地址按地理域或机构域分层表示。书写时采用圆点将各个层次隔开,分成层次字段。

域名地址的一般格式为:

结点名.三级域名.二级域名.顶级域名

DNS 规定,域名中的标号都由英文字母和数字组成,每一个标号不超过 63 个字符,也不区分大小写字母。标号中除连字符(-)外不能使用其他的标点符号。级别最低的域名写在最左边,而级别最高的域名写在最右边。由多个标号组成的完整域名总共不超过 255 个字符,如 home.sina.com.cn。

顶级域名又称为第一级子域名,它是国家或地区代码,由两个字符组成,如 cn 代表中国大陆、au 代表澳大利亚、ca 代表加拿大、uk 代表英国、jp 代表日本、hk 代表中国香港地区、us 代表美国、fr 代表法国等。

二级域名是指顶级域名之下的域名,在国际顶级域名下,它是指域名注册人的网上名称,例如 Yahoo、Microsoft 等;在国家顶级域名下,它是表示注册企业类别的符号,例如 com、edu、gov、net 等。中国的二级域名又分为类别域名和行政区域名两类。类别域名共

6个,包括用于科研机构的 ac、用于工商金融企业的 com、用于教育机构的 edu、用于政府部门的 gov、用于互联网络信息中心和运行中心的 net、用于非盈利组织的 org。而行政区域名有 34 个,分别对应于中国各省、自治区和直辖市。

三级域名用字母(A~Z,a~z,大小写等价)、数字(0~9)和连接符(-)组成,各级域名之间用实点(.)连接,三级域名的长度不能超过 20 个字符。如无特殊原因,建议采用申请人的英文名(或者缩写)或者汉语拼音名(或者缩写)作为三级域名,以保持域名的清晰性和简洁性。

结点名可根据需要由网络管理员自行定义。

(2) 域名解析。域名地址虽然便于人们记忆和使用,但是计算机系统之间连接时使用的只有 IP 地址,为此需要先把域名地址翻译成 IP 地址,然后再实现计算机的连接。这种转换是由网络中的域名服务系统(Domain Name System,DNS)软件完成的。安装了这种软件的服务器称为域名服务器。

域名服务器进行域名与 IP 地址的转换称为域名解析。DNS 是一种树形结构,从根服务器开始,自顶向下逐级解析,直到找到相应的 IP 地址为止。

比如,某个河北用户从本地访问 www.pku.edu.cn 网站,域名解析过程如下:

- 首先由河北本地的 DNS 解析,若解析不了,就交给根 cn 的 DNS 解析。
- 若解析不了,就交给 edu 的 DNS 解析。
- 若解析不了,就交给 pku 的 DNS 解析。
- 将 pku 的 DNS 解析出的 IP 地址返回给用户。

又如,某个网页的访问流程如下:

- 在浏览器中输入一个域名。
- DNS 将这个域名转化成 IP 地址。
- 获得要访问网页所在服务器的 IP 地址后,就可以向这个服务器发起访问请求,服务器收到访问请求后,便查看自己域名下的网页。
- 当这个网页服务器找到所请求的网页后,会返回本网页的一些信息,包括 HTML 文件、图片、动画等。
- 用户的主机收到这些信息后,通过浏览器组织成可以查看的网页,展示给用户。

注意:这里网页服务器只是返回本网页的一些信息,并不是真正将整个网页发送过来,因为目前我们浏览的网页大部分都是属于动态网页,不是静态网页。动态网页和静态网页的区别在于服务器端是否参与程序的运行。服务器端执行某些脚本生成 HTML,再将其送到客户端,这样的网页程序称为动态网页,其特点是随用户、时间等因素返回不同的网页信息。比如,一个新闻网站,一般是将新闻内容存储在数据库中,每次新闻更新只需修改数据库中的内容,然后写程序读取数据库内容就可以实现实时更新了。

 思考与探索

域名解析的过程体现了递归算法和迭代算法的思想。

5. 统一资源定位器

统一资源定位器(Uniform Resource Location,URL)是表示资源类型和地址的一个指针,用来指出 Internet 中的资源的特定位置,供 Web 浏览器访问时使用。

(1) URL 的格式。URL 一般由三部分组成:协议://域名/网页文件名,分别表示资源类型、存放资源的主机域名、资源的具体位置。例如

http://www.cer.net/jiao_yu/kao_yan

其中:

- http://:通知 Web 浏览器采用什么协议、访问哪一类资源。
- www.cer.net:表示被访问的服务器域名或 IP 地址。
- jiao_yu/kao_yan:表明资源在计算机中的路径和文件名。

(2) 主要资源的 URL 格式。Web 浏览器可以访问的主要资源和 URL 格式如下。

- http://www:超文本链接。
- ftp://ftp:文件传输。
- file://:文件。

注意:URL 的路径用"/"分隔;要把大小写字母表达清楚,以满足某些计算机系统严格区分大小写字母的要求。

思考与探索

"超文本"(Hypertext)和"超媒体"(Hypermedia)是 Internet 上常用的组织信息资源的方法,即通过指针来链接分散的信息资源,包括文本、声音、图形、图像、动画、视频等多媒体信息,这种管理信息的方法更符合人类的思维方式。

---

6. 接入 Internet 的技术

与 Internet 连接,是与已连接在 Internet 上的某台主机或网络进行连接。用户入网前都要先联系一家 Internet 服务提供商(ISP),如校园网网络中心、电信局等,然后办理上网手续,包括填写注册表格、支付费用等,ISP 则向用户提供 Internet 入网连接的有关信息。

目前,用户连入 Internet 主要有以下几种常用方法。

(1) 局域网方式。采用局域网方式,用户计算机通过数据通信专线(如电缆、光纤)连到某个已与 Internet 相连的局域网(如校园网)上。将一个局域网连接到 Internet 主机有两种方法。

- 固定 IP 地址。使用这种方式,局域网中每台用户计算机均需一个固定的 IP 地址。
- 代理服务器。以这种方式上网,局域网中必须有一个代理服务器。代理服务器(Proxy Server)是建立在客户机和 Web 服务器之间的服务器,它为用户提供访问 Internet 的代理服务,使不具有 IP 地址的客户机通过代理服务器可以访问 Internet。代理服务器具有高速缓冲的功能,可以提高 Internet 的浏览速度。代

理服务器还可用作防火墙,为网络提供安全保护措施。

局域网接入方式是可以满足大信息量 Internet 通信的一种方式,适用于教育科研机构、政府机构及企事业单位中已装有局域网的用户。

(2) ADSL 方式接入。ADSL(非对称数字用户环路)是利用现有的电话线实现高速、宽带上网的一种方法。所谓"非对称"是指与 Internet 的连接具有不同的上行和下行速度,上行是指用户向网络发送信息,而下行是指 Internet 向用户发送信息。采用 ADSL 接入,需要在用户端安装 ADSL Modem 和网卡。VDSL(超高速数字用户环路)是 ADSL 的快速版本。

(3) 利用有线电视网接入。中国有线电视网(CATV)非常普及,其用户已达到几千万户。通过 CATV 接入 Internet,速率可达 10Mb/s。实际上这种入网方式也可以是不对称的,下行的速度可以高于上行速度。

CATV 接入 Internet 采用总线形拓扑结构,多个用户共享给定的带宽,所以当共享信道的用户数增加时,传输的性能会下降。

采用 CATV 接入需要安装 Cable Modem(电缆调制解调器)。

(4) 无线接入。无线接入是指从用户终端到网络交换结点采用或部分采用无线手段的接入技术。无线接入可分为固定无线接入和移动无线接入。固定无线接入的网络侧有接口,可直接与公用电话网的本地交换机连接,用户侧与电话相连,如微波一点多址系统、卫星直播系统等;移动无线接入如蜂窝移动通信系统、同步卫星移动通信系统、蓝牙技术等。

通用分组无线业务(General Packet Radio Service,GPRS),是一种新的分组数据承载业务。下载资料和通话可以同时进行,是移动电话接入 Internet 的技术之一。

7.2.5 物联网

物联网(Internet of things)通过射频识别(RFID)、红外感应器、全球定位系统、激光扫描器、气体感应器等信息传感设备,按约定的协议,把任何物品与互联网连接起来,进行信息交换和通信,以实现智能化识别、定位、跟踪、监控和管理的一种网络。简而言之,物联网就是"物物相连的互联网"。这有两层意思:其一,物联网的核心和基础仍然是互联网,是在互联网基础上的延伸和扩展的网络;其二,其用户端延伸和扩展到了任何物品与物品之间,进行信息交换和通信,也就是物物相息。物联网通过智能感知、识别技术与普适计算等通信感知技术,广泛应用于网络的融合中,也因此被称为继计算机、互联网之后世界信息产业发展的第三次浪潮。物联网是互联网的应用拓展,与其说物联网是网络,不如说物联网是业务和应用。物联网包括互联网及互联网上所有的资源,兼容互联网所有的应用,但物联网中所有的元素(所有的设备、资源及通信等)都是个性化和私有化的。最简单的物联网是各种各样的刷卡系统。比如,校园一卡通、公交卡等。

世界上的万事万物,小到手表、钥匙,大到汽车、楼房,只要嵌入一个微型感应芯片,把它变得智能化,这个物体就可以"自动开口说话"。再借助无线网络技术,人们就可以和物体"对话",物体和物体之间也能"交流",这就是物联网。

以下是物联网的应用案例：

物联网传感器产品已率先在上海浦东国际机场防入侵系统中得到应用。系统铺设了3万多个传感结点，覆盖了地面、栅栏和低空探测，可以防止人员的翻越、偷渡、恐怖袭击等攻击性入侵。

手机物联网购物通过手机扫描条形码、二维码等方式，可以进行购物、比价、鉴别产品等功能，至2015年手机物联网市场规模达6847亿元，手机物联网应用正伴随着电子商务大规模兴起。

智能家居使得物联网的应用更加生活化，具有网络远程控制、遥控器控制、触摸开关控制、自动报警和自动定时等功能，给每一个家庭带来不一样的生活体验。

物联网智能控制系统可以指挥中心的大屏幕、窗帘、灯光、摄像头、DVD、电视机、电视机顶盒、电视电话会议；也可以调度马路上的摄像头图像到指挥中心，同时也可以控制摄像头的转动。

思考与探索

网络化思维方式：网络丰富了人类的精神世界和物质世界，人们生活在一个物物互联、物人互联、人人互联的网络社会中，改变了人类的思维方式。

基础知识练习

（1）什么是计算机网络？

（2）计算机网络的主要功能是什么？

（3）网络的拓扑结构有哪几种？比较它们的特点。

（4）传输介质如何分类？各自的特点是什么？

（5）简述 OSI 参考模型各层的主要功能。

（6）什么是 TCP/IP 协议？

（7）什么是 IP 地址？什么是域名？它们的格式分别是什么？

（8）什么是 URL？URL 的一般格式及各部分含义是什么？

（9）常见的 Internet 接入方式有哪几种？各有什么特点？

（10）简述局域网的主要特点。

（11）中国四大主干网的域名是什么？

（12）目前 Internet 提供的主要服务有哪些？你还希望增加哪些服务？

能力拓展与训练

1. 分析与论证

（1）分组考察学校的计算机网络，给出规划与构建方案，并对不同的方案进行分析与论证。

（2）某公司需要将5200台计算机从120个地点（假定每个地点的计算机数量大致是平均的）连接到网络中，为此需要申请一个合法的IP地址，那么该公司需要申请哪一类地址才能满足要求？这个地址应该如何划分为子网，分配给120个物理网络？这个网络中总共可以为多少台计算机单独分配地址？给出地址的子网和主机部分的地址范围。写出解决方案，并加以分析和论证。

2．实践与探索

（1）搜索资料，写一份关于微信等即时通信软件的研究报告。

（2）如何将某个网站中的所有链接内容整体下载至电脑硬盘中？

（3）收邮件时，如果出现邮件内容显示乱码的情况，应如何解决？

（4）搜索整理相关信息，写一份关于电子商务与电子政务的报告，内容包括电子商务与电子政务的基本概念、电子商务主要应用模式（C2C、C2B、B2C、B2B）等。

（5）使用网络过程中遇到过哪些安全问题？应该如何解决？

分组进行交流讨论会，并交回讨论记录摘要，内容包括时间、地点、主持人、参加人员、讨论内容等。

（6）举例说明分层分类管理思想的具体应用。

（7）Facebook是一个社交网络平台，试分析它的问题求解的思维。

（8）尝试给出一份关于智能家居网络的设计方案。

（9）生活中还有哪些物联网应用实例？谈谈你对物联网的展望。

3．拓展阅读

你知道互联网历史上15个划时代的"第一"吗？

1）互联网方面的"第一"

（1）第一封邮件。

1971年，雷·汤姆林逊发出了世界上的第一封邮件。另外，邮件地址中的用来分隔用户名和机器名（那时候还没有"域名"这一说法）的@符号也是他引入的。尽管在20世纪60年代就有类似的系统，但该系统仅限于同类型机器之间通信。直到1971年，才有了现代邮件的雏形，邮件才能通过网络传输。请注意，这时候还没有互联网哦，但互联网的前身——ARPANET已经存在了。

第一封邮件是在加州的洛杉矶大学和斯坦福大学之间传送的。很可惜的是，接收两封邮件后，计算机就崩溃了。

（2）第一个域名。

在互联网上第一个注册的域名是"symbolics.com"。1985年3月15日，由Symbolics计算机制造公司注册的（该公司现已解散）。2009年，该域名出售给XF.com投资公司，具体数额不详。

（3）第一封垃圾邮件。

首次有记载的垃圾消息是在1978年5月3日，由DEC公司的营销人员Gary Thuerk通过ARPANET发送给393位接收人。这封邮件是DEC公司的新计算机模型的广告邮件。换句话说，Gary Thuerk"荣获"了世界上首位垃圾邮件发送者的称号。这甚至还为他赢得吉尼斯世界纪录。不过在 1978 年的时候还没有"垃圾邮件"(Spam)这个词。

(4) 第一款上网手机。

1996 年在芬兰,诺基亚 9000 通讯器连接到互联网。但当时手机上网费用的非常昂贵,限制了经营者。1999 年,日本的 NTT DoCoMO 公司推出 i-Mode,公认的互联网手机服务才诞生了。

2) 网站方面的"第一"

(1) 第一个网站。

1990 年年末,第一个网站 info. cern. ch 横空出世,它运行在欧洲核子研究中心(CERN)的 NeXT 计算机上。第一个网页的地址是:

http://info. cern. ch/hypertext/WWW/TheProject. html

此网页的内容是关于万维网计划的。info. cern. ch 网站上已经删除这个页面。

(2) 第一个电子商务网站和第一笔交易。

尽管 Amazon 和 eBay 闻名外中,但它们并非是第一家电子商务网站。在线零售网站 NetMarket 宣称,互联网上的第一笔安全交易是它们完成的。1994 年 8 月 11 日,该网站以 12.48 美元(含运费)出售了 Sting 的 Ten Summoner's Tales 的 CD 拷贝碟。Internet Shopping Network 是另外一个竞争第一个商务网站"皇冠"的竞争者,该网站自称,它们的第一笔交易比 NetMarket 整整早了一个月。

(3) 第一家网络银行。

斯坦福联邦信用社(SFCU)是一个联邦特许成立的信用社,它在 1959 年成立于加利福尼亚州的帕洛阿尔托,主要向斯坦福大学社区提供金融服务。迄今为止,SFCU 拥有超过 10 亿美元的资产和超过 47 000 千个会员。1994 年,SFCU 开通其网络银行服务,从此,世界上的第一家网络银行就此诞生。

(4) 第一个搜索引擎。

虽然互联网搜索引擎比万维网出现早,但当时它们的功能有限,仅能解析网页标题。第一个全文搜索引擎是 1994 年的上线的 WebCrawler。

(5) 第一个博客。

1994 年,贾斯汀·霍尔搭建一个基于网络的日记平台,称为"贾斯汀的链接"。虽然该日记提供早期互联网的上网指南,但随着时间推移,日记变得越来越个人化。纽约时报杂志曾介绍他是"个人博客之父"。当然了,当时还没所谓"blog"一词("weblog"出现于 1997 年,在 1999 年才演变为"blog")。

(6) 第一个播客。

2000 年 10 月,在经过一番讨论后,"博客先驱"戴夫·温纳增强了 RSS 功能,把声音内容加入到 RSS 种子中,以便聚合声音博客。2001 年 1 月 11 日,温纳在他的脚本新闻博客中展示了新的 RSS 功能,他在 RSS 中添加了一首 Grateful Dead 组合的歌曲。2003 年,播客才开始流行。

3) 网络服务方面的第一

(1) eBay 卖出的第一件货物。

1995 年，eBay 成立，当时的名称是 AuctionWeb。eBay 卖出的第一件货物是一个 14.83 美元的损坏了的激光指示器。当 eBay 的创始人 Pierre Omidyar 致信买家询问他是否注意到指示器是坏的，买家回复说"我专门收集坏的激光指示器"。

(2) Amazon 卖出的第一本书。

1995 年，Amazon 上线。Amazon 卖出的第一本书是道格拉斯·霍夫斯塔特的 *Fluid Concepts and Creative Analogies*：*Computer Models of the Fundamental Mechanisms of Thought*。

(3) 维基/百科上的第一个词条。

维基/百科上的第一个词条是由创始人吉米·威尔斯编辑的一个测试词条——"Hello, World!"，这个词条不久后便删除了。维基/百科上现存最早的词条是在 2001 年 1 月 16 日编辑的国家列表。

(4) YouTube 上的第一段视频。

2005 年 4 月 23 日，Youtube 的联合创始人 Jawed Karim 上传 YouTube 的第一段视频。

- 视频名称：*Me at the zoo*，Jawed Karim 拍摄于圣地亚哥动物园。
- 浏览次数：已超过 150 万。

(5) Twitter 上的第一条消息（即：第一声"鸟叫"）。

2006 年 3 月 21 日，Twitter 的开发者兼联合创始人 Jack Dorsey 写下了第一条消息："just setting up my twttr"。"twttr"并不是错字。Twitter 曾在短期内被称为"twttr"，这个词的灵感部分源于"Flickr"，另外部分原因是："twttr"是 5 个字符，可以作为一个 SMS 简短代码使用。

来源：http://mt.sohu.com/20170305/n482434072.shtml。

4. 相关书籍

[1] 谢希仁. 计算机网络(第 7 版)[M]. 北京：电子工业出版社，2017.

第 **8** 章 伦理思维——信息安全与信息伦理

The good news about computers is that they do what you tell them to do. The bad news about computers is that they do what you tell them to do.

——Ted Nelson（HTTP之父、哲学家和社会学家）

8.1 信息安全

8.1.1 信息安全的概念

1. 信息安全的根本目标

随着计算机网络的重要性和对社会的影响越来越大，大量数据需要进行存储和传输，偶然的或恶意的原因都有可能造成数据的破坏、显露、丢失或更改。所以，信息安全的根本目标是使信息技术体系不受外来的威胁和侵害。

信息安全是指信息系统（包括硬件、软件、数据、人、物理环境及其基础设施）受到保护，不受偶然的或者恶意的原因而遭到破坏、更改、泄露，系统连续可靠正常地运行，信息服务不中断，最终实现业务连续性。信息安全主要包括以下五方面的内容，即需保证信息的保密性、真实性、完整性、未授权拷贝和所寄生系统的安全性。

2. 信息安全的特征

（1）完整性和精确性：指信息在存储或传输过程中保持不被改变、不被破坏和不丢失的特性。

（2）可用性：指信息可被合法用户访问并按要求的特性使用。

（3）保密性：指信息不泄漏给非授权的个人和实体或供其利用的实体。

（4）可控性：指具有对信息的传播及存储的控制能力。

8.1.2 计算机病毒及其防范

信息安全的威胁多种多样，主要是自然因素和人为因素。自然因素是一些意外事故，例如服务器突然断电等；人为因素是指人为的入侵和破坏，危害性大、隐藏性强。人为的破坏主要来自于黑客,网络犯罪已经成为犯罪学的一个重要部分。造成信息安全威胁的原因主要是由于网络黑客和计算机病毒。

1. 计算机病毒的概念

计算机病毒(Computer Virus)是指在计算机系统运行过程中能自身准确复制或有修改地复制的一组计算机指令或程序代码。

(1) 计算机病毒的来源。计算机病毒多出于计算机软件开发人员之手,其动机多种多样。有的为了"恶作剧",并带有犯罪性质;有的为了"露一手",表现自己;有的为了保护自己的知识产权,在所开发的软件中加入病毒,以惩罚非法复制者。

由此看出,计算机病毒是人为制造的程序,它的运行属于非授权入侵。

(2) 计算机病毒的传播途径。一般说来,计算机病毒有以下三种传播途径。

- 存储设备。大多数计算机病毒通过一些存储设备来传播,例如闪盘、硬盘、光盘等。
- 计算机网络。计算机病毒利用网络通信可以从一个结点传染给另一个结点;也可以从一个网络传染到另一个网络。其传染速度是最快的,严重时可迅速造成网络中的所有计算机全部瘫痪。
- 通信系统。计算机病毒也可通过点对点通信系统和无线通道传播,随着信息时代的迅速发展,这种途径很可能成为主要传播渠道。

(3) 计算机病毒的传染过程。计算机病毒的传染过程大致经过三个步骤。

- 入驻内存:计算机病毒只有驻留内存后才有可能取得对计算机系统的控制。
- 等待条件:计算机病毒驻留内存并实现对系统的控制后,便时刻监视系统的运行。一方面寻找可攻击的对象,一面判断病毒的传染条件是否满足。
- 实施传染:当病毒的传染条件满足时,通常借助中断服务程序将其写入磁盘系统,完成全部病毒传染过程。

(4) 计算机病毒的特征如下。

- 传染性。计算机病毒具有强再生机制。计算机病毒可以从一个程序传染到另一个程序,从一台计算机传染到另一台计算机,从一个计算机网络传染到另一个计算机网络。
- 寄生性。病毒程序依附在其他程序体内,当这个程序运行时,病毒就通过自我复制而得到繁衍,并一直生存下去。
- 潜伏性。计算机病毒侵入系统后,病毒的触发是由发作条件来确定的。在发作条件满足前,病毒可能在系统中没有表现症状,不影响系统的正常运行。
- 隐蔽性。表现在两个方面,一是传染过程很快,在其传播时多数没有外部表现;二是病毒程序隐蔽在正常程序中,当病毒发作时,实际病毒已经扩散,系统已经遭到不同程度的破坏。
- 破坏性。不同计算机病毒的破坏情况表现不一,有的干扰计算机工作,有的占用系统资源,有的破坏计算机硬件等。
- 不可预见性。由于计算机病毒的种类繁多,新的变种不断出现,所以病毒对反病毒软件来说是不可预见的、超前的。

（5）计算机病毒的类型。目前对计算机病毒的分类方法多种多样，常用的有下面几种。

按病毒的寄生方式分为引导型病毒，文件型病毒和复合型病毒。

- 引导型病毒出现在系统引导阶段。
- 文件型病毒也被称为寄生病毒，运作在计算机存储器里，通常它感染扩展名为com、exe、drv、bin、ovl、sys 等文件。这类病毒数量最大，可细分为外壳型、源码型和嵌入型等。例如，常见的宏病毒就是寄存在 Office 文档的宏代码中，可攻击.doc 文件和.dot 文件，影响这些文档的打开、存储、关闭或清除等操作。
- 复合型病毒既传染磁盘引导区，又传染可执行文件，一般可通过测试可执行文件的长度来判断它是否存在。

按病毒的发作条件分为定时发作型、定数发作型和随机发作型。

- 定时发作型病毒具有查询系统时间功能，当系统时间等于设置时间时，病毒发作。
- 定数发作型病毒具有计数器，能对传染文件个数或执行系统命令次数进行统计，当达到预置数值时，病毒发作。
- 随机发作型病毒随机发作，没有规律。

按破坏的后果分为良性病毒和恶性病毒。

- 良性病毒干扰用户工作，但不破坏系统数据，清除病毒后，便可恢复正常。常见的情况是大量占用 CPU 时间和内存、外存等资源，从而降低了运行速度。
- 恶性病毒破坏数据，造成系统瘫痪。清除病毒后，也无法修复丢失的数据。常见的情况是破坏、删除系统文件，甚至重新格式化硬盘。

2. 计算机病毒的防范

计算机病毒的出现向计算机安全性提出了严峻挑战，解决问题最重要一点是树立"预防为主，防治结合"的思想，牢固树立计算机安全意识，防患于未然，积极地预防计算机病毒的侵入。

可采取以下几方面的措施进行防范。

- 不要运行来历不明的程序或使用盗版软件。
- 对外来的计算机、存储介质（软盘、硬盘、闪盘等）或软件要进行病毒检测，确认无毒后才可使用。
- 对于重要的系统盘、数据盘以及磁盘上的重要信息要经常备份，以便遭到破坏后能及时得到恢复。
- 网络计算机用户要遵守网络软件的使用规定，不能轻易下载和使用网上的软件，也不要打开来历不明的电子邮件。
- 在网络中的文件系统、数据库系统、设备管理系统及信息网络 WWW 等中，利用访问控制权限技术规定主体（如用户）对客体（如文件、数据库、设备）的访问权限。
- 安装计算机防毒卡或防毒软件，时刻监视系统的各种异常并及时报警，以防病毒的侵入。
- 对于网络环境，应设置"病毒防火墙"。

常用的杀毒软件和防火墙有瑞星、金山毒霸、360 杀毒等。使用这些工具，可以方便地清除一些病毒和防止病毒入侵,使系统得以正常工作。

8.1.3　网络安全

网络安全是指网络系统的硬件、软件及其系统中的数据受到保护,不因偶然的或者恶意的原因而遭受到破坏、更改、泄露,系统连续可靠正常地运行,网络服务不中断。网络安全从其本质上来讲就是网络上的信息安全。网络环境的复杂性、多变性和系统的脆弱性,造成了网络与系统的威胁的产生。

1. 网络黑客的概念

一般认为,黑客起源于20世纪50年代美国麻省理工学院的实验室中。20世纪六七十年代,"黑客"用于指代那些独立思考、奉公守法的计算机迷,从事黑客活动意味着对计算机的最大潜力进行智力上的自由探索。到了20世纪八九十年代,计算机越来越重要,大型数据库也越来越多,同时,信息越来越集中在少数人的手里。这样一场新时期的"圈地运动"引起了黑客们的极大反感。黑客认为,信息应共享而不应被少数人所垄断,于是将注意力转移到涉及各种机密的信息数据库上,这时"黑客"变成了网络犯罪的代名词。

因此,黑客就是利用计算机技术、网络技术,非法侵入、干扰、破坏他人的计算机系统;或擅自操作、使用、窃取他人的计算机信息资源,对电子信息交流和网络实体安全具有威胁性和危害性的人。黑客攻击网络的方法是不停地寻找Internet上的安全缺陷,以便乘虚而入。

从黑客的动机、目的和对社会造成危害的程度来分,黑客可以分为技术挑战型黑客、戏谑取趣型黑客和捣乱破坏型黑客三种类型。

2. 网络黑客常用的攻击手段

(1) 获取口令。这种方式有以下三种方法。

- 缺省的登录界面攻击法。在被攻击主机上启动一个可执行程序,该程序显示一个伪造的登录界面。当用户在这个伪装的界面上键入登录信息(用户名、密码等)后,程序将用户输入的信息传送到攻击者主机,然后关闭界面给出提示信息"系统故障",要求用户重新登录。此后,才会出现真正的登录界面。
- 通过网络监听,非法得到用户口令,这类方法有一定的局限性,但危害性极大,监听者往往能够获得其所在网段的所有用户账号和口令,对局域网安全威胁巨大。
- 在知道用户的账号后(如电子邮件"@"前面的部分)利用一些专门软件强行破解用户口令。

(2) 电子邮件攻击。这种方式一般是采用电子邮件炸弹(E-mail Bomb),是黑客常用的一种攻击手段。指的是用伪造的IP地址和电子邮件地址向同一信箱发送数以千计、万计甚至无穷多次的内容相同的恶意邮件,也可称之为大容量的垃圾邮件。由于每个人的邮件信箱是有限的,当庞大的邮件垃圾到达信箱的时候,就会挤满信箱,把正常的邮件给冲掉。同时,因为它占用了大量的网络资源,常常导致网络塞车,使用户不能正常地工作,严重者可能会给电子邮件服务器操作系统带来危险,甚至瘫痪。

(3) 特洛伊木马攻击。"特洛伊木马程序"技术是黑客常用的攻击手段。它通过在你的电脑系统隐藏一个会在 Windows 启动时运行的程序,采用服务器/客户机的运行方式,从而达到在上网时控制电脑的目的。黑客利用它窃取口令、浏览驱动器、修改文件、登录注册表等等。

(4) 诱入法。黑客编写一些看起来"合法"的程序,上传到一些 FTP 站点或是提供给某些个人主页,诱导用户下载。当一个用户下载软件时,黑客的软件一起下载到用户的机器上。该软件会跟踪用户的操作,记录着用户输入的每个口令,然后把它们发送给黑客指定的 Internet 信箱。

(5) 寻找系统漏洞。许多系统都有这样那样的安全漏洞(Bugs),其中某些是操作系统或应用软件本身具有的,这些漏洞在补丁未被开发出来之前一般很难防御黑客的破坏。黑客正是寻找这些漏洞来进行适时的攻击。

3. 恶意软件

恶意软件,也称流氓软件,是指在计算机系统上执行恶意任务的病毒、蠕虫和特洛伊木马的程序。恶意软件可能会盗取用户网上的所有敏感资料,如银行账户信息,信用卡密码等。

恶意软件常常具有以下特征:

(1) 强制安装:指未明确提示用户或未经用户许可,在用户计算机或其他终端上安装软件的行为。

(2) 难以卸载:指未提供通用的卸载方式,或卸载后仍然有活动程序的行为。

(3) 浏览器劫持:指未经用户许可,修改用户浏览器或其他相关设置,迫使用户访问特定网站或导致用户无法正常上网的行为。

(4) 广告弹出:指未明确提示用户或未经用户许可,利用安装在用户计算机或其他终端上的软件弹出广告的行为。

(5) 恶意收集用户信息:指未明确提示用户或未经用户许可,恶意收集用户信息的行为。

(6) 恶意卸载:指未明确提示用户、未经用户许可,或误导、欺骗用户卸载其他软件的行为。

(7) 恶意捆绑:指在软件中捆绑已被认定为恶意软件的行为。

(8) 其他侵害用户软件安装、使用和卸载知情权、选择权的恶意行为。

4. 网络安全措施

(1) 加强安全防范意识。加强网络安全意识是保证网络安全的重要前提。

(2) 安全技术手段如下。

- 物理措施:例如,保护网络关键设备(如交换机、大型计算机等),制定严格的网络安全规章制度,采取防辐射、防火以及安装不间断电源(UPS)等措施。

- 访问控制:对用户访问网络资源的权限进行严格的认证和控制。例如,进行用户身份认证,对口令加密、更新和鉴别,设置用户访问目录和文件的权限,控制网络设备配置的权限等。

- 数据加密:加密是保护数据安全的重要手段。加密的作用是保障信息被人截获后不能读懂其含义。

- 防止计算机网络病毒,安装网络防病毒系统。
- 网络隔离:网络隔离有两种方式,一种是采用隔离卡来实现的,一种是采用网络安全隔离网闸实现的。隔离卡主要用于对单台机器的隔离,网闸主要用于对于整个网络的隔离。
- 防火墙技术。防火墙的原理是实施"过滤"术,即将内网和外网分开的方法。它能够保护计算机系统不受任何来自本地或远程病毒的危害,向计算机系统提供双向保护,也防止本地系统内的病毒向网络或其他介质扩散。防火墙技术按实现原理分为网络级防火墙、应用级网关、电路级网关、规则检查防火墙四大类。
- 数据加密技术。对网络中传输的数据进行加密,到达目的地后再解密还原为原始数据,目的是防止非法用户截获后盗用信息。
- 其他措施:其他措施包括信息过滤、容错、数据镜像、数据备份和审计等。近年来,围绕网络安全问题提出了许多解决办法。

8.1.4　数据加密

数据加密又称密码学,它是一门历史悠久的技术,指通过加密算法和加密密钥将明文转变为密文,而解密则是通过解密算法和解密密钥将密文恢复为明文。数据加密目前仍是计算机系统对信息进行保护的一种最可靠的办法。它利用密码技术对信息进行加密,实现信息隐蔽,从而起到保护信息安全的作用。

1. 加密术语

(1)明文:即原始的或未加密的数据。加密算法的输入信息为明文和密钥;

(2)密文:即明文加密后的格式,是加密算法的输出信息。

2. 数据加密标准

传统加密方法有两种,替换和置换。替换是使用密钥将明文中的每一个字符转换为密文中的一个字符,而置换仅将明文的字符按不同的顺序重新排列。单独使用这两种方法的任意一种都是不够安全的,但是将这两种方法结合起来就能提供相当高的安全程度。数据加密标准(Data Encryption Standard,DES)就采用了这种结合算法,它由IBM制定,并在1977年成为美国官方加密标准。但多年来,许多人都认为DES并不是真的很安全。随着快速、高度并行的处理器的出现,强制破解DES也是可能的。公开密钥加密方法使得DES以及类似的传统加密技术过时了。公开密钥加密方法中,加密算法和加密密钥都是公开的,任何人都可将明文转换成密文。但是相应的解密密钥是保密的(公开密钥方法包括两个密钥,分别用于加密和解密),而且无法从加密密钥推导出,因此,即使是加密者,若未被授权也无法执行相应的解密。

3. 加密的技术种类

(1)对称加密技术。对称加密采用了对称密码编码技术,它的特点是文件加密和解密使用相同的密钥,即加密密钥也可以用作解密密钥,这种方法在密码学中称为对称加密算法,对称加密算法使用起来简单快捷,密钥较短,且破译困难。

(2)非对称加密技术。与对称加密算法不同,非对称加密算法需要两个密钥:公开密钥(Public Key)和私有密钥(Private Key)。公开密钥与私有密钥是一对,如果用公开密钥对数据进行加密,只有用对应的私有密钥才能解密;如果用私有密钥对数据进行加密,那么只有用对应的公开密钥才能解密。因为加密和解密使用的是两个不同的密钥,所以这种算法称为非对称加密算法。

8.2 信息伦理

随着计算机的普及、网络技术的发展和信息资源共享规模的扩大,也带来了一系列新的问题,信息化社会面临着信息安全问题的严重威胁。例如,手机病毒问题、网络用户隐私泄露问题、黑客攻击问题等等。

伦理(ethics)是指作为具有民事能力的个人用来指导行为的基本准则。计算机及信息技术对个人和社会都提出了新的伦理问题,这是因为其对社会发展产生了巨大的推动,从而对现有的社会利益的分配产生影响。像其他技术,如蒸汽机、电力、电话、无线电通信一样,信息技术可以被用来推动社会进步,但是它也可以被用来犯罪和威胁现有的社会价值观念。在使用信息系统时,有必要问要负什么伦理和社会责任?

因此,作为信息时代的科技工作者,必须了解新技术的道德风险。技术的迅速变化意味着个人面临的选择也在迅速变化,风险与回报之间的平衡,以及对错误行为的理解也会发生变化。而且信息全球化的趋势逐渐加强,信息和网络技术的飞速发展冲击着社会生活的各个领域,改变了人类传统的生活方式和生存状态,它在给人类带来机遇的同时,衍生出一些对信息秩序造成影响的信息伦理问题。因此,提高大众的信息伦理水平,是现代社会的重要责任。

马克思曾经说过,道德的基础是人类精神的自律。把信息伦理内化为人类内在自律的德行,是道德教育发挥调控功能的必由之路。

8.2.1 信息伦理的产生

1988 年,罗伯特·豪普特曼在其《图书馆领域的伦理挑战》一书中首次使用了信息伦理一词。伦理(ethics)与道德(morals)在西方的词源意义是相同的,都是指人际行为应该遵循的规范。但在中国的词源意义却不同,伦理是整体,其含义包括人际关系规律和人际行为应该如何的规范两个方面,而道德是部分,其含义仅指人际行为应该如何规范这一方面。所以,伦理目的是通过道德规范来体现的,信息理论是由每个社会成员的道德规范来体现的。

《大学》讲:"君子先慎乎德。"国以人为本,人以德为本。因此,信息伦理道德是信息伦理的一个重要内涵,是信息社会每个成员应当具备且须遵守的道德行为规范。良好的信息伦理道德环境是信息社会进步和发展的前提条件。信息伦理的兴起与发展植根于信息技术的广泛应用所引起的利益冲突和道德困境,以及建立信息社会新的道德秩序的需要。

信息伦理(Information Ethics,IE)是指涉及信息开发、信息传播、信息管理和利用等方面的伦理要求、伦理准则、伦理规约,以及在此基础上形成的新型的伦理关系。

简单地说,信息伦理是指涉及信息开发、信息传播、信息管理和利用等方面的伦理要求。

？ 思考与探索

任何新技术都是一把双刃剑。作为科技工作者,必须了解新技术的道德风险。信息伦理对每个社会成员的道德规范要求是普遍的,在信息交往自由的同时,每个人都必须承担同等的道德责任,共同维护信息伦理秩序。信息道德规范的这种普遍性成为信息伦理区别于其他伦理的特征之一。

8.2.2 信息伦理准则与规范

信息伦理作为规范信息活动的重要手段,具有信息法律所无法替代的作用。在世界上许多国家和地区,除了制定相应的信息法律外,还通过民间组织制定信息活动规则,用伦理规约来补充法律的不足。

全球信息伦理整合构建的基本原则包括底线原则和自律原则。

1. 底线原则

对于世界上所有国家和地区共同面对的全球性伦理问题,信息活动最起码、最基本的伦理要求应该包括如下四个原则:

(1)无害原则。无害原则指信息的开发、传播、使用的相关人群,在信息活动中都必须尽量避免对他人造成伤害。

(2)公正原则。公正原则是指公平地维护所有信息活动参与者的合法权益。对于专有信息,他人在取得信息权利人的同意,有时还要支付费用的前提下,才可以使用专有信息,否则,侵权使用专有信息就是违背了公正原则;对于公共信息,要注意维护其共有共享性,使其最大限度地发挥信息的使用价值,反对任何强权势力的信息垄断。

(3)平等原则。平等原则是指信息主体间的权利平等。每一个人、每一个国家,作为单一的信息权利主体,在同一类别主体的信息地位上,权利是完全平等的。

(4)互利原则。互利原则是指信息主体既享受权利,又承担义务;既享受他人带给自己的信息便利,又帮助他人实现信息需求。

2. 自律原则

信息伦理自律原则主要有:

(1)自尊原则。自尊原则是自律的基础,一个缺少自尊自爱的人是难以做到自觉自律的。自我尊严的养成是人格完善到一定程度的结果。

(2)自主原则。自主原则要求信息主体既维护自己的信息自主权,也尊重他人的信息权利。为了确保自主权利的正确实施,信息主体必须同时维护自己的知情权,通过合法渠道,尽可能地充分知晓信息开发、传播和使用过程,详尽潜在的风险和可能的后果,能够对自主选择承担责任。

（3）慎独原则。"慎独"是儒家伦理的重要内容，朱熹对"慎独"的解释为："君子慎其独，非特显明之处是如此，虽至微至隐，人所不知之地，亦常慎之。小处如此，大处亦如此，明显处如此，隐微处亦如此，表里内外，粗精隐现，无不慎之。"

慎独原则强调在一人独处时，内心仍然能坚持道德信念，一丝不苟地按照一定的道德规范做事。

（4）诚信原则。言必信，行必果。信息活动的严重失信行为会导致信息秩序的紊乱、无序，最终使信息活动无法进行。

基于上述原则，世界上的许多组织都制定了具体的信息伦理准则，典型的有：

美国计算机协会的信息伦理准则，主要包括如下条款：

（1）保护知识产权；

（2）尊重个人隐私；

（3）保护信息使用者机密；

（4）了解电脑系统可能受到的冲击并能进行正确的评价。

英国计算机学会的信息人员准则，主要包括如下条款：

（1）信息人员对雇主及顾客尽义务时，不可背离大众的利益；

（2）遵守法律法规，特别是有关财政、健康、安全及个人资料的保护规定；

（3）确定个人的工作不影响第三者的权益；

（4）注意信息系统对人权的影响；

（5）承认并保护知识产权。

8.2.3　计算机伦理、网络伦理与信息产业人员道德规范

信息伦理学与计算机伦理学、网络伦理学虽具有密切的关系，但信息伦理学不完全等同于计算机伦理学或网络伦理学，信息伦理学有着更广阔的研究范围，涵盖了后两者的研究范围。

计算机伦理与网络伦理的研究范围既有相似、重合的地方，又有不同之处。计算机伦理是计算机行业从业人员所应遵守的职业道德准则和规范的总和。计算机伦理学侧重于利用计算机的个体性行为或区域行为的伦理研究。

网络伦理是指人们在网络空间中的行为所应该遵守的道德准则和规范的总和。网络伦理学主要关注可能有不同文化背景的网络信息传播者和网络信息利用者的行为。

1. 计算机伦理

计算机伦理学是当代研究计算机信息与网络技术伦理道德问题的新兴学科。计算机伦理的内容主要包括以下 7 个部分。

（1）隐私保护。隐私保护是计算机伦理学最早的课题。个人隐私包括：姓名、出生日期、身份证号码、婚姻、家庭、教育、病历、职业、财务情况、电子邮件地址、个人域名、IP地址、手机号码以及在各个网站登录所需的用户名和密码等信息。随着计算机信息管理系统的普及，越来越多的计算机从业者能够接触到各种各样的保密数据。这些数据不仅

仅局限为个人信息,更多的是企业或单位用户的业务数据,它们同样是需要保护的对象。

(2)计算机犯罪。信息技术的发展带来了以前没有的犯罪形式,如电子资金转账诈骗、自动取款机诈骗、非法访问、设备通信线路盗用等。我国《刑法》对计算机犯罪的界定包括:违反国家规定,侵入国家事务、国防建设、尖端科学技术领域的计算机信息系统的;违反国家规定,对计算机信息系统功能进行删除、修改、增加、干扰,造成计算机信息系统不能正常运行的;违反国家规定,对计算机信息系统中存储、处理或者传输的数据和应用程序进行删除、修改、增加的操作,后果严重的;故意制作、传播计算机病毒等破坏性程序,影响计算机系统正常运行的。

(3)知识产权。知识产权是指创造性智力成果的完成人或商业标志的所有人依法所享有的权利的统称。计算机行业是一个以团队合作为基础的行业,从业者之间可以合作,他人的成果可以参考、公开利用,但是不能剽窃。

(4)软件盗版。软件盗版问题是一个全球化问题,几乎所有的计算机用户都在已知或不知的情况下使用着盗版软件。我国已于1991年宣布加入保护版权的伯尔尼国际公约,并于1992年修改了版权法,将软件盗版界定为非法行为。

(5)病毒。计算机病毒破坏计算机功能,影响计算机使用,不仅在系统内部扩散,还会通过其他媒体传染给另外的计算机。

(6)黑客。黑客已成为人们心中的"骇客"。黑客是网络安全最大的威胁。由于国际互联网的出现和飞速发展给黑客活动提供了广阔的空间,使之能够对世界上许多国家的计算机网络连续不断地发动攻击,黑客的目的是多种多样的:有的是恶作剧,有的是偷盗窃取网上信息资料,再有就是刺探机密,由于信息犯罪不受时间、空间的限制及其犯罪手段的智能性,致使信息安全问题成为社会的一大隐患。据统计,全世界现有约20万个黑客网站专门负责研究开发和传播各种最新的黑客技巧。每当一种新的袭击手段产生,一周内便可传遍世界。

(7)行业行为规范。随着整个社会对计算机技术的依赖性不断增加,由计算机系统故障和软件质量问题所带来的损失和浪费是惊人的。因此,必须建立行业行为规范。

美国计算机协会(ACM)制定的伦理规则和职业行为规范中的一般道德规则包括:为社会和人类做贡献;避免伤害他人;诚实可靠;公正且不采取歧视行为;尊重财产权(包括版权和专利权),尊重知识产权;尊重他人的隐私,保守机密。针对计算机专业人员,具体的行为规范还包括以下部分:

- 不论专业工作的过程还是其产品,都努力实现最高品质、效能和规格。
- 熟悉并遵守与业务有关的现有法规。
- 接受并提供适当的专业化评判。
- 对计算机系统及其效果做出全面彻底的评估,包括可能存在的风险。
- 重视合同、协议以及被分配的任务。
- 促进公众对计算机技术及其影响的了解。
- 只在经过授权后使用计算机及通信资源。

2. 网络伦理

网络信息伦理危机的主要表现及危害主要有以下几个方面。

（1）虚假信息的散布。网络是一个虚拟存在的事物。与现实社会相比，虚拟性是其独有的特征之一。正是网络自由匿名性的特点，使得网络信息的发布呈现出一种自由和失控性。任何人都可以在网络上化身为一个虚拟的对象，

通过论坛、BBS 等各种渠道，散布未加证实或虚拟的信息，污染网络环境，破坏网络秩序。在大量的网络信息中尤以网络假新闻显得更加恶劣。一些电子商务运营商在网络中大肆地生产、传播虚假信息，损害正常的商业秩序。

（2）信息安全问题主要涉及如下方面。

- 国家安全问题。信息安全是要保证信息的完整性、秘密性和可控性。随着网络技术的迅速发展和互联网的不断普及，非法入侵、窃取信息、破坏数据、恶意攻击、制造和传播计算机病毒等成为威胁信息系统安全的主要问题。

  网络已成为国家政治、经济、军事、文化等几乎所有社会系统存在和发展的重要基础，国家安全系于一"网"。网络安全作为一个日益突出的全球性和战略性的问题摆在国际社会面前，对国家安全提出了重大的挑战，使国家安全面临着各种新的威胁。美国中央情报局局长约翰·多奇说，到 21 世纪，计算机入侵在美国国家安全中可能成为仅次于核武器、生化武器的第三大威胁。

  随着国际形势的变化，黑客们越来越热衷于入侵国防部门、安全部门等强力机构的网站，刺探和窃取各种保密信息，从而给国家的安全造成巨大损失。

- 隐私权的侵犯。隐私权是指公民个人生活不受他人非法干涉或擅自公开的权利。随着网络的兴盛，网络技术的使用，使得传统意义上的人被转化成为流动在虚拟网络上的符号，这一过程的出现使得个人隐私在网络中处于失控的边缘。

（3）不良信息的充斥。据有关部门统计，近 60% 的青少年犯罪是受到了网络不健康信息的影响，与此同时，微信、博客等信息传播手段的运用，也在一定程度上加剧了网络色情信息、虚假信息、诈骗信息、网络传销信息、骚扰信息等等的传播。

（4）网络知识产权的侵犯。网络侵权主要表现在很多方面：在网页、电子公告栏等论坛上随意复制、传播、转载他人的作品；将网络上他人作品下载并出售；将他人享有版权的作品上传或下载使用，或超越授权范围使用共享软件，软件使用期满，不注册继续使用等；网络管理的侵权行为等等。

（5）网络游戏挑战伦理极限。网络游戏作为一种大众娱乐项目本无可厚非。但随着其内容日益充斥色情、暴力，越来越多的人沉迷于网络游戏难以自拔，成为一致命杀手，因此有人将网络游戏称为"电子海洛因"。

为净化网络空间，规范网络行为，需要从技术方面、法律方面和伦理教育方面着手，构建网络伦理。

（1）技术的监控。国家或网络管理部门通过统一技术标准建立一套网络安全体系，严格审查、控制网上信息内容和流通渠道。例如通过防火墙和加密技术防止网络上的非法进入者；利用一些过滤软件过滤掉有害的、不健康的信息，限制调阅网络中不健康的内容等；同时通过技术跟踪手段，使有关机构可以对网络责任主体的网上行为进行调查和控制，确定网络主体应承担的责任。

（2）加强法律法规建设。通过制定网络伦理规则来规范人们的行为，违背伦理规范

应受到社会舆论的监督与惩罚。

（3）加强伦理道德教育。在中国几千年来的历史发展进程中，人们最重视伦理道德，它占据着特别重要的地位，甚至可以说伦理道德已经成为中国古代文化的中心。伦理道德的内容就是人的行为准则和道德规范。通过信息伦理教育的手段才能有效地让大众凭借内在的良心机制，依据自身的道德信念，自觉地选择正确的道德行为。

3. 信息产业人员道德规范

各个信息行业的组织都制定了自己的道德规范。比如，电气和电子工程师学会（IEEE）的会员伦理规范如下：

（1）秉持符合大众安全、健康与福祉的原则，接受进行工程决策的责任，并且立即揭露可能危害大众或环境的因素。

（2）避免任何实际或已察觉（无论何时发生）的可能利益冲突，并告知可能受影响的团体。

（3）根据可取得的资料，诚实并确实地陈述声明或评估。

（4）拒绝任何形式的贿赂。

（5）改善对于科技的了解、其合适应用及潜在的结果。

（6）维持并改善我们的技术能力；只在经由训练或依经验取得资格，或相关限制完全解除后，才为他人承担技术性相关任务。

（7）寻求、接受并提出对于技术性工作的诚实批评；了解并更正错误；并适时对于他人的贡献给予赞赏。

（8）公平地对待所有人，不分种族、宗教、性别、伤健、年龄与国籍。

（9）避免因错误或恶意行为而伤害到他人，其财产、声誉或职业。

（10）协助同事及工作伙伴在专业上的发展，以及支持他们遵守本伦理规范。

8.2.4　知识产权

1. 知识产权基本知识

知识产权是指受法律保护的人类智力活动的一切成果。它包括文学、艺术和科学作品；表演艺术家的表演及唱片和广播节目；人类一切活动领域的发明；科学发现；工业品外观设计；商标、服务标记以及商业名称和标志；制止不正当竞争，以及在工业、科学、文学或艺术领域内由于智力活动而产生的其他一切权利。一般分为著作权和工业产权两大类。

2. 知识产权的特点

（1）专有性：又称独占性、垄断性、排他性，比如同一内容的发明创造只给予一个专利权，由专利权人所垄断。

（2）地域性：即国家所赋予的权利只在本国国内有效，如要取得某国的保护，必须要得到该国的授权（但伯尔尼公约成员国之间都享有著作权）。

（3）时间性：知识产权都有一定的保护期限，保护期一旦失去，即进入公有领域。

3. 中国知识产权保护状况

我国从 20 世纪 70 年代末起，逐渐建立起了较完整的知识产权保护法律体系。从

1980 年 6 月 3 日起,中国成为世界知识产权组织的成员国。现已形成了有中国特色的社会主义保护知识产权的法律体系,保护知识产权的法律制度包括如下内容。

(1) 商标法。1983 年 3 月开始实施的《中华人民共和国商标法》及其实施细则中,商标注册程序中的申请、审查、注册等诸多方面的原则,与国际上通行的原则是完全一致的。2013 年 8 月 30 日十二届全国人大常委会第 4 次会议进一步修改了《中华人民共和国商标法》。

(2) 专利法。1985 年 4 月开始实施的《中华人民共和国专利法》及其实施细则,使中国的知识产权保护范围扩大到对发明创造专利权的保护。为了使中国的专利保护水平进一步向国际标准靠拢,全国人民代表大会常务委员会于 1992 年 9 月 4 日通过了专利法修正案,对专利法做出了重要修改。

(3) 著作权法。《中华人民共和国著作权法》及其实施条例,明确了保护文学、艺术和科学作品作者的著作权以及与其相关的权益。依据该法,中国不仅对文字作品、口述作品、音乐、戏剧、舞蹈作品、美术、摄影作品、电影、电视、录像作品、产品设计图纸及其说明、地图、示意图等图形作品给予保护,而且把计算机软件纳入著作权保护范围。中国是世界上为数不多的明确将计算机软件作为著作权法保护客体的国家之一。国务院还颁布了《计算机软件保护条例》,规定了保护计算机软件的具体实施办法,于 1991 年 10 月施行。国务院于 1992 年 9 月 25 日颁布了《实施国际著作权条约的规定》,对保护外国作品著作权人依国际条约享有的权利做了具体规定。《中华人民共和国著作权法》(第二次修正)于(2010 年 2 月 26 日第十一届全国人民代表大会常务委员会第十三次会议获得通过)。2012 年 3 月 31 日,国家版权局在官方网站公布了《著作权法》修改草案,并征求公众意见。侵犯著作权的赔偿标准从原来的 50 万元上限提高到 100 万元,并明确了著作权集体管理组织的功能。

(4) 技术合同法与科学技术进步法。全国人民代表大会常务委员会制定的《中华人民共和国技术合同法》和《中华人民共和国科学技术进步法》等,以及国务院制定的一系列保护知识产权的行政法规,使中国的知识产权法律制度进一步完善,在总体上与国际保护水平更为接近和协调。

4. 软件知识产权

计算机软件分为商品软件、共享软件、自由软件和公有软件等四类。除了公有软件之外,商品软件、共享软件、自由软件的权利人都保留着自己对这些软件的著作权。不过,共享软件的权利人在保留权利的同时,已经在一定的条件下向公众开放了复制权;自由软件的权利人在保留权利的同时,在一定的条件下不仅向公众开放了复制权,还开放了修改改编权。

对于不同的自由软件或共享软件,它们的用户注意事项可能会有一些差别。在使用自由软件和共享软件时,必须仔细阅读其用户注意事项,认真遵守用户注意事项。

(1) 商品软件。商品软件是指由软件供应商通过销售方式面向社会公众发行的软件。商业软件受著作权法保护,开发者享有对该软件的著作权。所谓著作权是指包括复制权、修改改编权和发行权在内的一组专有权利的总和。对于商品软件,权利人保留对该软件的权利。

（2）共享软件。共享软件是以"先使用后付费"的方式销售的享有版权的软件。根据共享软件作者的授权，用户总是可以先使用或试用共享软件，但是想继续使用它需要支付一笔许可费。共享软件不是自由软件，一般不提供源码。同时，共享软件不允许在不支付许可费的情况下进行拷贝和分发，即使出于非盈利性的目的。

（3）自由软件。自由软件是指允许任何人使用、复制、修改、分发（免费或少许收费）的软件。它是由软件的开发者自愿无偿地向社会提供的软件成果，提供的宗旨是为了进行学术交流，推动技术发展而不是商业目的。而且这种软件的源码是可得到的。自由软件的权利人保留着自己对这些自由软件的著作权，但在一定的条件下向公众开放了复制权和修改改编权。

（4）公有软件。公有软件即公共领域软件，它是指著作权中的经济权利（包括复制权、修改改编权、发行权等专有权利）有效期已经届满的权利人，由于不准备使之商品化而已经明确声明放弃著作权的软件。公有软件可以免费地复制、分发。公有软件的主要限制是不允许对该软件提出版权申请。

综上所述，以道义来承载智术，有道有术，才能真道为本，术为实用，相辅相成，才能达到人和技术的完美结合，从而形成人的高级内驱力对低级内驱力的调节作用，从而最有效地维护信息领域的正常秩序，促进信息社会沿着友善和谐的方向发展。

基础知识练习

（1）信息安全的目的是什么？信息安全的基本特征主要包括哪些？

（2）什么是计算机病毒？简述计算机病毒的特征和分类。如何预防计算机病毒？

（3）什么是黑客？什么是恶意软件？什么是防火墙？

（4）简述数据加密的概念。

（5）什么是信息伦理？

（6）什么是知识产权？信息产业人员道德规范有哪些？

能力拓展与训练

1. 角色模拟

"人肉搜索"就是利用现代信息科技、广聚五湖四海的网友力量、由人工参与解答而非搜索引擎通过机器自动算法获得结果的搜索机制。正方认为：它有着打击违反犯罪行为、监督政府官员行为、强化道德压力、为人排忧解难的正面效用。反方认为：它会不当泄密当事人个人档案信息，侵犯当事人隐私权、名誉权，还有可能演变成"网络暴力"。

请同学们分组自选角色扮演正方和反方人员，进行辩论。

2. 实践与探索

（1）搜索整理有关"计算机软件保护条例"的信息，学习其中与自己密切相关的内容。

（2）搜索整理常见病毒（系统、木马、蠕虫、脚本、宏病毒等）的特征、传播方式和防范方法，写一份调查报告。

（3）搜索《弟子规》的译文，写一份学习心得。

（4）"信息伦理是构建和谐信息社会有力手段"，谈谈你对这句话的理解。

3. 拓展阅读

勒索病毒变异体今日再引爆发高峰！历史上有哪些著名电脑病毒？

2017 年 5 月 12 号晚上爆发了也许是人类历史上首次全球性的电脑病毒恐怖主义事件，因为这次爆发，不仅仅是对电脑的破坏，更重要的是里面包含了敲诈勒索的内容，几乎全世界各个主要国家都成为受灾程度不同的受害者，而中国的校园网也被大面积感染，无数学子的毕业设计资料被病毒锁死，面临功亏一篑。而这次病毒袭击的波及范围之广最终还是非常让人吃惊的，涉及到了全球一百多个国家，几乎没人能够幸免。

根据 360 威胁情报中心的统计，在短短一天多的时间，全球近百个国家的超过 10 万家组织和机构被攻陷，其中包括 1600 家美国组织，11200 家俄罗斯组织。包括西班牙电信巨头 Telefonica，电力公司 Iberdrola，能源供应商 Gas Natural 在内的西班牙公司的网络系统也都瘫痪。葡萄牙电信、美国运输巨头 FedEx、瑞典某当地政府、俄罗斯第二大移动通信运营商 Megafon 都已曝出相关的攻击事件。

虽然一方面各种应急手册、紧急补丁、漏洞修复工具，以及让家庭用户安心的科普文章在大量刷存在感。但另一方面，我们看到该病毒的变异版"如约而至"，被攻击范围和受攻击次数在不断增加，已受攻击网络依旧没有很好的处理方案。

下面是历史上几大著名的计算机病毒人物与事件。

（1）Elk Cloner（1982 年）

它被看作攻击个人计算机的第一款全球病毒，也是所有令人头痛的安全问题先驱者。它通过苹果 Apple II 软盘进行传播。这个病毒被放在一个游戏磁盘上，可以被使用 49 次。在第 50 次使用的时候，它并不运行游戏，取而代之的是打开一个空白屏幕，并显示一首短诗。

（2）Brain（1986 年）

Brain 是第一款攻击运行微软的受欢迎的操作系统 DOS 的病毒，可以感染感染 360K 软盘的病毒，该病毒会填充满软盘上未用的空间，而导致它不能再被使用。

（3）Morris（1988 年）

Morris 该病毒程序利用了系统存在的弱点进行入侵，Morris 设计的最初的目的并不是搞破坏，而是用来测量网络的大小。但是，由于程序的循环没有处理好，计算机会不停地执行、复制 Morris，最终导致死机。

（4）CIH（1998 年）

CIH 病毒是迄今为止破坏性最严重的病毒，也是世界上首例破坏硬件的病毒。它发作时不仅破坏硬盘的引导区和分区表，而且破坏计算机系统 BIOS，导致主板损坏。此病毒是由我国台湾大学生陈盈豪研制的，据说他研制此病毒的目的是纪念 1986 年的灾难或是让反病毒软件难堪。

（5）Melissa（1999 年）

Melissa 是最早通过电子邮件传播的病毒之一，当用户打开一封电子邮件的附件，病毒会自动发送到用户通讯簿中的前 50 个地址，因此这个病毒在数小时之内传遍全球。

（6）Love bug（2000 年）

Love bug 也通过电子邮件附近传播，它利用了人类的本性，把自己伪装成一封求爱信来欺骗收件人打开。这个病毒以其传播速度和范围让安全专家吃惊。在数小时之内，这个小小的计算机程序征服了全世界范围之内的计算机系统。

（7）"红色代码"（2001 年）

被认为是史上最昂贵的计算机病毒之一，这个自我复制的恶意代码"红色代码"利用了微软 IIS 服务器中的一个漏洞。该蠕虫病毒具有一个更恶毒的版本，被称为红色代码 II。这两个病毒都除了可以对网站进行修改外，被感染的系统性能还会严重下降。

（8）"冲击波"（2003 年）

冲击波病毒的英文名称是 Blaster，还被称为 Lovsan 或 Lovesan，它利用了微软软件中的一个缺陷，对系统端口进行疯狂攻击，可以导致系统崩溃。

（9）"震荡波"（2004 年）

震荡波是又一个利用 Windows 缺陷的蠕虫病毒，震荡波可以导致计算机崩溃并不断重启。

（10）"熊猫烧香"（2007 年）

熊猫烧香（2006 年）准确地说是在 2006 年年底开始大规模爆发，以 Worm.WhBoy. h 为例，由 Delphi 工具编写，能够终止大量的反病毒软件和防火墙软件进程，病毒会删除扩展名为 gho 的文件，使用户无法使用 ghost 软件恢复操作系统。"熊猫烧香"感染系统的 ∗.exe、∗.com、∗.pif、∗.src、∗.html、∗.asp 文件，导致用户一打开这些网页文件，IE 自动连接到指定病毒网址中下载病毒。在硬盘各分区下生成文件 autorun. inf 和 setup. exe. 病毒还可通过 U 盘和移动硬盘等进行传播，并且利用 Windows 系统的自动播放功能来运行。"熊猫烧香"还可以修改注册表启动项，被感染的文件图标变成"熊猫烧香"的图案。病毒还可以通过共享文件夹、系统弱口令等多种方式进行传播。

（11）"扫荡波"（2008 年）

同冲击波和震荡波一样，也是个利用漏洞从网络入侵的程序，而且正好在黑屏时间，大批用户关闭自动更新以后，这更加剧了这个病毒的蔓延。这个病毒可以导致被攻击者的机器被完全控制。

（12）"木马下载器"（2009 年）

本年度的新病毒，中毒后会产生 1000～2000 不等的木马病毒，导致系统崩溃，短短 3 天变成 360 安全卫士首杀榜前 3 名（现在位居榜首）。

（13）Nimda

尼姆达（Nimda）是历史上传播速度最快的病毒之一，在上线之后的 22 分钟之后就成为传播最广的病毒。

　　大学计算机——计算文化与计算思维基础

（14）Conficker

Conficker.C 病毒原来要在 2009 年 3 月进行大量传播，然后在 4 月 1 日实施全球性攻击，引起全球性灾难。不过，这种病毒实际上没有造成什么破坏。

来源：http://mt.sohu.com/20170515/n493140444.shtml

4. 相关书籍

［1］（美）古德里奇·塔玛萨. 计算机安全导论［M］. 北京：清华大学出版社，2013.

［2］冯继宣. 计算机伦理学［M］. 北京：清华大学出版社，2011.

附录

弟子规原文

总叙

弟子规 圣人训 首孝弟 次谨信
泛爱众 而亲仁 有余力 则学文

入则孝

父母呼 应勿缓 父母命 行勿懒
父母教 须敬听 父母责 须顺承
冬则温 夏则凊 晨则省 昏则定
出必告 反必面 居有常 业无变
事虽小 勿擅为 苟擅为 子道亏
物虽小 勿私藏 苟私藏 亲心伤
亲所好 力为具 亲所恶 谨为去
身有伤 贻亲忧 德有伤 贻亲羞
亲爱我 孝何难 亲憎我 孝方贤
亲有过 谏使更 怡吾色 柔吾声
谏不入 悦复谏 号泣随 挞无怨
亲有疾 药先尝 昼夜侍 不离床
丧三年 常悲咽 居处变 酒肉绝
丧尽礼 祭尽诚 事死者 如事生

出则弟

兄道友 弟道恭 兄弟睦 孝在中
财物轻 怨何生 言语忍 忿自泯
或饮食 或坐走 长者先 幼者后
长呼人 即代叫 人不在 己即到
称尊长 勿呼名 对尊长 勿见能
路遇长 疾趋揖 长无言 退恭立
骑下马 乘下车 过犹待 百步余
长者立 幼勿坐 长者坐 命乃坐
尊长前 声要低 低不闻 却非宜
进必趋 退必迟 问起对 视勿移
事诸父 如事父 事诸兄 如事兄

谨

朝起早 夜眠迟 老易至 惜此时
晨必盥 兼漱口 便溺回 辄净手
冠必正 纽必结 袜与履 俱紧切
置冠服 有定位 勿乱顿 致污秽
衣贵洁 不贵华 上循分 下称家
对饮食 勿拣择 食适可 勿过则
年方少 勿饮酒 饮酒醉 最为丑
步从容 立端正 揖深圆 拜恭敬
勿践阈 勿跛倚 勿箕踞 勿摇髀
缓揭帘 勿有声 宽转弯 勿触棱
执虚器 如执盈 入虚室 如有人
事勿忙 忙多错 勿畏难 勿轻略
斗闹场 绝勿近 邪僻事 绝勿问
将入门 问孰存 将上堂 声必扬
人问谁 对以名 吾与我 不分明
用人物 须明求 倘不问 即为偷
借人物 及时还 后有急 借不难

信

凡出言 信为先 诈与妄 奚可焉
话说多 不如少 惟其是 勿佞巧
奸巧语 秽污词 市井气 切戒之
见未真 勿轻言 知未的 勿轻传
事非宜 勿轻诺 苟轻诺 进退错
凡道字 重且舒 勿急疾 勿模糊
彼说长 此说短 不关己 莫闲管
见人善 即思齐 纵去远 以渐跻
见人恶 即内省 有则改 无加警
唯德学 唯才艺 不如人 当自砺
若衣服 若饮食 不如人 勿生戚
闻过怒 闻誉乐 损友来 益友却
闻誉恐 闻过欣 直谅士 渐相亲
无心非 名为错 有心非 名为恶
过能改 归于无 倘掩饰 增一辜

泛 爱 众

凡是人　皆须爱　天同覆　地同载
行高者　名自高　人所重　非貌高
才大者　望自大　人所服　非言大
己有能　勿自私　人所能　勿轻訾
勿谄富　勿骄贫　勿厌故　勿喜新
人不闲　勿事搅　人不安　勿话扰
人有短　切莫揭　人有私　切莫说
道人善　即是善　人知之　愈思勉
扬人恶　即是恶　疾之甚　祸且作
善相劝　德皆建　过不规　道两亏
凡取与　贵分晓　与宜多　取宜少
将加人　先问己　己不欲　即速已
恩欲报　怨欲忘　报怨短　报恩长
待婢仆　身贵端　虽贵端　慈而宽
势服人　心不然　理服人　方无言

余 力 学 文

不力行　但学文　长浮华　成何人
但力行　不学文　任己见　昧理真
读书法　有三到　心眼口　信皆要
方读此　勿慕彼　此未终　彼勿起
宽为限　紧用功　工夫到　滞塞通
心有疑　随札记　就人问　求确义
房室清　墙壁净　几案洁　笔砚正
墨磨偏　心不端　字不敬　心先病
列典籍　有定处　读看毕　还原处
虽有急　卷束齐　有缺坏　就补之
非圣书　屏勿视　蔽聪明　坏心志
勿自暴　勿自弃　圣与贤　可驯致

亲 仁

同是人　类不齐　流俗众　仁者希
果仁者　人多畏　言不讳　色不媚
能亲仁　无限好　德日进　过日少
不亲仁　无限害　小人进　百事坏

　　《弟子规》原名《训蒙文》，为清朝秀才李毓秀所作，全文仅1080字，列述在家、出外、待人、接物与学习上应该恪守的守则规范。集中国传统家训、家规、家教之大成！被誉为人生第一规，是做人的根本！愿与读者共勉，落实到学习、工作、生活之中，从修身、齐家开始，敦伦尽份，扎好做人的根本，从而实现人生幸福、社会和谐和世界和平！

参 考 文 献

[1] 申艳光，宁振刚. 计算文化与计算思维基础. 北京：高等教育出版社，2014.

[2] 赵英良. Python 程序设计. 北京：人民邮电出版社，2016.

[3] 沙行勉. 计算机科学导论——以 Python 为舟（第 2 版）. 北京：清华大学出版社，2016.

[4] 董付国. Python 程序设计基础. 北京：清华大学出版社，2015.

[5] 嵩天，礼欣，黄天羽. Python 语言程序设计基础. 北京：高等教育出版社，2017.

[6] 申艳光，等. 中国大学视频公开课官方网站"爱课程"网（http：//www.icourses.cn）"心连'芯'的思维之旅".